手把手教你开发人工智能(AI)识别系统

人工智能(AI)识别系统开发实战

疯壳团队　编著

西安电子科技大学出版社

内 容 简 介

语音识别和人脸识别是人工智能(AI)领域中应用最广泛的AI技术。本书抛掉繁杂理论，站在应用开发角度，以语音识别和人脸识别系统为例，手把手带领大家开发出一套商用 AI 识别系统。整套识别系统选用TI公司的CC3200芯片作为本地硬件核心，自主搭建服务器作为数据处理中转站，以百度开源SDK作为语音人脸识别的算法接口。本书的作者具有多年无线通信软硬件开发经验、高并发服务器开发经验及加解密算法开发经验。对于想要快速开发 AI 项目，却受困于算法层的开发爱好者、从业者，又或者是正在学习 AI 语音识别和人脸识别技术的读者，本书都是一本不错的指导书。

随书的源码、视频、套件都可以扫描封底二维码或通过 https://www.fengke.club/post/1840 官网社区论坛获取。

图书在版编目(CIP)数据

人工智能(AI)识别系统开发实战 / 疯壳团队编著. —西安：西安电子科技大学出版社，2020.1
ISBN 978-7-5606-5522-2

Ⅰ. ① 人… Ⅱ. ① 疯… Ⅲ. ① 人工智能—识别系统—系统开发—高等职业教育—教材
Ⅳ. ① TP391.4

中国版本图书馆 CIP 数据核字(2019)第 267119 号

策划编辑 高 樱
责任编辑 段沐含
出版发行 西安电子科技大学出版社(西安市太白南路 2 号)
电 话 (029)88242885 88201467 邮 编 710071
网 址 www.xduph.com 电子邮箱 xdupfxb001@163.com
经 销 新华书店
印刷单位 陕西天意印务有限责任公司
版 次 2020 年 1 月第 1 版 2020 年 1 月第 1 次印刷
开 本 787 毫米×1092 毫米 1/16 印张 12
字 数 281 千字
印 数 1～3000 册
定 价 29.00 元
ISBN 978-7-5606-5522-2 / TP
XDUP 5824001-1

前　言

AI 是时下非常火热的技术名词，它是人工智能(Artificial Intelligence)的英文简写，也是计算机科学的一个分支领域。该领域的研究主要包括机器人、语音识别、图像识别、自然语言处理和专家系统等。

在中国人工智能产业起步相对较晚，产业布局、技术研究等基础设施正在布署，但事实上中国人工智能的研究已达到爆发期。伴随着爆发期的出现，各类打着 AI 标识的产品陆续进入我们的生活，越来越多的企业投身于 AI 产品的开发中，其中语音识别和人脸识别的相关产品最多。但目前市场上缺少系统讲解 AI 语音识别及人脸识别技术的应用型书籍，网络上能找到的相关技术资料都过于理论或片面，与真实的产品应用开发相差甚远。正是由于开发资料的稀缺，导致 AI 研发工程师缺口很大。如何快速掌握 AI 相关的开发技术，并将其应用于产品开发中，是众多软硬件工程师渴望解决的问题。

其实，对于 99%的 IT 软硬件工程师来说，学习 AI 识别技术绝不仅仅是学习理论算法。在 AI 算法方面，已有许多优秀的公司开放了自己的算法接口，如百度、微软、谷歌等，这些算法接口都是在已有的理论基础上优化得来的。作为开发者，我们不必在意算法细节，应该学会如何运用已有的优质开发算法接口，借助前辈的经验累积，快速开发出适合自身需求的商用 AI 产品。

全书始终以“AI 语音识别”和“AI 人脸识别”这两个项目为主线，细致地讲解了语音识别和人脸识别的软硬件开发全流程。“工欲善其事，必先利其器”。本书第 1 章，便是教读者如何打造开发 AI 项目的“利器”，带领大家完成硬件和服务器的开发环境搭建。第 2 章则重点讲解了硬件、服务器及算法方面的基础知识，从而打造出“利刃”，之后便是“小试牛刀”，通过一系列基础小项目的开发讲解，让读者持续体会 AI 开发的乐趣。第 3 章和第 4 章属于工程实战，“劈开”AI 项目开发这座艰难的大山，一步步带领大家开发出完整的 AI 识别系统。

本书的特点在于如下方面：

① 实用性强。以两个热门 AI 项目——“语音识别”和“人脸识别”为例，

全面讲解了开发AI语音识别、人脸识别系统的流程和技能。

② 内容全面。全书基本涵盖了从底层硬件到上层软件开发的所有知识点。

③ 实验可靠。书中所有源码都是经过真实环境验证的，具有极高的含金量。

④ 售后答疑。广大读者可扫描封底二维码加入售后答疑 QQ 群或在 https://www.fengke.club/post/1840 官网社区提问，编者会不定期做出答疑。

本书适用的读者范围如下：

① AI语音识别和人脸识别项目的爱好者。

② 欲快速开发稳定、可靠的AI语音识别和人脸识别系统的企业。

③ 高校师生。本书既可作为AI项目的开发指南，也可直接作为授课教材。

本书由刘燃负责策划和审校，其中硬件部分由谢华尧在疯壳 AI 开发套件的基础上改编而来，全书的服务器软件部分由曹强负责在疯壳 AI 服务器资料的基础上改编而来，其他部分则由刘燃、谢华尧及曹强共同完成。在此特别感谢深圳疯壳团队的每一位小伙伴，为本书的编写提供了可靠的技术支撑与精神鼓励。此外，还要感谢西安电子科技大学出版社的工作人员，正是他们的支持才有本书的问世。

本书的所有内容，尽管编者都给予了认真校验，但也难免会有一些纰漏，读者可通过社区论坛与作者互动，使其日臻完善。

编　者

2019年8月

目　　录

第1章 开发准备

1.1 人工智能(AI)简介

人工智能(Artificial Intelligence，AI)作为计算机科学的一个分支，它试图了解智能的实质，并生产出一种新的、能以与人类智能相似的方式做出反应的智能机器。该领域的研究包括机器人、语音识别、图像识别、自然语言处理和专家系统等。人工智能自诞生以来，随着理论和技术的日益成熟，应用领域也在不断扩大。可以设想，未来人工智能带来的科技产品，将会是人类智慧的“容器”。人工智能可以实现对人的意识和思维信息过程进行模拟。

人工智能是一门极富挑战性的科学，也是一门应用十分广泛的科学，由不同的领域组成(如机器学习、计算机视觉等)。图1.1-1所示为人工智能技术涉及的领域。

图1.1-1 人工智能技术涉及的领域

以往当我们希望做一些语音识别和人脸识别项目时，总会觉得非常困难。目前，我国的某些大企业(如百度、阿里云、腾讯等)在AI领域的技术相对成熟，同时他们也都开放了人工智能的API接口，通过这些API接口可以快速地实现AI项目的开发。

本书将带领大家使用百度AI提供的API，实现语音的识别和人脸的识别。

1.2 AI语音及人脸识别的开发套件

对于AI的开发，其中最常见的就是图像和语音识别。构成图像和语音识别需要配合软件和硬件。硬件作为开发 AI 的前提，也是相当重要的，后续需要开发的软件均是建立在 AI 语音及人脸识别开发套件这一硬件基础上的。

AI 语音及人脸识别功能是基于同一套硬件底板完成的：当做 AI 语音识别功能实验时，外接语音识别小板卡；当做 AI 人脸识别功能实验时，外接摄像头小板卡。图 1.2-1 所示为 AI 语音及人脸识别开发套件的底板。

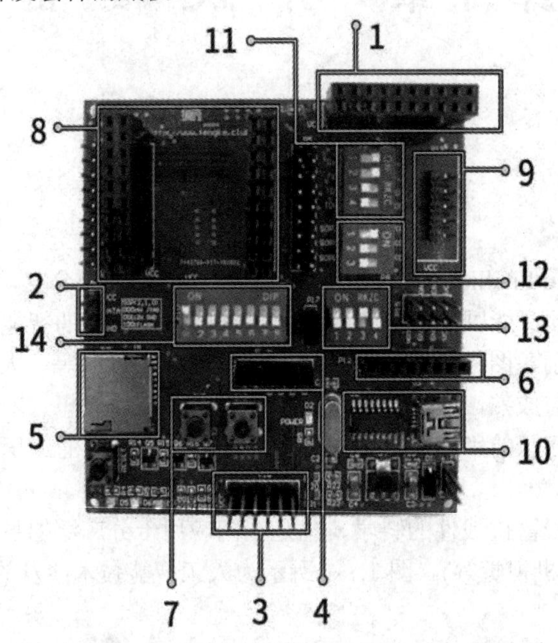

图 1.2-1 AI 语音及人脸识别开发套件的底板

AI 语音及人脸识别开发套件的底板具有丰富的外设资源接口。图 1.2-1 中 1 为摄像头模组接口，可用于 AI 人脸识别实验；2 为单总线接口，可用于挂载单总线设备，如 DS18B20、DHT11 等；3 为语音板卡插槽，可用于 AI 语音识别实验；4 为 OLED 接口，可接市面上通用的 OLED；5 为 SD 卡插槽，可用于存储数据；6 为 MPU6050 接口；7 为 LED+按键部分，包括三个 LED 和两个按键，其中 LED 由三个 NPN 型三极管隔离开来，当 GPIO 端口向三极管的基极输出一个高电平时 LED 便会被点亮。

AI 语音及人脸识别开发板采用的是经典的“底板+核心板”形式。底板位置 8 处为核心板的插槽，插槽的两端为 CC3200 所有的 GPIO 口引出，这样一来可以大大地方便用户进行拓展开发；同样，为了更加便于用户开发调试，底板位置 9 处还预留了 TI(Texas Instruments，德州仪器)官方仿真调试器 TI Stellaris 的接口，便于用户使用 TI Stellaris 进行固件的下载、烧写或程序的调试等。开发者在调试时必不可少的环节是串口打印，位置 10 是一路 USB 接口，该接口通过 USB 转 TTL 芯片 CH340G，与 CC3200 的串口相连接。

此外，考虑到下载启动的方式需要切换及端口需要复用，在底板上加入了 4 个拨码开关。底板位置 11 处的拨码开关，为切换调试下载的方式；底板位置 12 处的拨码开关，为切换 CC3200 的启动方式；底板位置 13 处的拨码开关，为 USB 连接的串口选择；底板位置 14 处的拨码开关，可作为板载资源切换开关。

1.3 开发环境的搭建

1.3.1 IAR 安装

开发每一款芯片之前都需要安装与之相匹配的开发环境。例如，开发 STM32 单片机可以使用 IAR 或者 ARM MDK，同样开发 CC3200 也是有相应的开发环境的。常见的有两种，一种是使用 TI 官方的开发环境 Code Composer Studio，另一种是使用 IAR。IAR 是一款著名的 C 编译器，支持众多知名半导体公司的微处理器。由于 AI 套件的实验工程源码是在 IAR 环境下开发的，故而这里仅对 IAR 加以介绍。

IAR 针对不同的硬件有多种版本，如 IAR for ARM、IAR for stm8 等。由于 CC3200 属于 ARM Cortex M4 内核，这里选择 IAR for ARM。该软件可以从 IAR 的官网 www.iar.com 下载，图 1.3-1 所示为下载好的 IAR for ARM 7.4 安装包。

EWARM-CD-7403-8938-30day-limit.exe

图 1.3-1 IAR for ARM 7.4 安装包

IAR 的安装步骤如下：

(1) 双击打开 exe 文件，出现如图 1.3-2 所示的 IAR 安装选择界面。

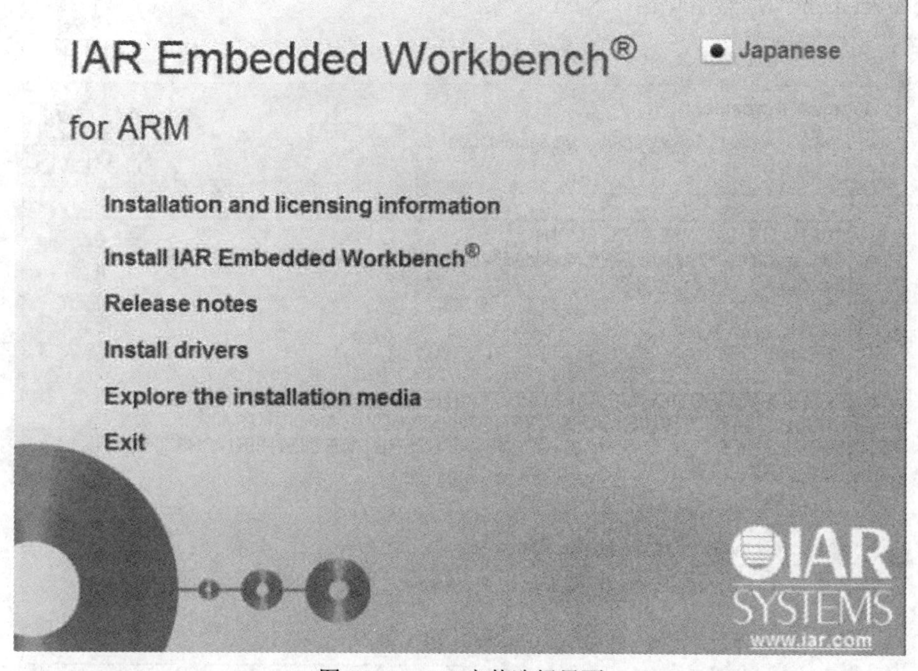

图 1.3-2 IAR 安装选择界面

(2) 首先，点击“Install IAR Embedded Workbench”，开始开发环境的安装。接着，进入安装向导界面，如图 1.3-3 所示。

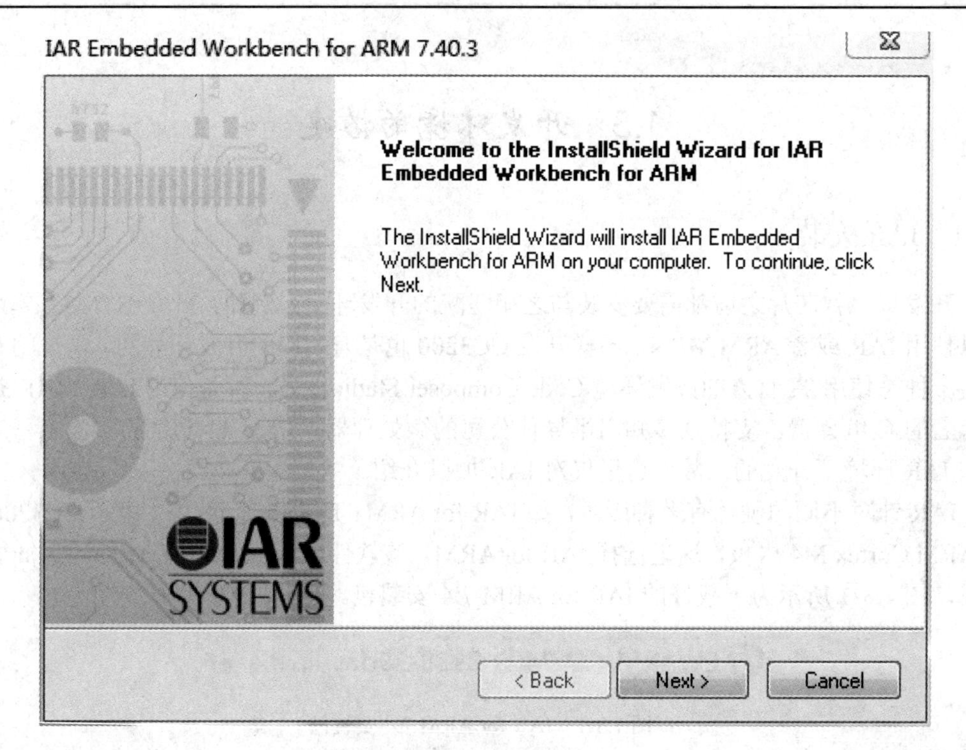

图 1.3-3　安装向导界面

(3) 点击“Next”，进入许可协议界面，如图 1.3-4 所示。选择“I accept the terms of the license agreement”，然后点击“Next”。

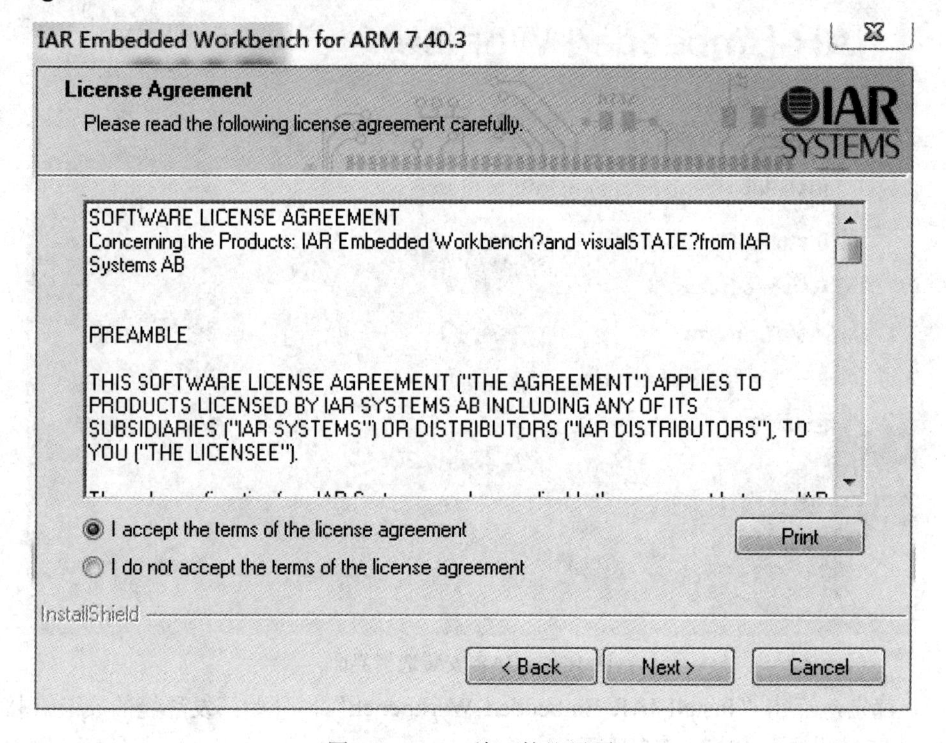

图 1.3-4　IAR 许可协议界面

(4) 进入安装路径选择界面，打开“Change”，选择一个安装路径(即英文路径)。在这里安装到 D 盘下新建的“IarforArm”，如图 1.3-5 所示。

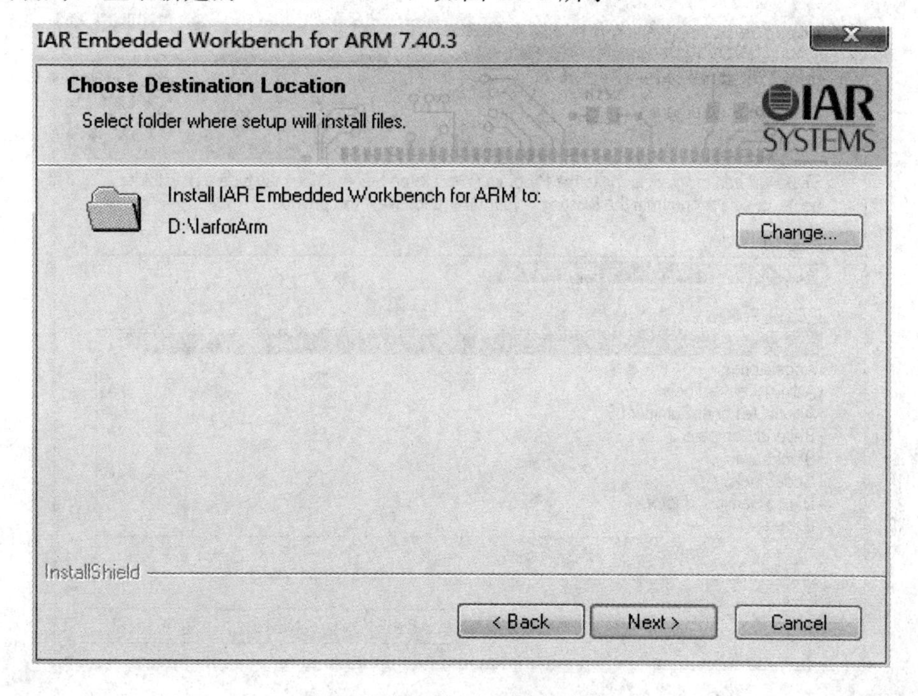

图 1.3-5　IAR 安装路径选择

(5) 点击“Next”，进入驱动选择安装界面，如图 1.3-6 所示。因为日后可能会用到各种不同的调试接口，所以这里默认选择全部。

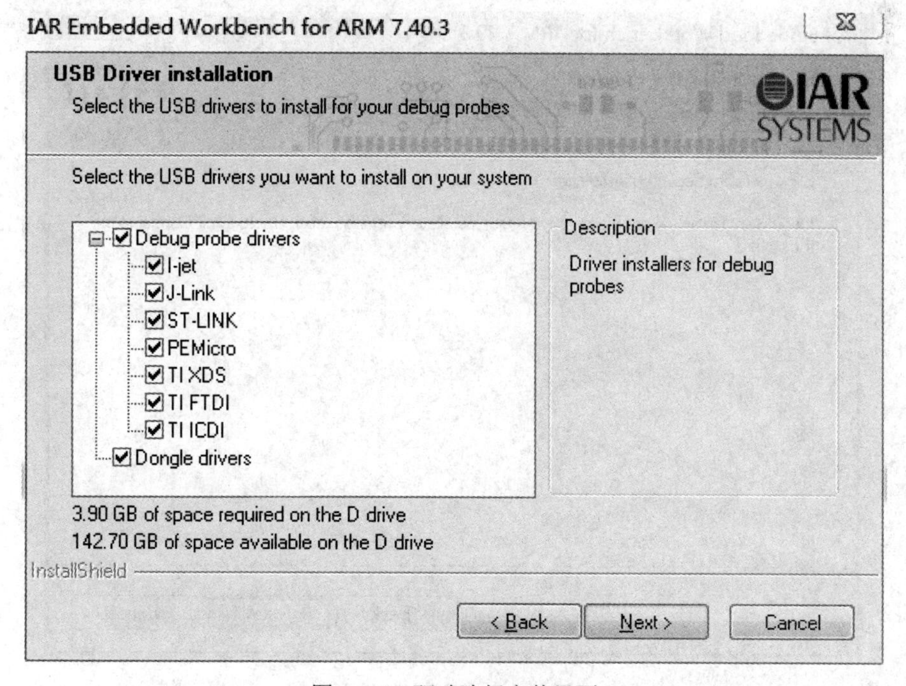

图 1.3-6　驱动选择安装界面

(6) 在此界面内点击“Next”，进入 IAR 名称设置界面，默认选择即可，如图 1.3-7 所示。

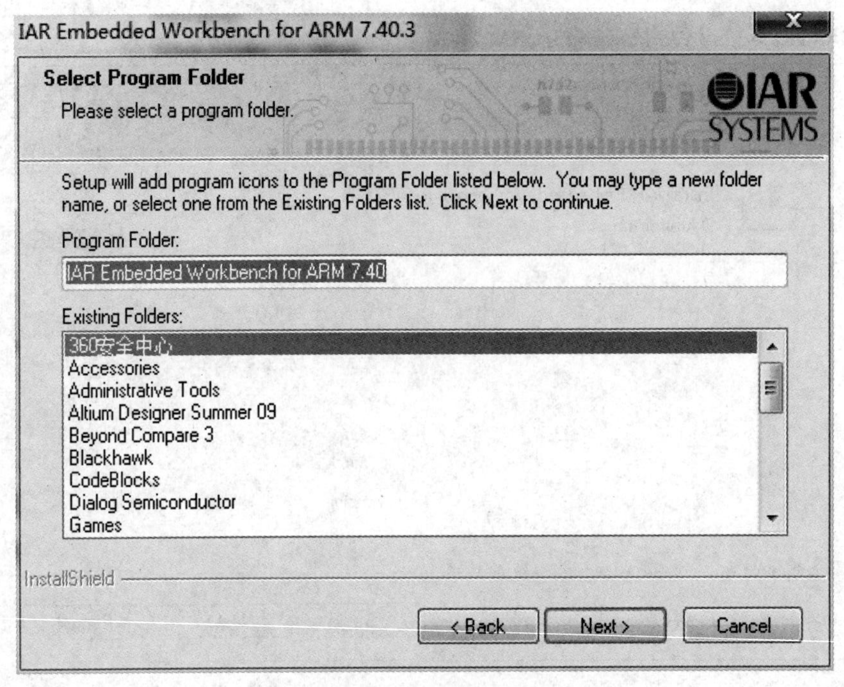

图 1.3-7　IAR 名称设置界面

(7) 再次点击“Next”，进入正式安装界面，如图 1.3-8 所示。点击“Install”，开始安装。

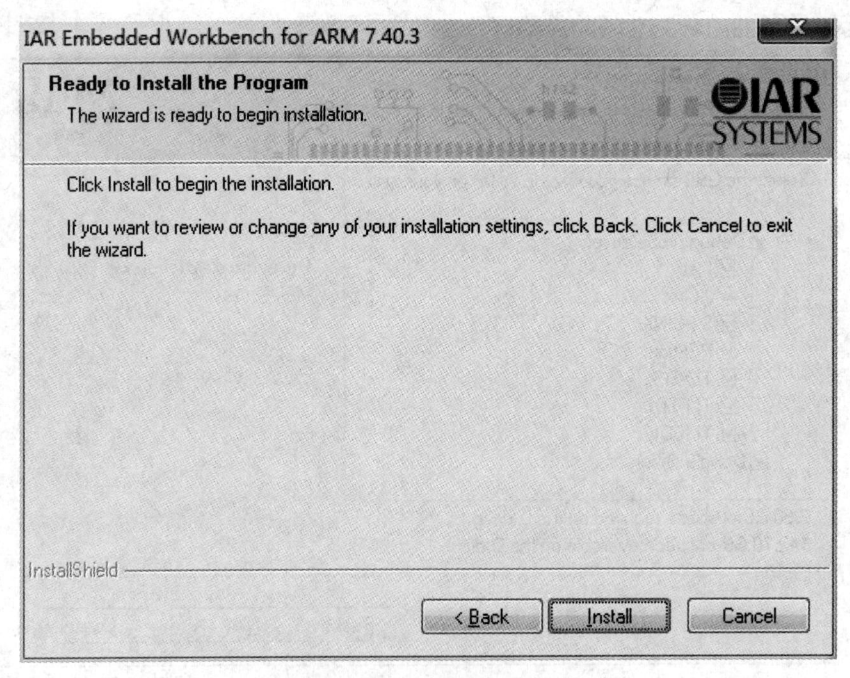

图 1.3-8　正式安装界面

(8) 等待进度条示意完成安装，其间会跳出USB驱动安装界面，选择“是”即可，如图1.3-9所示。

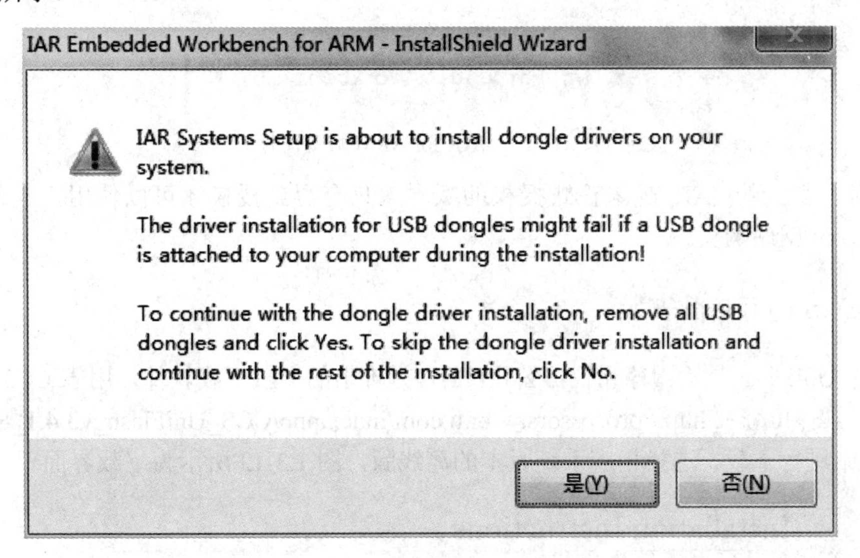

图1.3-9 USB驱动安装界面

(9) 而后会安装USB的驱动，待USB驱动安装完成后，表明已完成了整个IAR for ARM的安装，如图1.3-10所示。

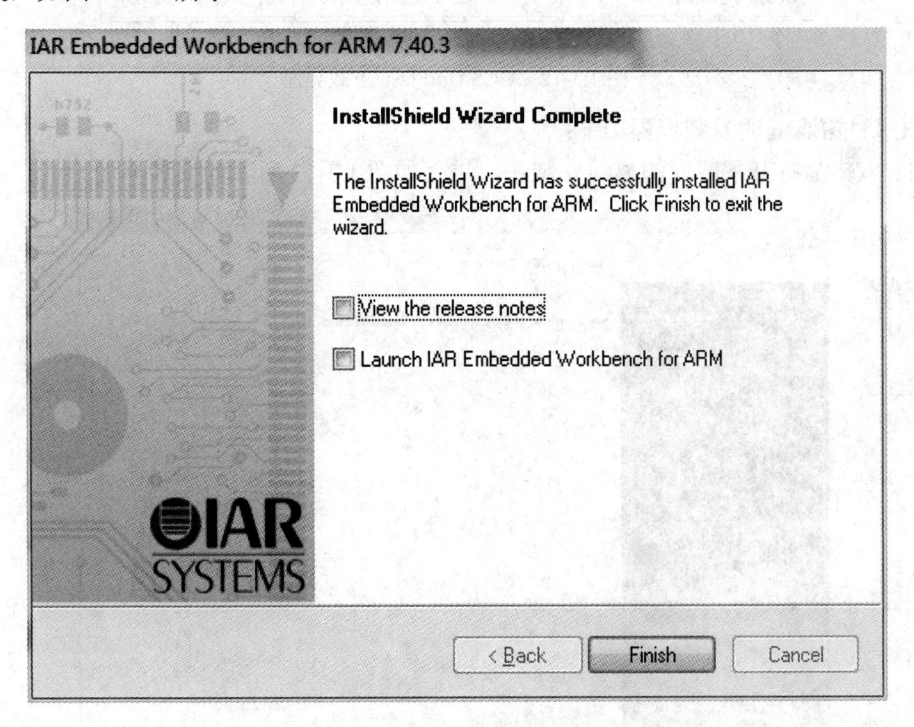

图1.3-10 IAR for ARM 安装完成

(10) 此时，去掉两个选项前的“√”，点击“Finish”，弹出“P&E设备驱动安装”，点击“I agree”。之后进入路径选择，驱动的路径统一选择默认，点击“Install”，接下来的弹出窗口均为默认即可。至此就完成了 IAR for ARM 的安装，在 Windows 操作系统的“开始”界面下可以找到“IAR Embedded Workbench”，如图 1.3-11 所示。

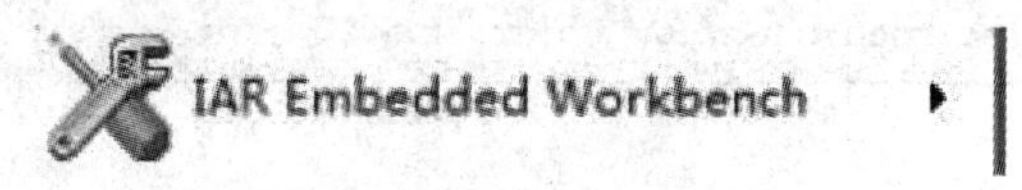

图 1.3-11　IAR for ARM 启动图标

此时，得到的 IAR 是未正式授权的版本，只有得到授权才可以使用，具体可前往 www.iar.com 网站购买。

1.3.2　CCS UniFlash 安装

CCS UniFlash 是美国德州仪器公司(TI)官方推出的一款下载软件，用于 CC3200 固件的烧写，具体可登录 http://processors.wiki.ti.com/index.php/CCS_UniFlash_v3.4.1_Release_Notes 网站进行下载。选择相应系统版本的离线版，图 1.3-12 所示为下载界面。

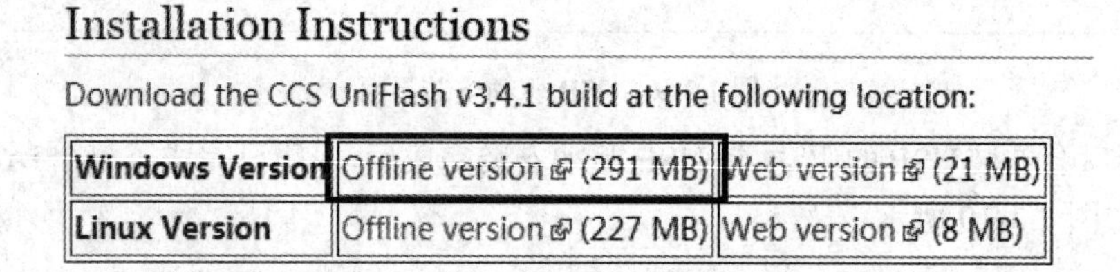

Installation Instructions

Download the CCS UniFlash v3.4.1 build at the following location:

Windows Version	Offline version (291 MB)	Web version (21 MB)
Linux Version	Offline version (227 MB)	Web version (8 MB)

图 1.3-12　CCS UniFlash 下载界面

CCS UniFlash 的安装步骤如下：

(1) 双击后打开下载好的离线安装包，进入如图 1.3-13 所示的安装界面。

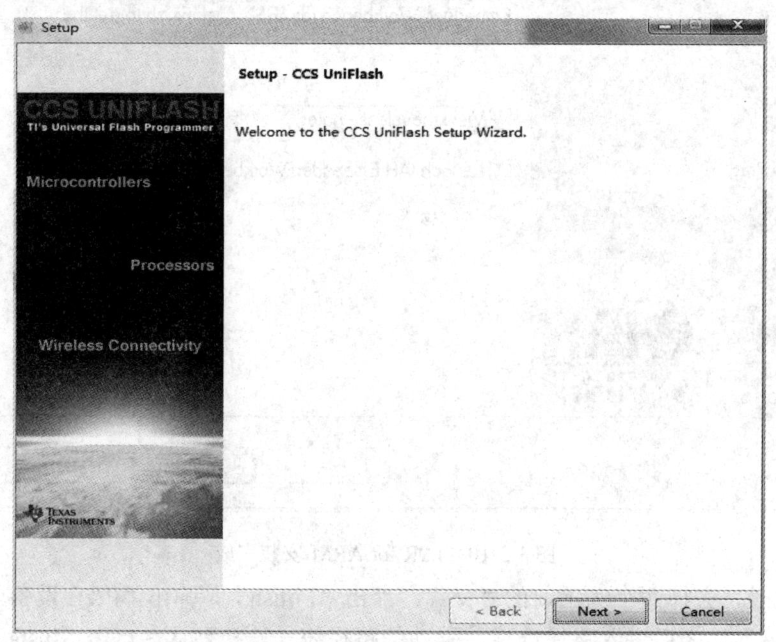

图 1.3-13　CCS UniFlash 安装界面

(2) 点击“Next”，进入如图 1.3-14 所示的许可协议界面，选择“I accept the agreement”。

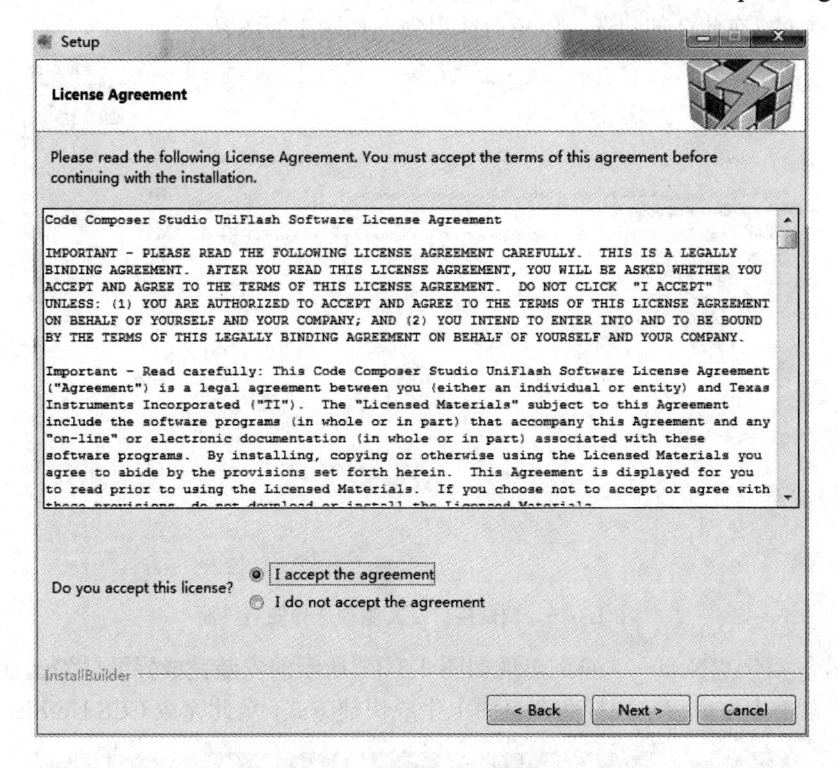

图 1.3-14　许可协议界面

(3) 点击“Next”，进入如图 1.3-15 所示的路径选择界面，选择默认即可。

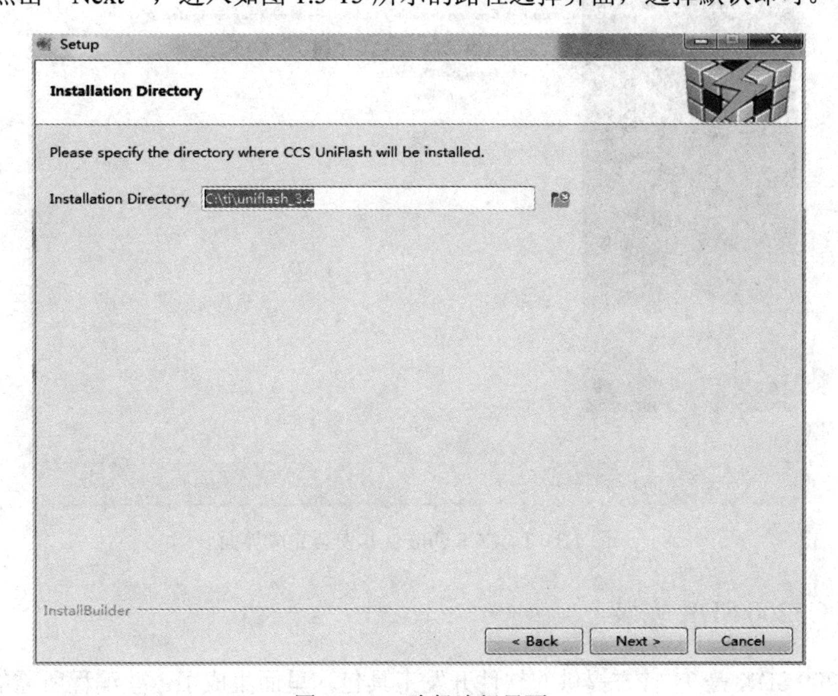

图 1.3-15　路径选择界面

(4) 点击“Next”，进入组件选择界面后再次点击“Next”，进入调试接口及其驱动选择安装界面。在此全部勾选，以免后续用到，如图 1.3-16 所示。

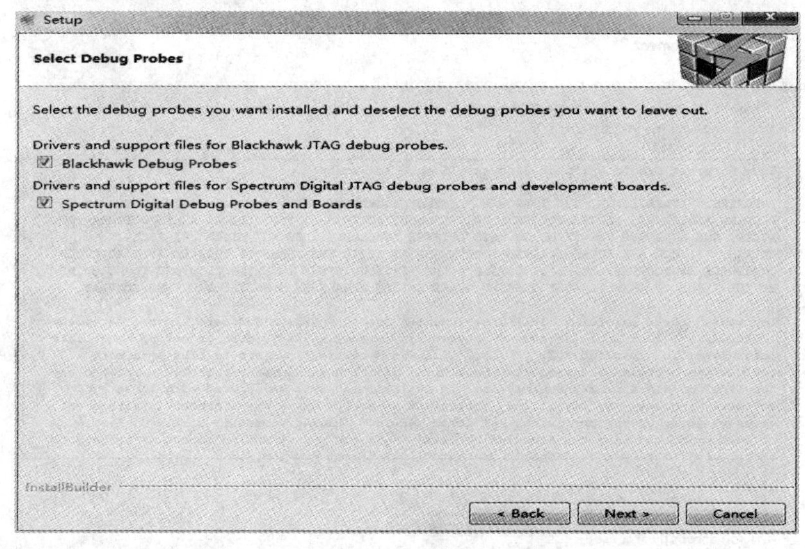

图 1.3-16　调试接口及其驱动选择安装界面

(5) 连续点击“Next”，直到出现如图 1.3-17 所示的安装完成界面。勾选前两项，即在“开始”菜单中生成启动图标和在桌面上生成快捷方式，至此完成 CCS UniFlash 的安装。

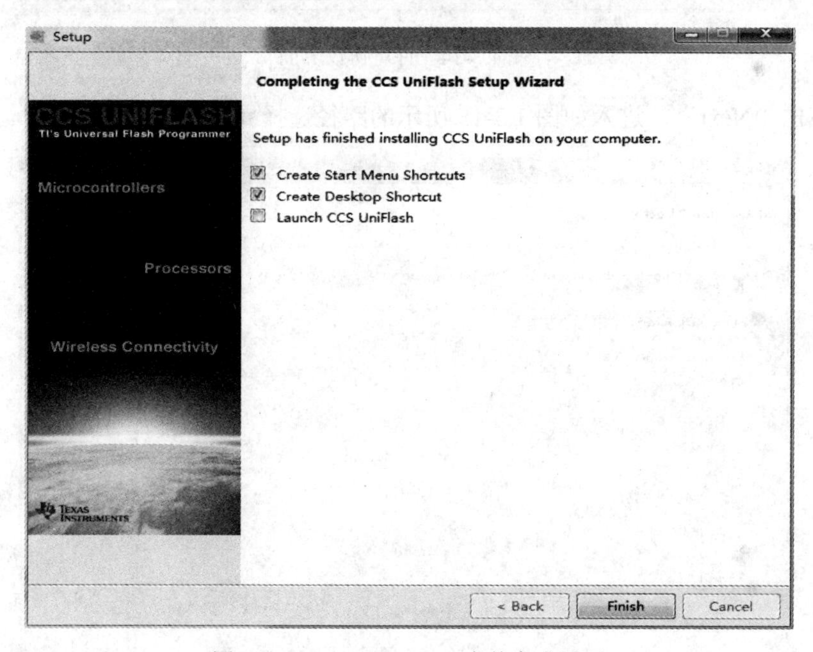

图 1.3-17　CCS UniFlash 安装完成界面

1.3.3　CC3200 SDK 安装

CC3200 SDK 是 TI 官方提供的软件开发工具包，里面集成了一些编程所需的库文件、内核文件、操作系统源码及一些程序例子等，借助 SDK 可以大大地增加 CC3200 项目开发的效率。SDK 1.2.0 的下载地址为 http://www.ti.com/tool/download/CC3200SDK/1.2.0，下载好的 SDK 1.2.0 安装包如图 1.3-18 所示。

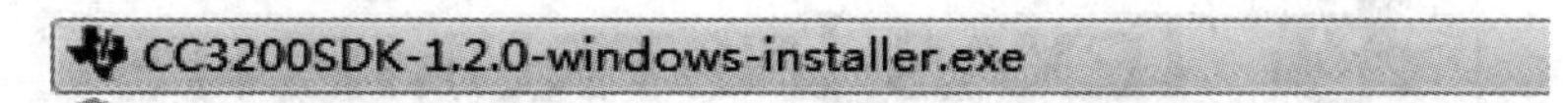

图 1.3-18 SDK 1.2.0 安装包

CC3200 SDK 的安装步骤如下：

(1) 双击 SDK 1.2.0 安装包，打开 exe 文件，开始安装 SDK，如图 1.3-19 所示为 SDK 安装界面。

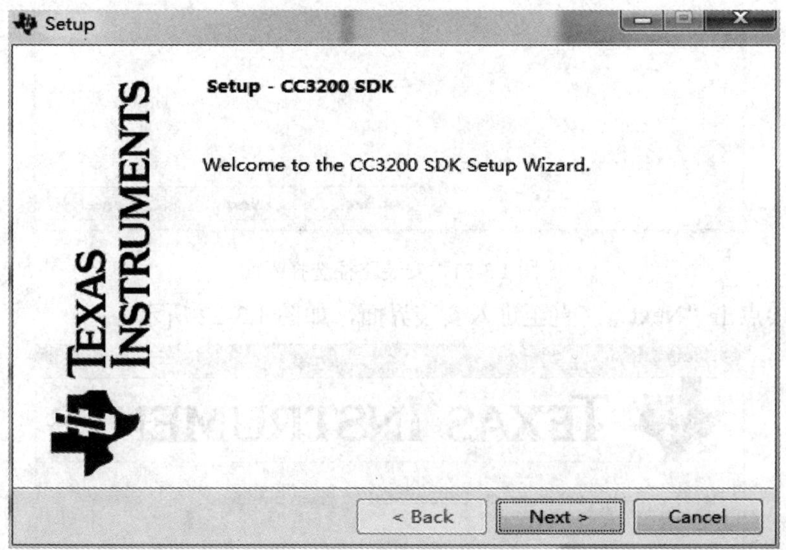

图 1.3-19 SDK 安装界面

(2) 点击"Next"，进入 CC3200 SDK 1.2.0 的许可条例界面，选择"I accept the agreement"如图 1.3-20 所示。

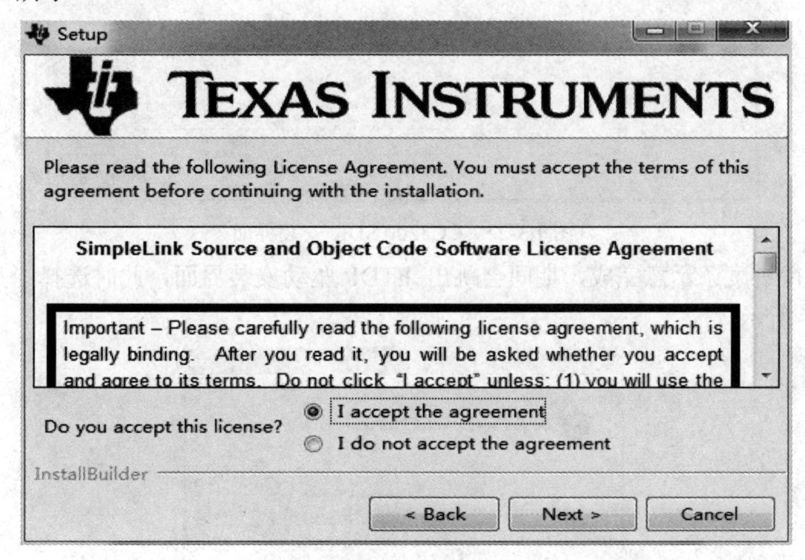

图 1.3-20 许可条例界面

(3) 点击“Next”，进入安装路径选择界面，选择默认路径即可，如图1.3-21所示。

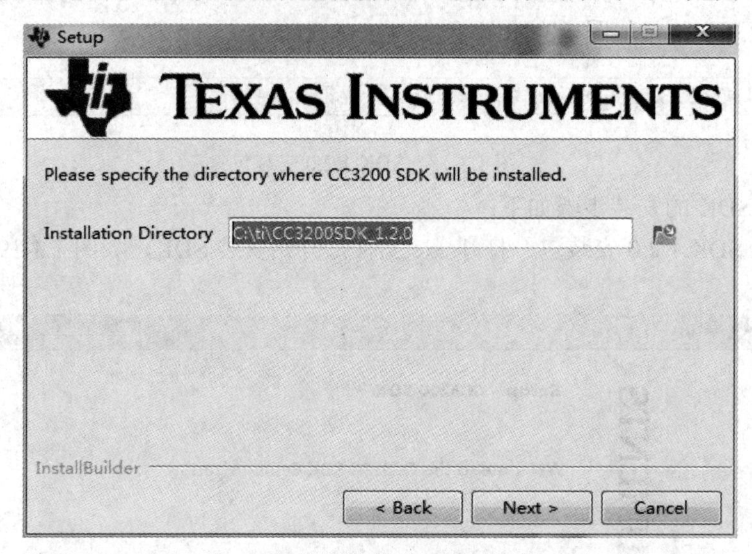

图1.3-21　安装路径选择界面

(4) 连续点击“Next”，直至进入安装界面，如图1.3-22所示。

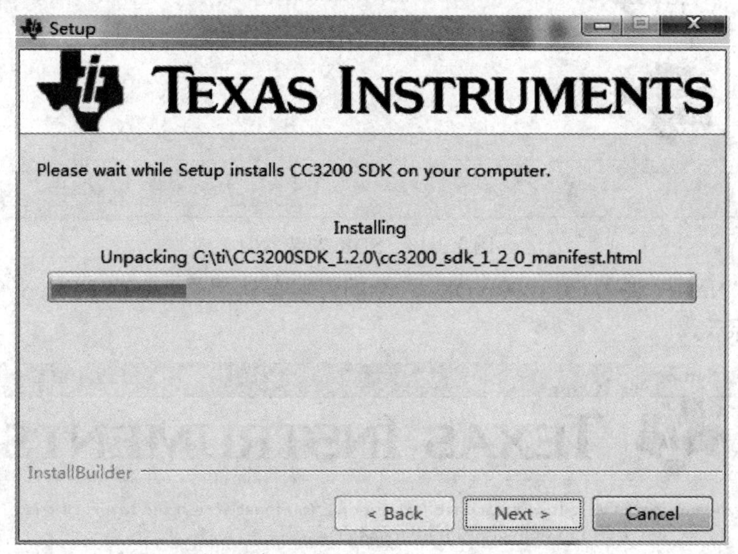

图1.3-22　CC3200 SDK安装界面

(5) 等待进度条示意完成，期间会跳出FTDI驱动安装界面，此时选择“是”即可，如图1.3-23所示。

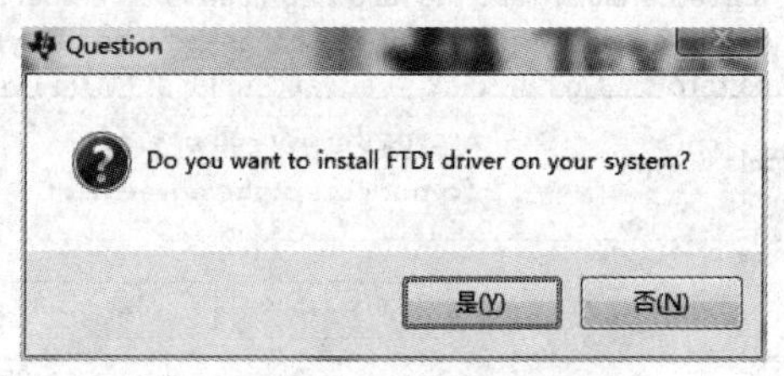

图1.3-23　FTDI驱动安装界面

(6) 安装完成后的界面如图1.3-24所示。

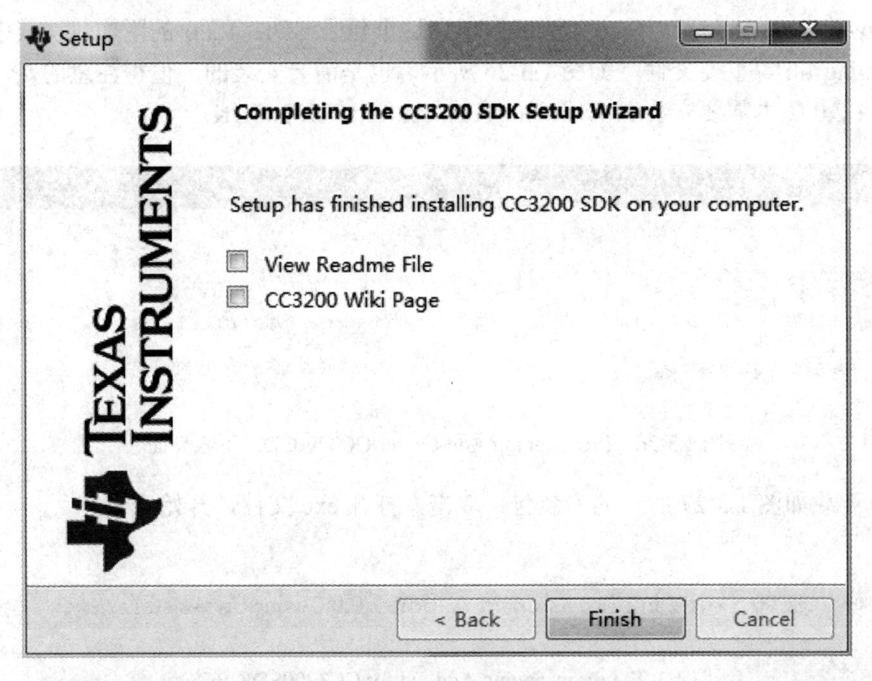

图1.3-24 CC3200 SDK安装完成界面

(7) 点击“Finish”，完成安装。打开“我的电脑”，在C盘的根目录下找到TI文件夹，再在TI文件夹里找到CC3200SDK_1.2.0，继续打开此文件夹，可以看到cc3200-sdk文件夹，其中可见CC3200的核心部分，如图1.3-25所示。

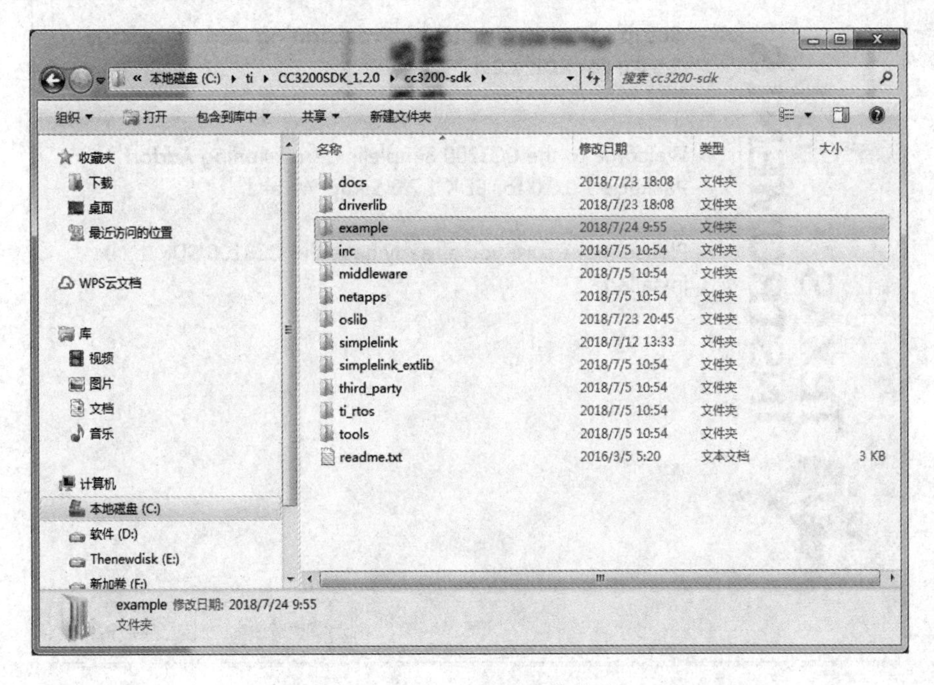

图1.3-25 cc3200-sdk文件夹

(8) 此时，仅仅是完成了 SDK 1.2.0 的部分安装，在官网 SDK 1.2.0 的下载地址处还有一个 Provisioning Add-On for CC3200SDK。这个包是 SDK 1.2.0 的附加包，其中包含了 Provisioning lib 等重要文件，如图 1.3-26 所示，也是需要安装的。值得注意的是，目前只有 SDK 1.2.0 版本需要安装 Provisioning Add-On for CC3200SDK。

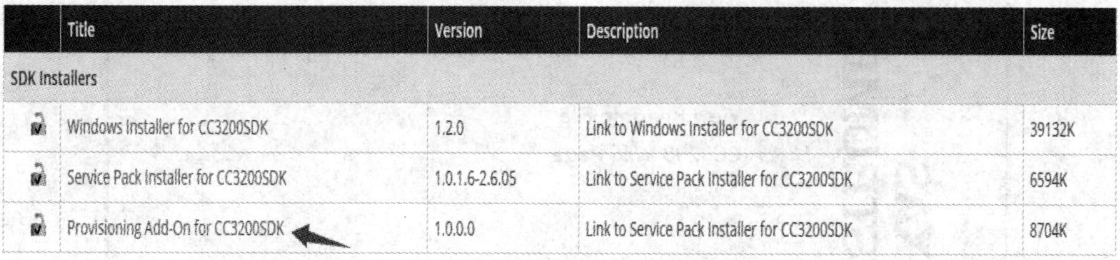

	Title	Version	Description	Size
SDK Installers				
	Windows Installer for CC3200SDK	1.2.0	Link to Windows Installer for CC3200SDK	39132K
	Service Pack Installer for CC3200SDK	1.0.1.6-2.6.05	Link to Service Pack Installer for CC3200SDK	6594K
	Provisioning Add-On for CC3200SDK	1.0.0.0	Link to Service Pack Installer for CC3200SDK	8704K

图 1.3-26　Provisioning Add-On for CC3200SDK 下载界面

(9) 下载如图 1.3-27 所示的安装包，双击，打开 exe 文件，开始安装。

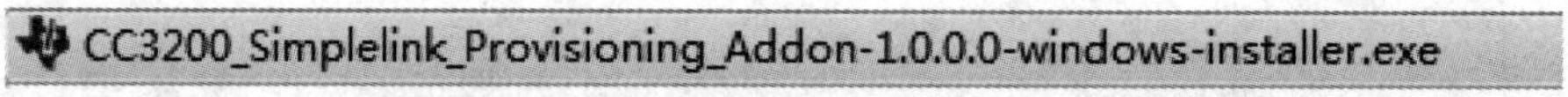

CC3200_Simplelink_Provisioning_Addon-1.0.0.0-windows-installer.exe

图 1.3-27　Provisioning Add-On for CC3200SDK 安装包

(10) 如图 1.3-28 所示，点击“Next”，继续安装。

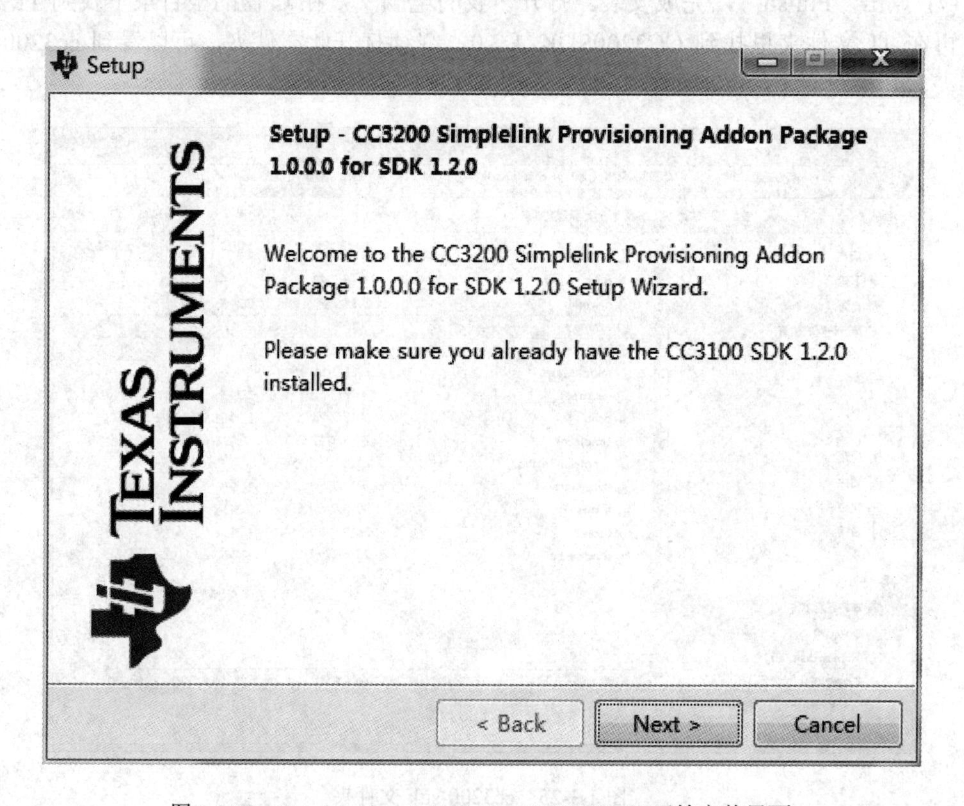

图 1.3-28　Provisioning Add-On for CC3200SDK 开始安装界面

(11) 如图 1.3-29 所示，进入许可条例界面，选择“I accept the agreement”，点击“Next”。

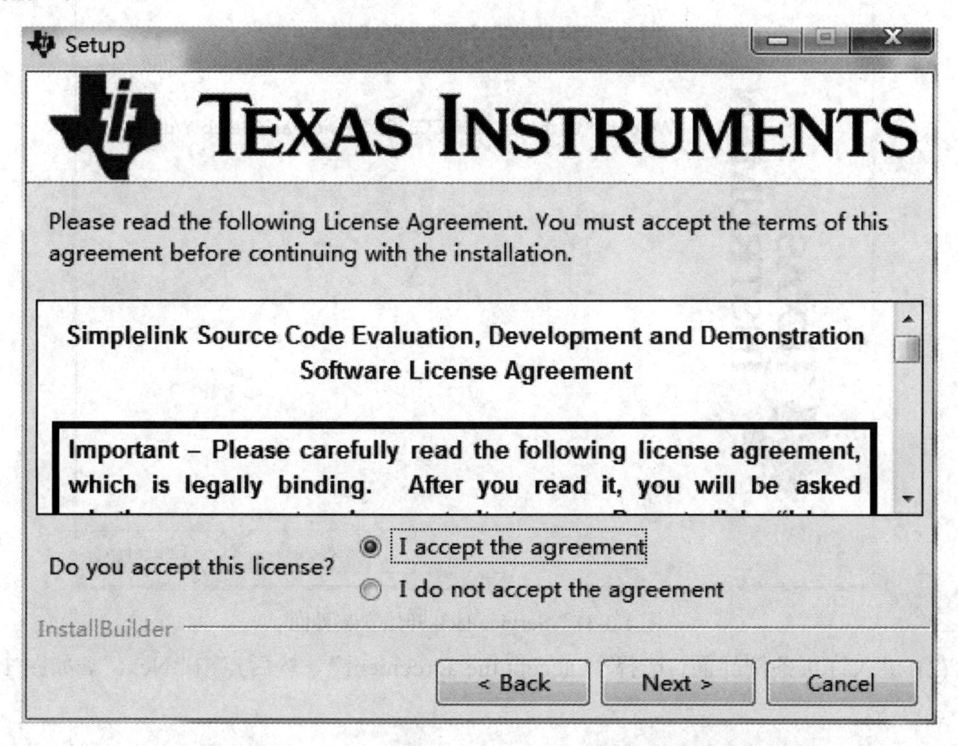

图 1.3-29　Provisioning Add-On for CC3200SDK 许可条例界面

(12) 此时，选择默认路径即可。连续点击“Next”，进入正式安装，等待进度条示意完成即可，最后点击“Finish”，完成安装。

1.3.4　ServicePack 安装

ServicePack 是 TI 提供的针对 CC3200 的固件包，里面提供了对协议栈加密等的支持。如果需要用到 WiFi 功能，那就必须先向 CC3200 烧录 ServicePack，同时需要十分值得注意的是，ServicePack 是与 SDK 搭配的，即不同的 SDK 版本的程序需要烧录不同版本的 ServicePack，与 SDK 搭配的 ServicePack 是放在一起下载的。由于前面用到的是 SDK 1.2.0，故需要下载相应版本的 ServicePack。ServicePack 的下载地址是 http://www.ti. com/tool/download/CC3200SDK/1.2.0，如图 1.3-30 所示为下载好的 ServicePack 安装包。

图 1.3-30　ServicePack 安装包

ServicePack 的安装步骤如下：

(1) 双击打开 exe 文件，进入安装界面，如图 1.3-31 所示。点击“Next”，开始安装。

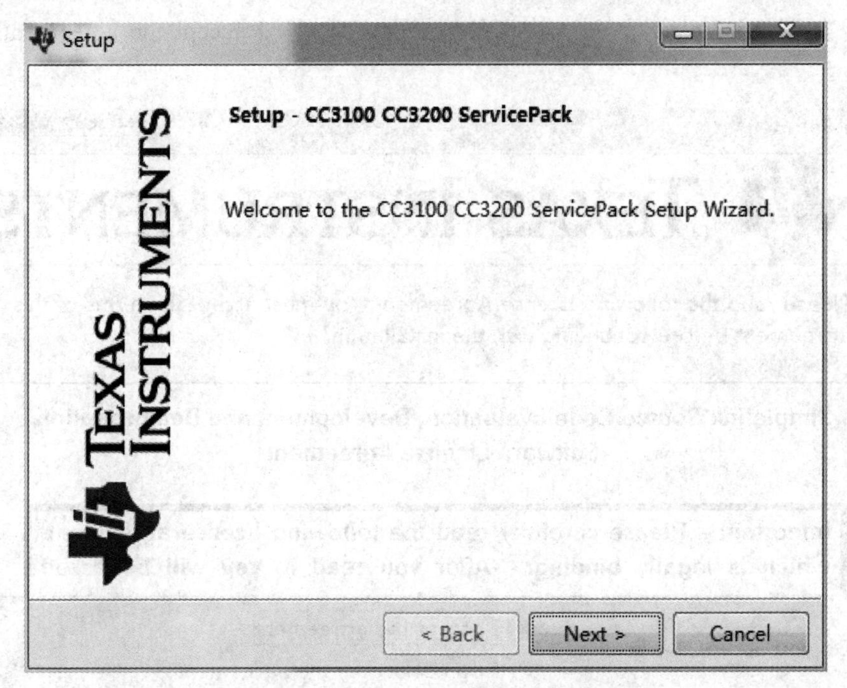

图 1.3-31　ServicePack 开始安装界面

(2) 进入许可条例界面，选择“I accept the agreement”，然后点击“Next”，如图 1.3-32 所示。

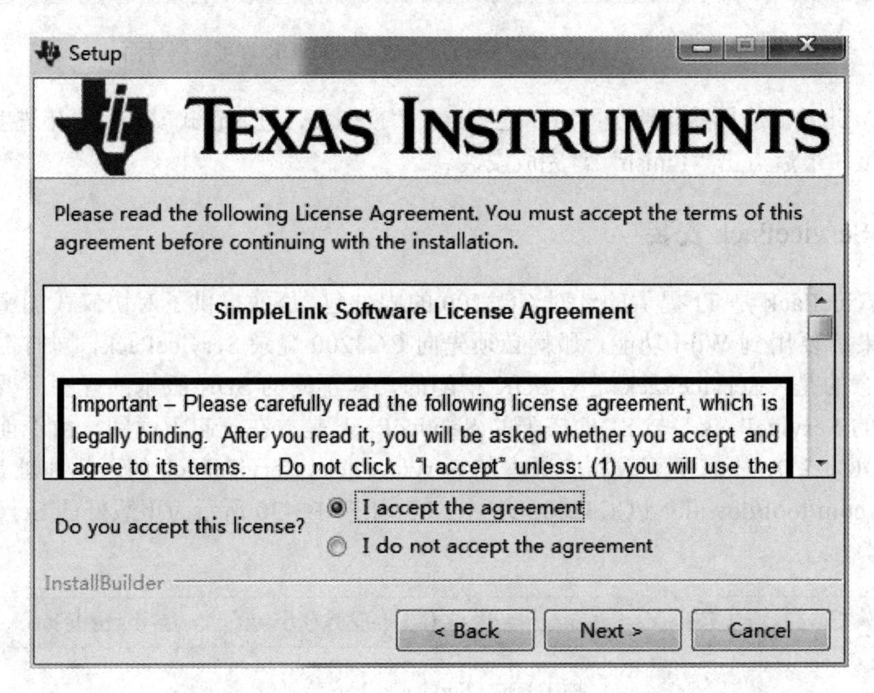

图 1.3-32　ServicePack 许可条例界面

(3) 进入安装路径的选择，选择默认路径，点击“Next”，进入正式安装，待进度条示意完成。如图 1.3-33 所示，不勾选“View Readme File”，点击“Finish”，完成安装。

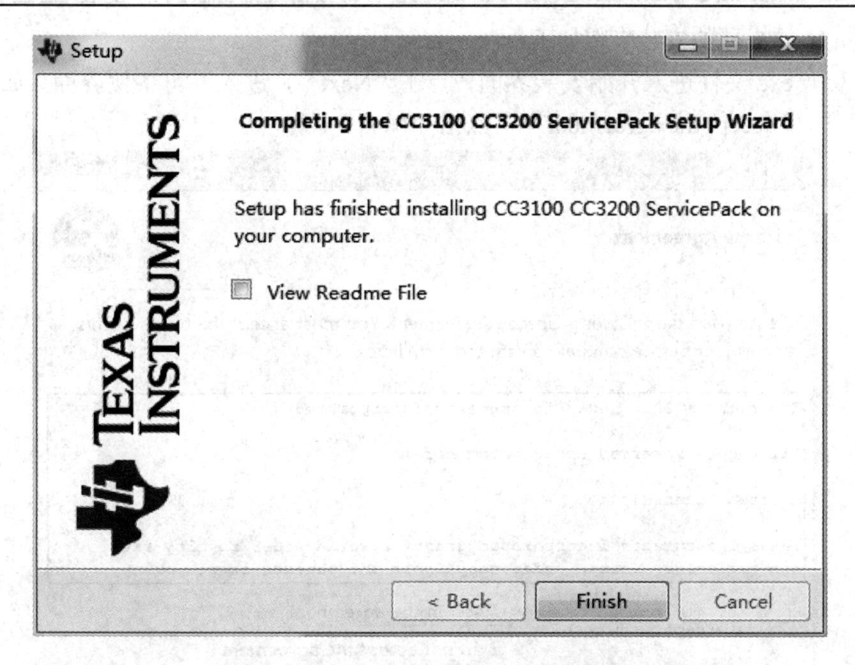

图 1.3-33 ServicePack 完成安装界面

(4) 此时，打开 ServicePack 的安装文件夹，可以看到 servicepack 的 bin 文件，如图 1.3-34 所示。

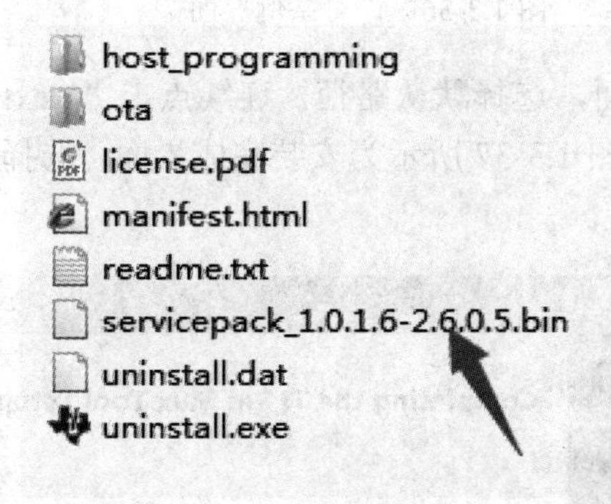

图 1.3-34 servicepack 的 bin 文件

1.3.5 TI Pin Mux Tool 安装

TI Pin Mux Tool 是 TI 官方提供的一款图形界面代码生成器，利用 TI Pin Mux Tool 可以快速生成 CC3200 外设资源的底层驱动，大大缩短了开发周期。

TI Pin Mux Tool 的下载地址为 http://processors.wiki.ti.com/index.php/TI_PinMux_Tool？= TI%20Pin%20Mux%20Tool&tisearch=Search-CN-Everything，如图 1.3-35 所示为 TI Pin Mux Tool 安装包。

图 1.3-35 TI Pin Mux Tool 安装包

TI Pin Mux Tool 的安装步骤如下：

(1) 双击 exe 文件进入开始安装界面，点击“Next”，进入许可条例界面。如图 1.3-36 所示，选择“I accept the agreement”，点击“Next”。

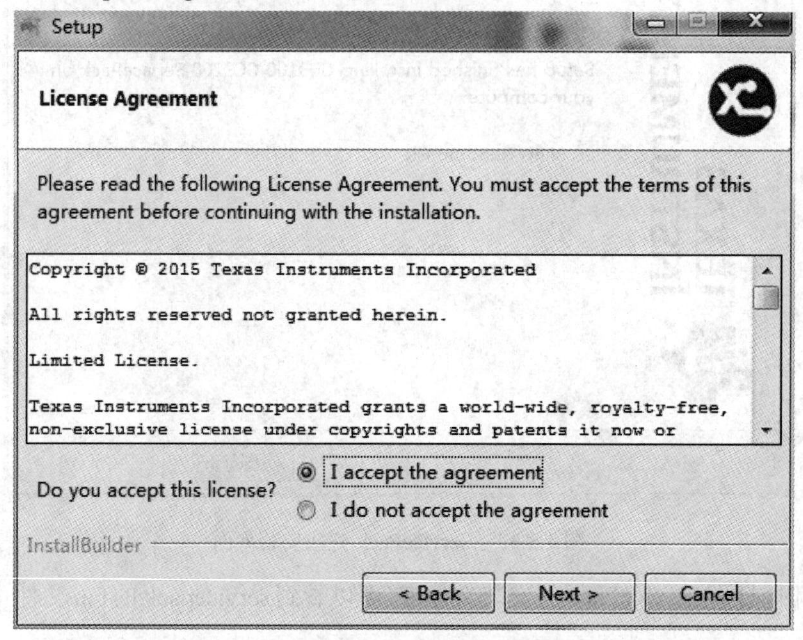

图 1.3-36　许可条例界面

(2) 进入安装路径选择界面，选择默认路径，连续点击“Next”，进入正式安装，待安装进度条示意完成即可。如图 1.3-37 所示为安装完成界面，选择在桌面生成一个快捷方式，点击“Finish”，完成安装。

图 1.3-37　安装完成界面

1.3.6 JDK 安装

JDK(Java Development Kit)是 Sun Microsystems 针对 Java 开发者推出的一款产品。它是由一个处于操作系统层之上的运行环境，开发者编译、调试和运行用 Java 语言写的Applet(一种 Java 开发的小程序)和应用程序所需的工具组成。想要开发 Java 产品，需先安装 JDK，JDK 由以下组件构成，如图 1.3-38 所示。

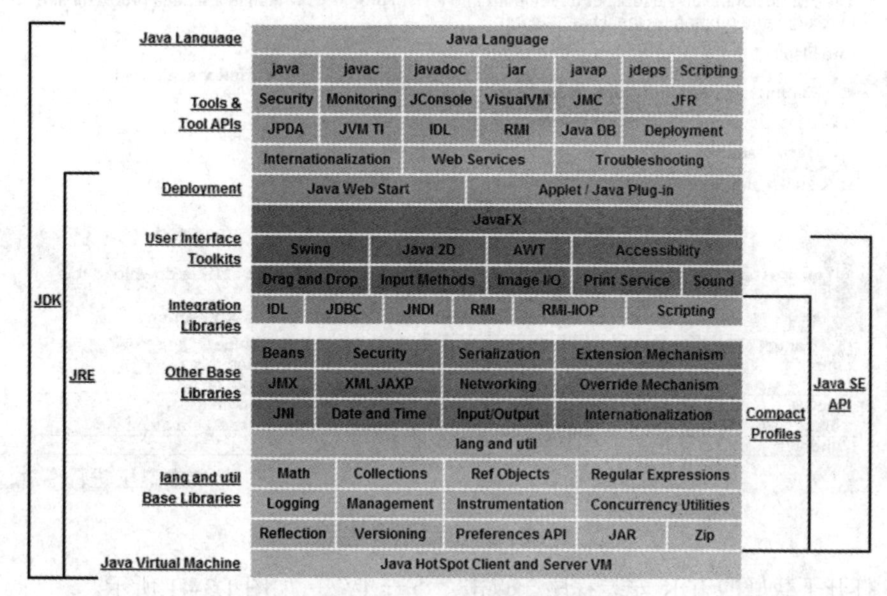

图 1.3-38 JDK 组件构成

JDK 的安装步骤如下：

(1) 在 Java 官网下载页面进行 JDK 下载。Java SE Development kit 的下载地址为 http://www.oracle.com/technetwork/Java/Javase/downloads/index.html，或者使用我们给出的安装文件，进入 JDK 官方下载页面，点击“Java SE Downloads”，如图 1.3-39 所示。

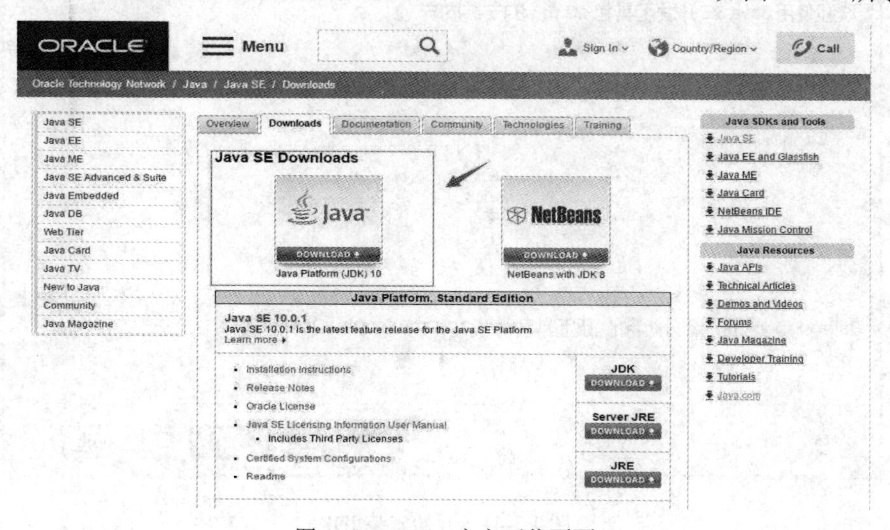

图 1.3-39 JDK 官方下载页面

(2) 选择“Accept License Agreement”，点击下载“Windows”版本，如图 1.3-40 所示。

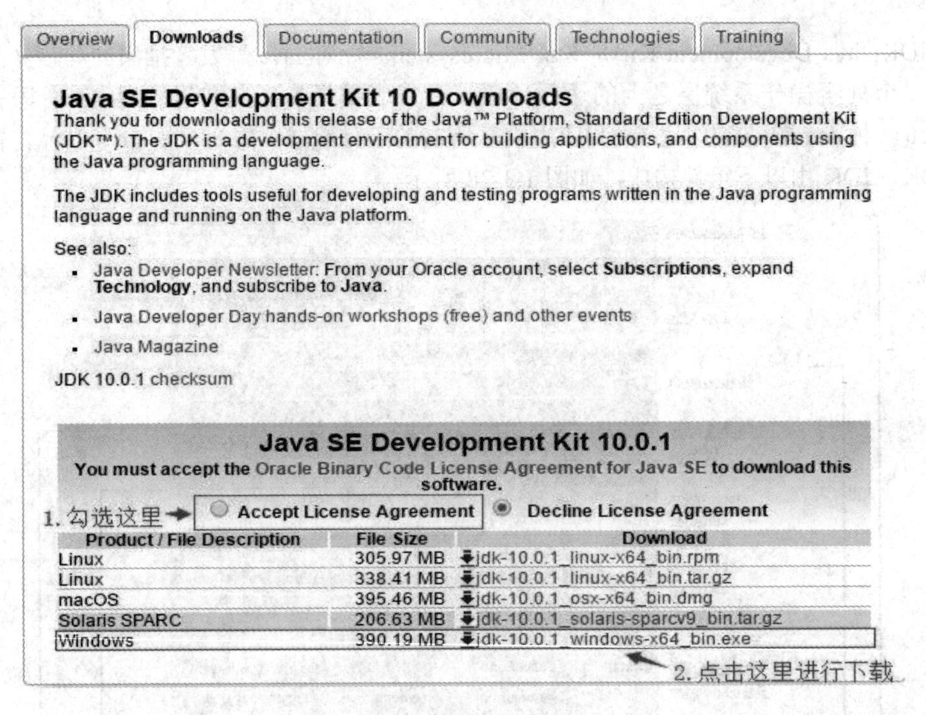

图 1.3-40　JDK 版本选择

(3) 打开下载好的 JDK 安装程序，点击“下一步”，如图 1.3-41 所示。

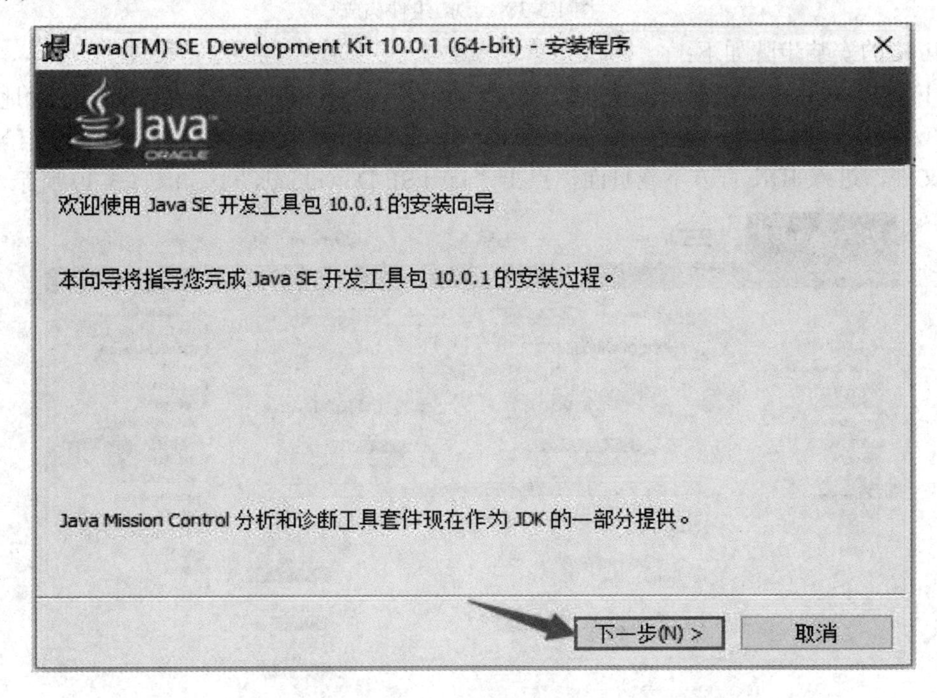

图 1.3-41　开始安装 JDK

(4) 选定安装目录，建议直接使用默认目录，点击“下一步”，如图 1.3-42 所示。

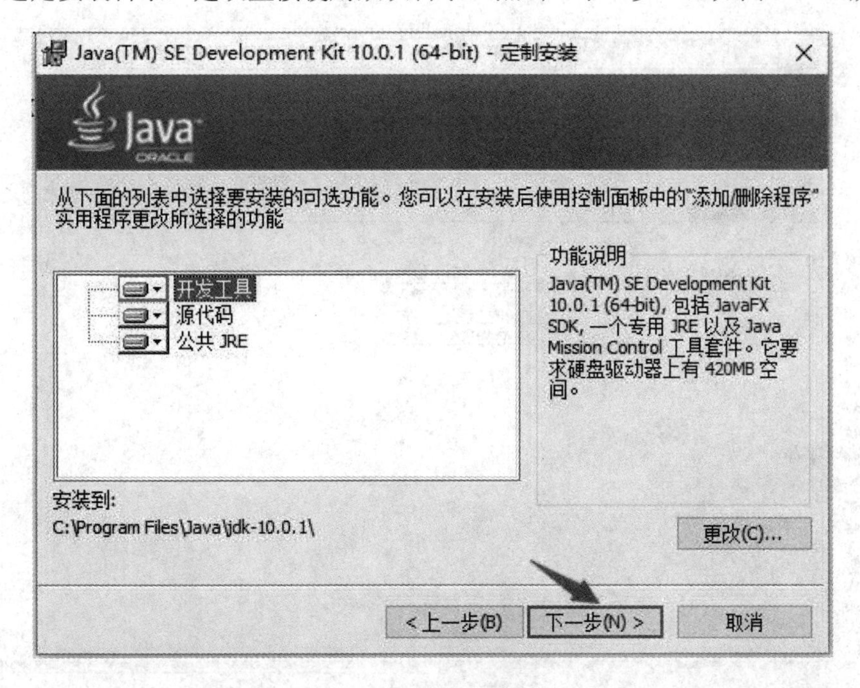

图 1.3-42　选定安装目录

(5) JDK 安装完成后，继续安装 JRE，点击“下一步”，如图 1.3-43 所示。

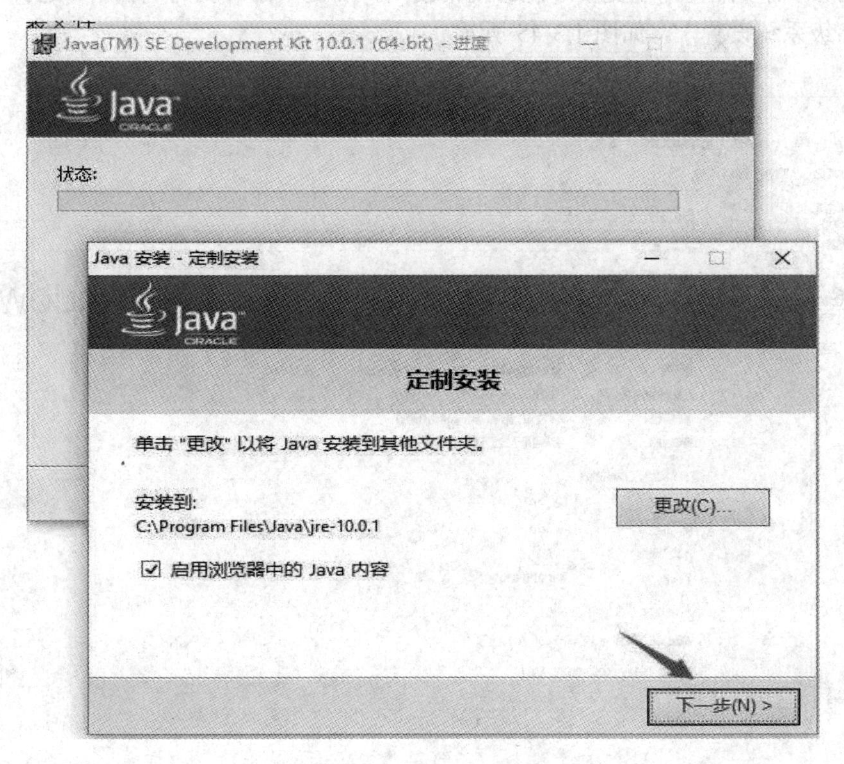

图 1.3-43　继续安装 JRE

(6) 安装完成后找到指定安装目录，如图 1.3-44 所示。

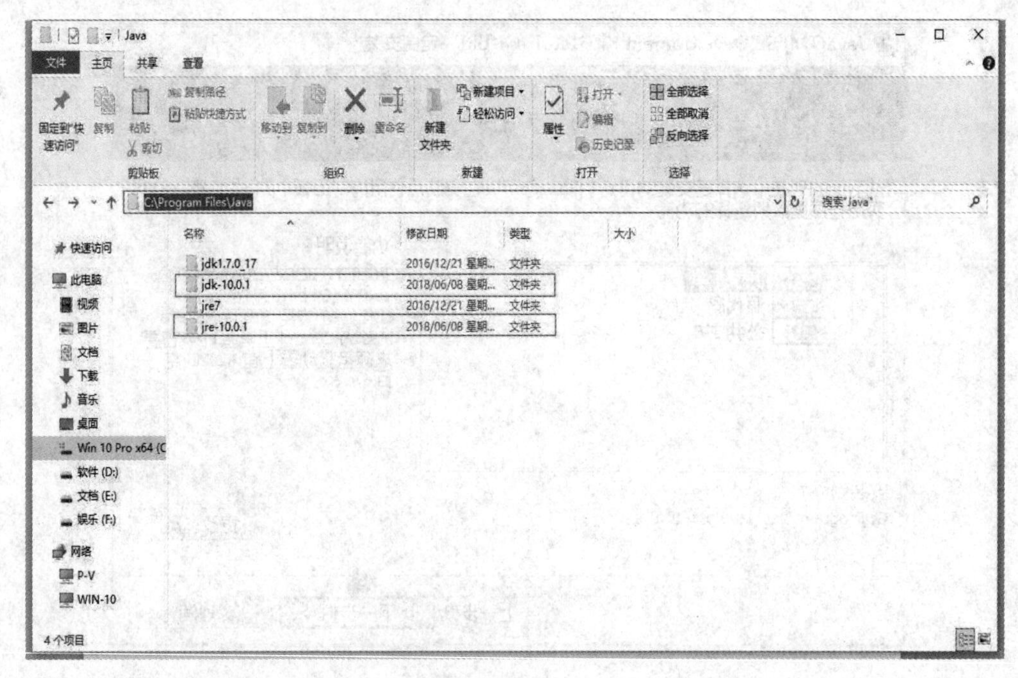

图 1.3-44　制定安装目录

(7) 此时需要配置环境变量才能够正常使用，右键单击“我的电脑”，选择“属性”，点击“高级系统设置”，如图 1.3-45 所示。

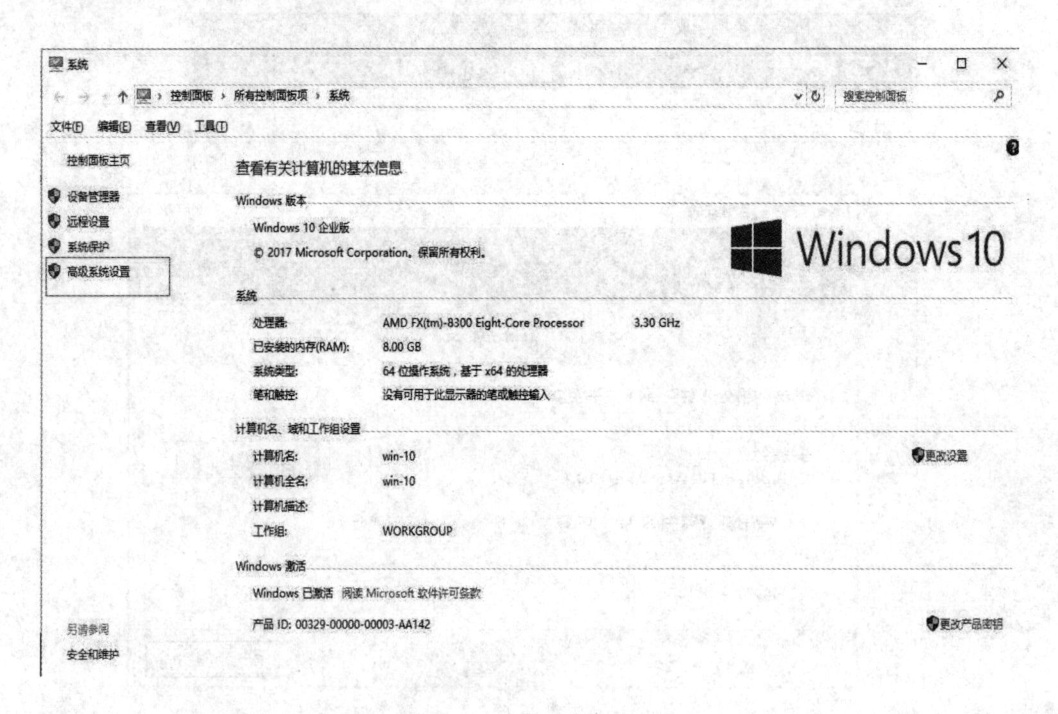

图 1.3-45　高级系统设置

(8) 选择“高级”选项卡，点击“环境变量”，如图 1.3-46 所示。

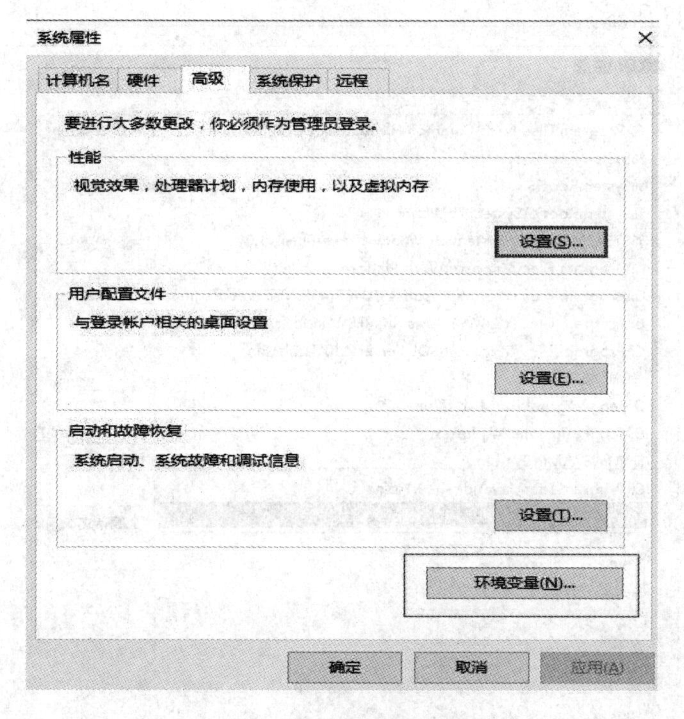

图 1.3-46　设置系统属性

(9) 双击“系统变量”中的“Path”，如图 1.3-47 所示。

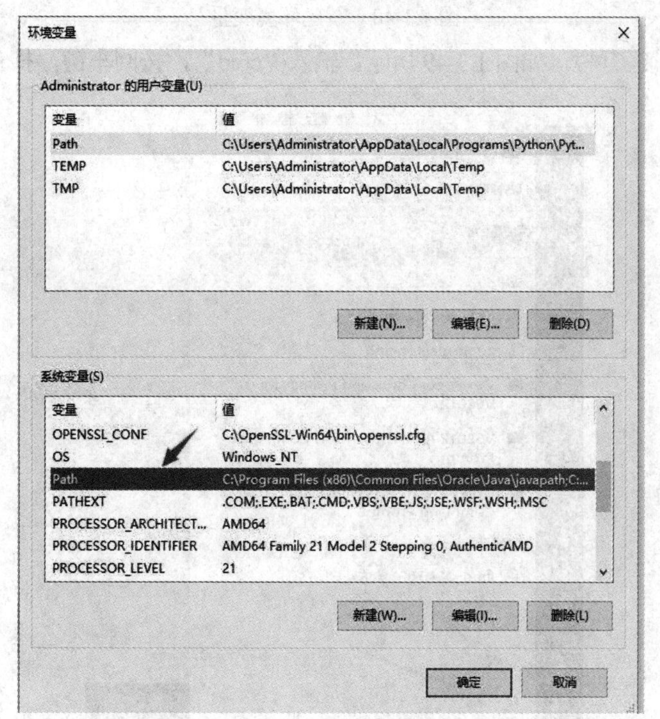

图 1.3-47　设置系统变量

(10) 选择“新建”，将安装 JDK 和 JRE 目录下的 bin 目录地址粘贴进去后点击“确定”，如图 1.3-48 所示。

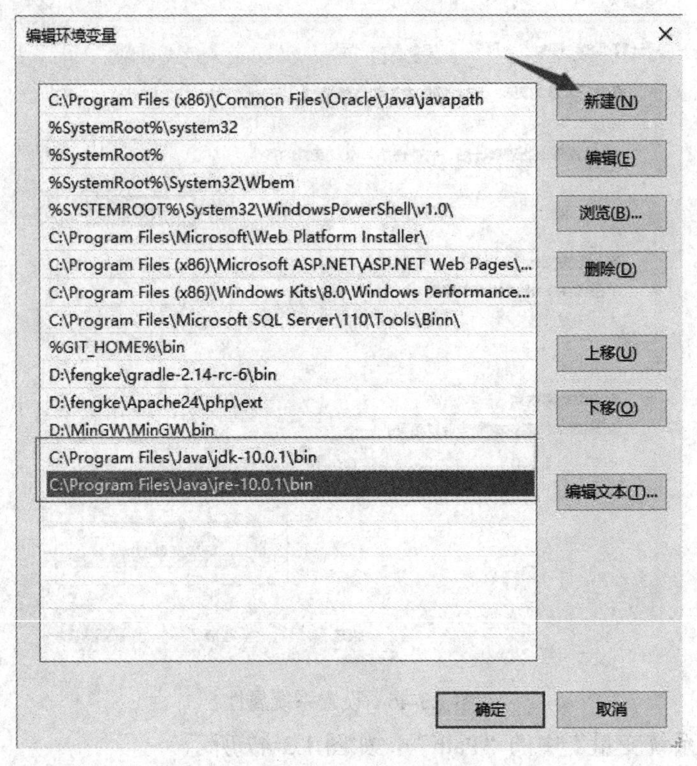

图 1.3-48　新建环境变量

(11) 打开电脑运行栏，如图 1.3-49 所示，输入“cmd”，按回车键，打开 DOS 系统。

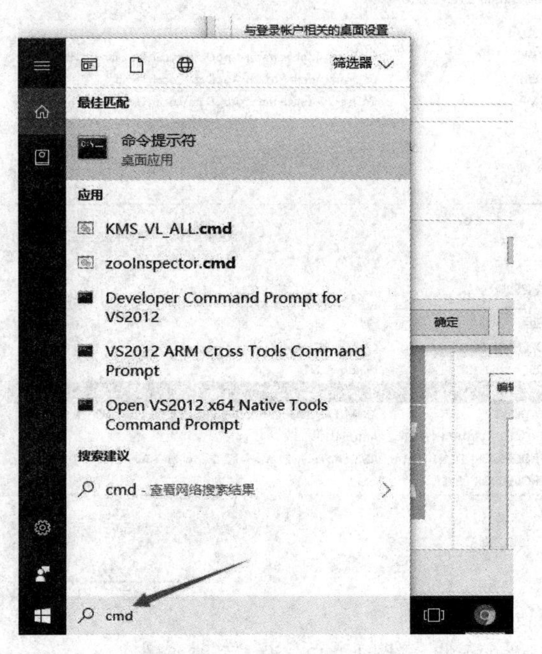

图 1.3-49　打开 DOS 系统

(12) 输入“Javac”，如果出现如图 1.3-50 所示的界面，则表明运行环境配置成功。

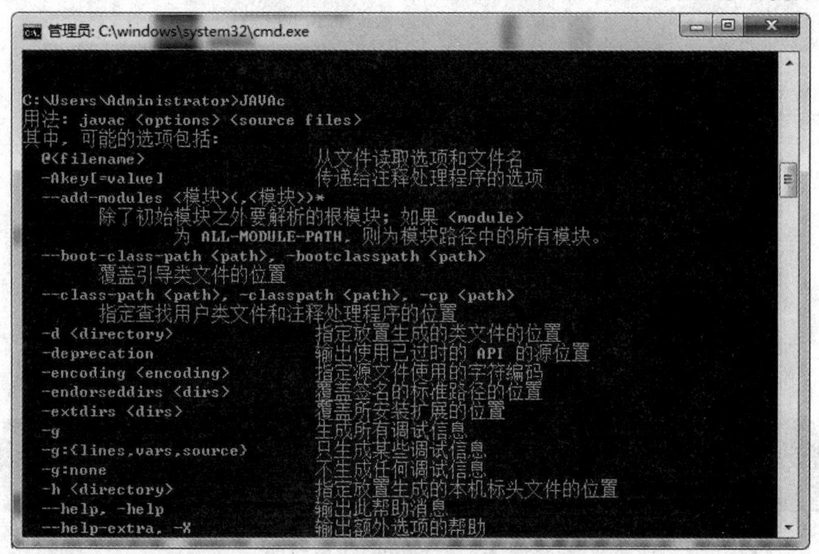

图 1.3-50　查看是否成功配置环境变量

1.3.7　Eclipse 安装

Eclipse 是一个开放源代码的、基于 Java 的可扩展开发平台。Eclipse 既是 Java 的集成开发环境(IDE)，也可作为其他开发语言的集成开发环境，如 C、C++、PHP 和 Ruby 等。Eclipse 附带了一个标准的插件集，包括 Java 开发工具(JDK)。

本书使用的是 Eclipse OXYGEN 版本。由于 Eclipse 是使用 Java 编写的，所以在安装 Eclipse 前请确认已经正确安装了 JDK，并正确配置了运行环境。Eclipse 的官方下载地址是 https://www.eclipse.org/downloads/，可以到这里下载 Eclipse 安装程序，或者使用我们提供的安装程序。

Eclipse 的安装步骤如下：

(1) 进入网站，选择 Eclipse 版本和操作系统位数，如图 1.3-51 所示。

图 1.3-51　Eclipse 下载界面

(2) 点击“Download”，如图 1.3-52 所示。

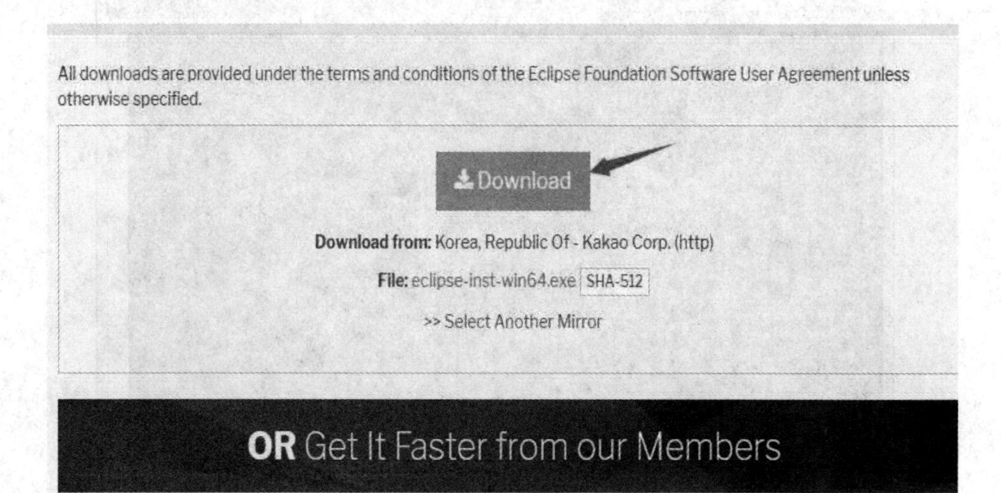

图 1.3-52　Eclipse 下载页面

(3) 选择第一个安装模式，如图 1.3-53 所示。

图 1.3-53　Eclipse 选择安装模式

(4) 选择默认的安装目录，点击“INSTALL”进行安装，如图1.3-54所示。

图1.3-54　选择安装目录

(5) 点击“Accept Now”，如图1.3-55所示。

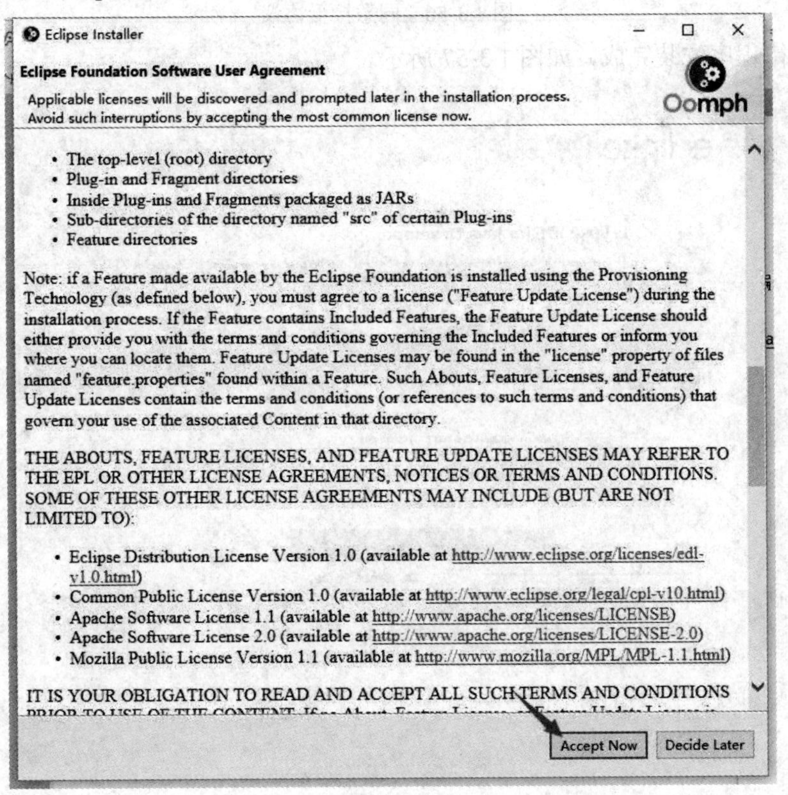

图1.3-55　点击接受

(6) 勾选左下角的选项，并点击“Accept”，如图 1.3-56 所示。

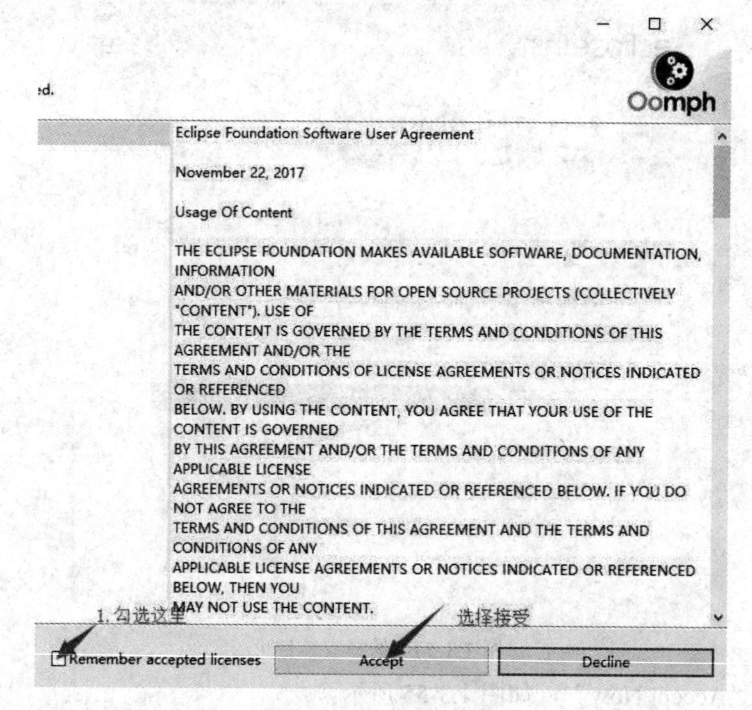

图 1.3-56　同意接受协议

(7) 等待程序安装完成，如图 1.3-57 所示。

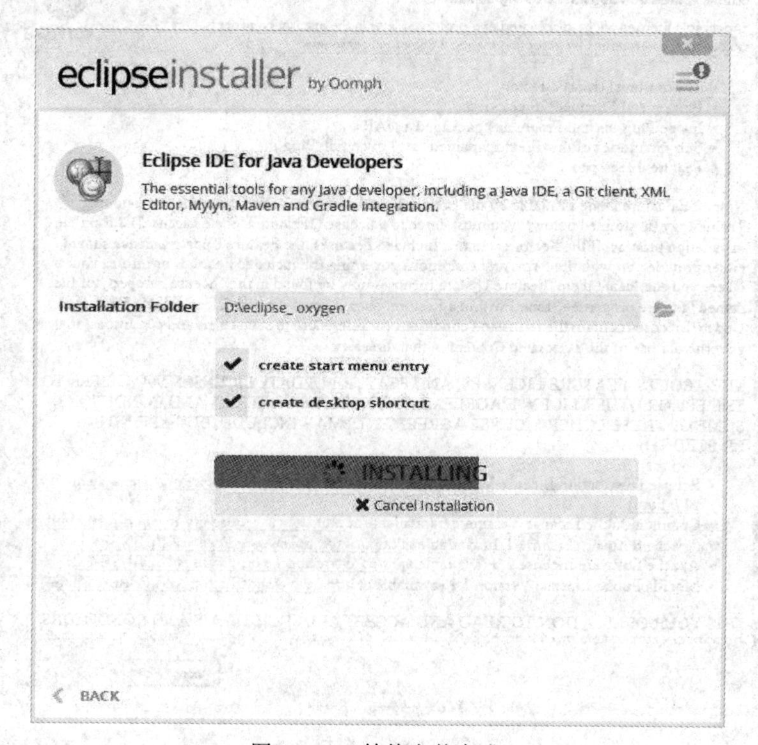

图 1.3-57　等待安装完成

(8) 点击“LAUNCH”，如图 1.3-58 所示。

图 1.3-58　启动

(9) 选择工作空间(即代码存放目录)，设置为默认目录，点击“Launch”，如图 1.3-59 所示。

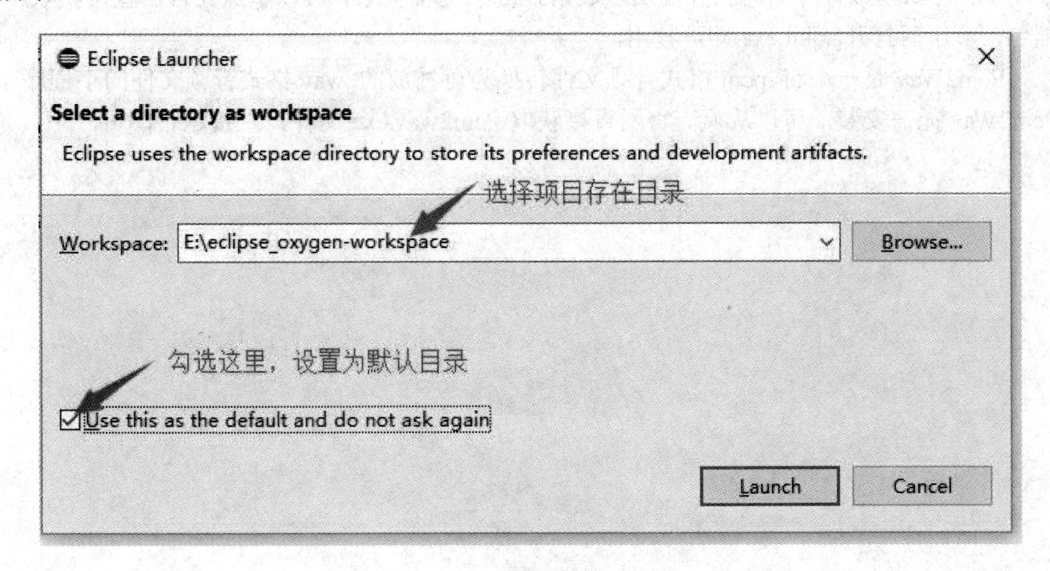

图 1.3-59　设置代码存放目录

(10) 至此，Eclipse 安装成功，如图 1.3-60 所示。

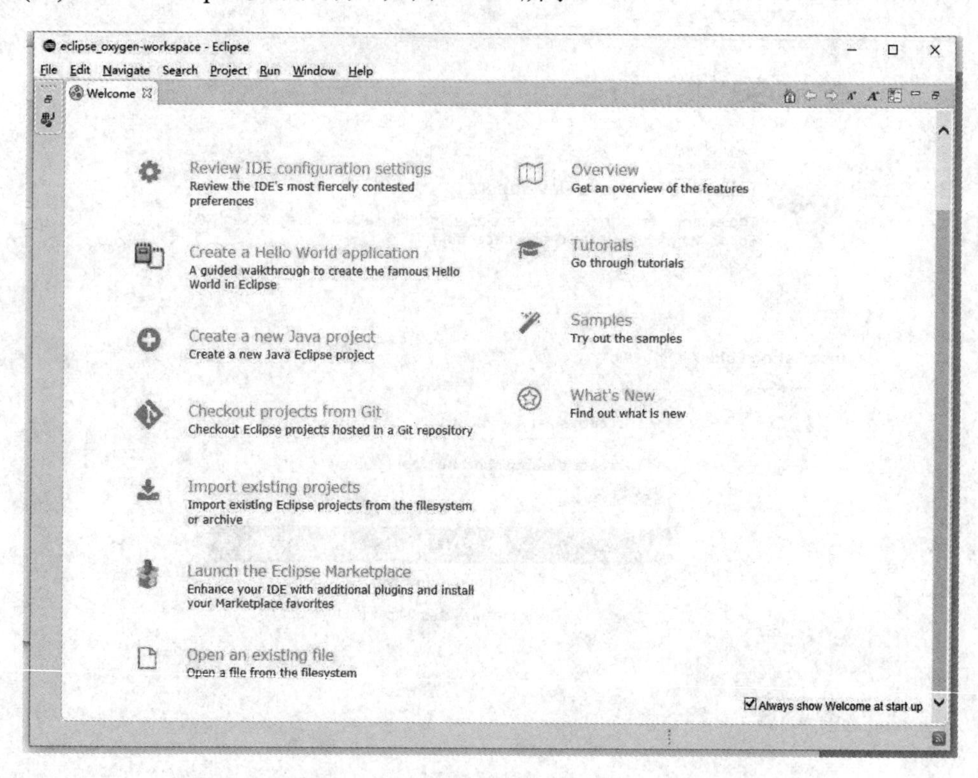

图 1.3-60　Eclipse 界面

1.3.8　Sokit 和 Pcm2Wav 简介

Sokit 是一款小巧的网络通信调试工具，集成了 TCP 协议、UDP 协议的服务器和客户端功能，可以模拟客户端向服务端发送数据。Sokit 无需安装，可以从疯壳官网直接获取压缩包，解压后打开 sokit.exe 即可使用。

Pcm2Wav 是一个将 .pcm 格式音频文件转换为可播放的 .wav 格式音频文件的小程序。Pcm2Wav 无需安装，可以从疯壳官网直接获取 Pcm2wav.exe 文件，直接运行即可。

第 2 章　开 发 基 础

2.1　硬件开发基础

2.1.1　CC3200 简介

随着工业 4.0 时代的到来，物联网(IOT)作为这个时代最基本的也是最重要的技术，成为各路传统半导体制造商的香饽饽，蓝牙、WiFi 及 Zigbee 等技术迎来大爆发。作为目前唯一能够连接物与互联网的无线通信技术，WiFi 技术也就显得愈加重要。

CC3200 是 TI 针对无线连接 SimpleLink WiFi 和物联网(IOT)解决方案最新推出的一款 MCU(Microcontroller Unit，微控制单元)，同时也是业界第一个具有内置 WiFi 的 MCU。CC3200 采用高性能 ARM Cortex-M4 内核，主频为 80 MHz，高达 256 KB 的 RAM，64 KB 的 ROM，用于存放设备初始化固件、BOOTLOADER、外设驱动库，如图 2.1-1 所示为 CC3200 芯片。

CC3200 主要包含 MCU、WiFi 网络处理器和电源管理三大部分。图 2.1-2 所示为 CC3200 的内部组成结构图。

图 2.1-1　CC3200 芯片

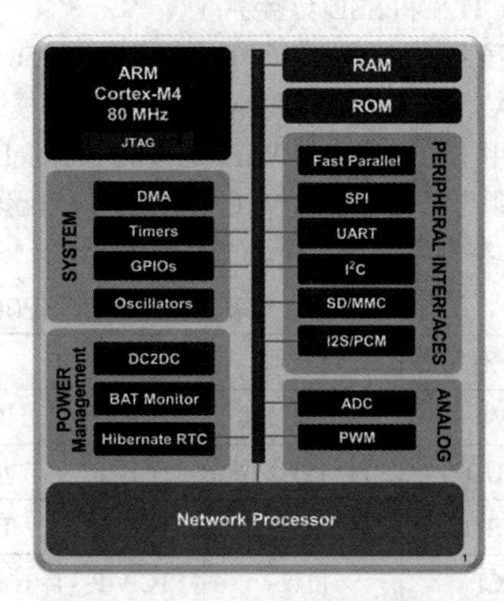

图 2.1-2　CC3200 内部组成结构图

CC3200 包含有丰富的 MCU 外设资源。例如，27 个独立可编程、可复用的通用输入输出接口(GPIO)，两路通用的异步通信收发器(UART)，一路高速串行通信接口(SPI)，一

路高速 I^2C 接口，一个多通道音频串行接口(McASP)，可支持两个 I^2S 通道、一个 SD/MMC 接口、8 位并行摄像头接口、4 个通用定时器、16 位脉冲宽度调制(PWM)模式，以及 4 通道的高达 12 位模数转换器(ADC)。

CC3200 的 WiFi 网络处理器可以提供快速、安全的 WLAN 和因特网连接，其结构如图 2.1-3 所示。

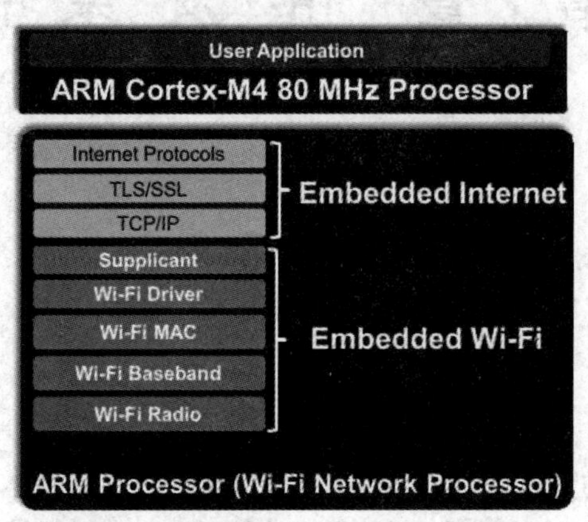

图 2.1-3　CC3200 网络处理器结构

CC3200 的特性如下：

① 特有的 WiFi 片上互联网(Internet-On-a-Chip)；

② 专用的 ARM MCU，完全免除应用 MCU 的 WiFi 和互联网协议处理负担，WiFi 和互联网协议存放于 ROM 中；

③ 包含 802.11b/g/n 射频、基带、MAC、WiFi 驱动和 Supplicant，内置 TCP/IP 协议栈；

④ 具有行业标准 BSD 套接字应用编程接口(API)，同时支持 8 个 TCP 或 UDP 套接字，以及两个 TLS 和 SSL 套接字；

⑤ 强大的加密引擎，可以实现支持 256 位 AES 加密，快速、安全的互联网连接支持站点(STA)、接入点(AP)和 WiFi 直连(P2P)模式，WPA2 可保障个人和企业安全性；

⑥ 用于自主和快速 WiFi 连接的 SimpleLink 连接管理器；

⑦ 用于简单、灵活 WiFi 配置的智能配置(SmartConfig)技术、AP 模式和 WPS2。

以上特性综合后列于表 2.1-1 中。

表 2.1-1　CC3200 网络处理器特性

特　性	类　别	域	说　　明
IPv4	网络协议栈	TCP/IP	IPv4 协议栈
TCP/UDP	网络协议栈	TCP/IP	基本协议
TLS/SSL	安全	TCP/IP	TLS v1.2(客户端服务器)/SSL v3.0
DHCP	协议	TCP/IP	客户端和服务器模式
mDNS	应用	TCP/IP	多播域名服务
HTTP	应用	TCP/IP	URL 静态和动态响应模板

续表

特 性	类 别	域	说 明
Policies	连接	WLAN	允许管理连接和重连接策略
WPS2	配置	WLAN	初始化产品配置 PBC 和 PIN 方法
AP Config	配置	WLAN	初始化产品配置接入点方式(配置网页和信标信息元)
SmartConfig	配置	WLAN	初始化产品配置和替代方法
Station	角色	WLAN	具有传统 802.11 节能功能的 802.11b/g/n 站点
AP	角色	WLAN	具有传统 802.11 节能功能的 802.11b/g 单站点
P2P	角色	WLAN	P2P 客户端

CC3200 内置的 DC-DC 转换器，支持宽电压(2.1～3.6 V)范围输入，具有低功耗特性。休眠状态下电流可低至 4 μA，低功耗深睡眠(LPDS)模式下电流可低至 120 μA，串口接收状态下(RX)电流可低至 59 mA，串口发送状态下(TX)电流可低至 229 mA。

2.1.2 GPIO

GPIO 的全称为 General Purpose Input Output，即通用的输入输出，是所有控制器里必备的资源。CC3200 的所有数字引脚和部分模拟引脚，均可作为通用的输入输出引脚(GPIO)使用。CC3200 将 GPIO 分为 4 个组，分别是 GPIOA0、GPIOA1、GPIOA2、GPIOA3，每一组 GPIO 又包含 8 个引脚。CC3200 的引脚分配如表 2.1-2 所示。

表 2.1-2 CC3200 引脚分配

端口组	包含的引脚
GPIOA0	GPIO_00～GPIO_07
GPIOA1	GPIO_08～GPIO_15
GPIOA2	GPIO_16～GPIO_23
GPIOA3	GPIO_24～GPIO_31

根据功能引脚配置的不同，CC3200 最多可以有 27 个 GPIO，且所有的 GPIO 引脚均具有中断功能，触发的方式支持电平触发和边沿触发(上升沿和下降沿)。不仅如此，所有的 GPIO 都可以用于触发 DMA，可作为唤醒源。GPIO 引脚可编程，可配置为内部 10 μA 的上拉或下拉。驱动能力可调节为 2 mA、4 mA、6 mA、8 mA、10 mA、12 mA 及 14 mA，同样也支持开漏模式。

对 GPIO 进行操作时，主要需要了解两大寄存器——GPIODATA 寄存器和 GPIODIR 寄存器。

(1) GPIODATA 寄存器是数据寄存器。在软件控制模式下，如果对应的引脚通过 GPIODIR 寄存器配置为输出模式，则写到 GPIODATA 寄存器中的值会被传到对应引脚输出。GPIODATA 寄存器有 256 个别名地址，偏移值为 0x000～0x3ff。一个不同地址别名可以用来直接读/写任何八个信号位的组合。这个特性可以避免读—改—写和软件读的位掩码的时间消耗。

在该方案中，为了写 GPIODATA 寄存器，掩码中对应于总线中的[9:2]位，必须被置位；否则，在进行写操作时对应位的值不会被改变。同样，进行读操作时也是对应总线中的[9:2]位，在读取对应位时也必须被置位，否则读取为 0。

如果引脚配置为输出模式，则读取 GPIODATA 寄存器，返回最后一次写入的值；如果配置为输入模式，则返回对应引脚的值。所有位都可以通过复位清零。

如图 2.1-4 所示为 GPIODATA 寄存器，其位定义如表 2.1-3 所示。

31～8	7～0
RESERVED	DATA
R-0h	R/W-0h

图 2.1-4　GPIODATA 寄存器

表 2.1-3　GPIODATA 寄存器的位定义

位	域	类型	复位	描　述
31～8	RESERVED	R	0h	
7～0	DATA	R/W	0h	GPIO 数据：该寄存器实际上映射到地址空间中的 256 个位置。为了便于独立驱动器读取和写入这些寄存器，从寄存器读取和写入的数据被八个地址线[9: 2]屏蔽。从该寄存器读取返回其当前状态。写入该寄存器仅影响未被 ADDR[9: 2]屏蔽且被配置为输出的位

(2) GPIODIR 寄存器是数据方向寄存器。在 GPIODIR 寄存器中，设置一位对应的引脚配置为输出，清除一位对应的引脚配置为输入。复位时所有位都清零，也就是说所有的 GPIO 引脚默认是输入。如图 2.1-5 所示为 GPIODIR 寄存器，其位定义如表 2.1-4 所示。

31～8	7～0
RESERVED	DIR
R-0h	R/W-0h

图 2.1-5　GPIODIR 寄存器

表 2.1-4　GPIODIR 寄存器的位定义

位	域	类型	复位	描　述
31～8	RESERVED	R	0h	
7～0	DIR	R/W	0h	GPIO 数据方向： 0h = 对应的引脚是输入 1h = 对应的引脚是输出

选择配套的代码例程，打开 GPIO 文件夹下的 IAR 工程，主函数见代码清单 2.1-1。

---代码清单 2.1-1---

```
Int
main()
{
    //初始化板载配置
    BoardInit();
    //初始化管脚(GPIO)
    PinMuxConfig();                                 //初始化配置
    GPIO_IF_LedConfigure(LED1|LED2|LED3);           //获取端口组及引脚号
    GPIO_IF_LedOff(MCU_ALL_LED_IND);                //关闭所有 LED
    //
    //启动流水的
    //
    LEDBlinkyRoutine();                             //流水灯
    return 0;
}
```

PinMuxconfig()函数可由 TI Pin Mux Tools 工具生成。打开 TI Pin Mux Tools 工具，如图 2.1-6 所示。第一步，在 Device 内找到 CC3200；第二步，点击“Start”。

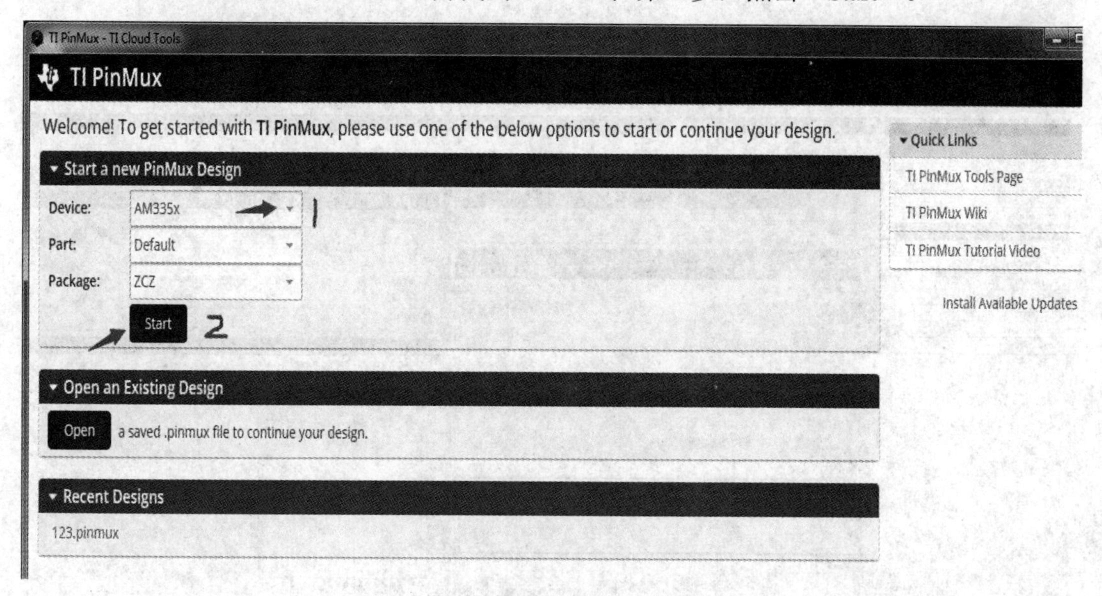

图 2.1-6 TI Pin Mux Tools 界面

如图 2.1-7 所示，第一步，点击“GPIO”处的“添加”，默认是选取全部 GPIO；第二步，把“GPIO Signals”前面的钩去除，不全选；第三步，选择“GPIO_9”、“GPIO_10”、“GPIO_11”，对应开发板上的 3 个 LED，驱动 LED 需要 GPIO 输出；第四步，将 3 个 GPIO 的“Output”勾选上。

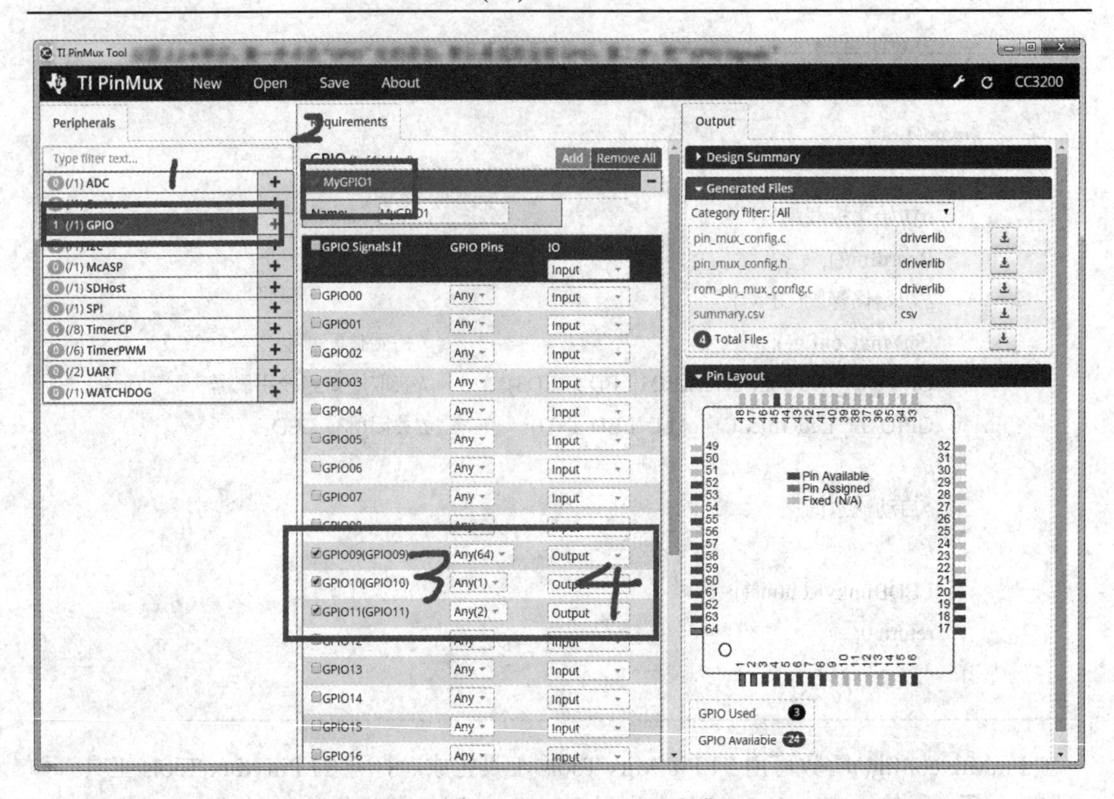

图 2.1-7　TI Pin Mux Tools 配置步骤

最终完成配置的界面如图 2.1-8 所示，在最右边的 Generated Files 处，点击“pin_mux_config.c”和“pin_mux_config.h”图标，把代码下载下来并添加到工程中即可。

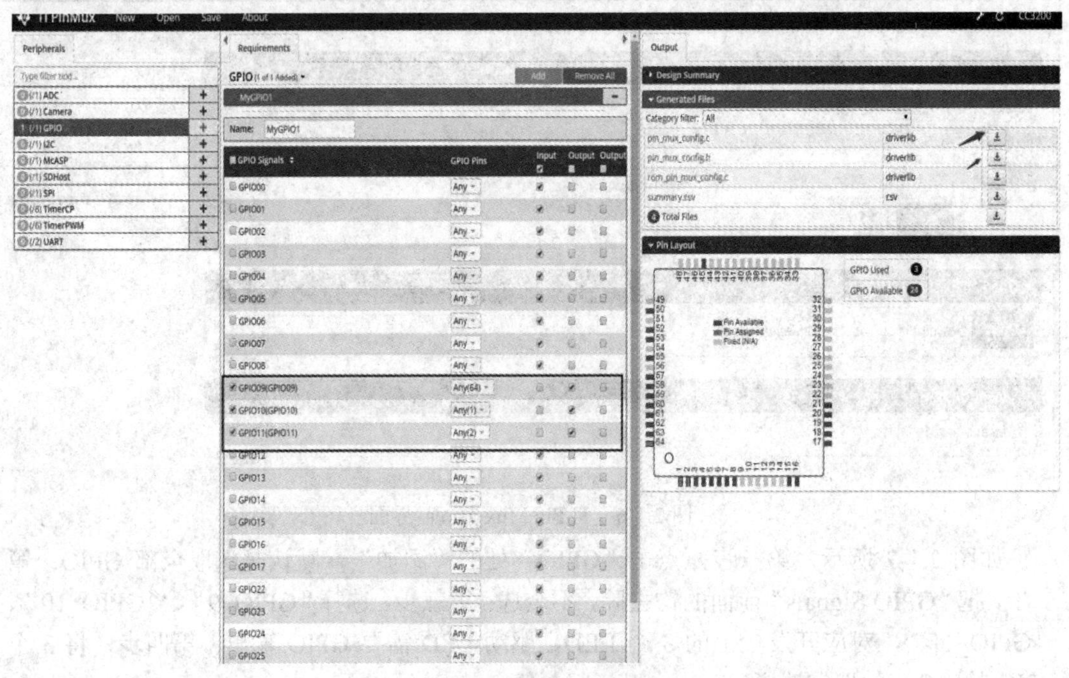

图 2.1-8　配置完成界面

生成好的端口配置函数如代码清单 2.1-2 所示。该函数主要是对 LED 对应的端口开启时钟、设置方向等。

--代码清单 2.1-2--

```
void
PinMuxConfig(void)
{
    //
    //使能外设时钟
    //
    MAP_PRCMPeripheralClkEnable(PRCM_GPIOA1, PRCM_RUN_MODE_CLK);
    //
    //Configure PIN_64 for GPIOOutput
    //
    MAP_PinTypeGPIO(PIN_64, PIN_MODE_0, false);              // G_9
    MAP_GPIODirModeSet(GPIOA1_BASE, 0x2, GPIO_DIR_MODE_OUT);
    //
    //Configure PIN_01 for GPIOOutput
    //
    MAP_PinTypeGPIO(PIN_01, PIN_MODE_0, false);              // G_10
    MAP_GPIODirModeSet(GPIOA1_BASE, 0x4, GPIO_DIR_MODE_OUT);

    //
    //Configure PIN_02 for GPIOOutput
    //
    MAP_PinTypeGPIO(PIN_02, PIN_MODE_0, false);              // G_11
    MAP_GPIODirModeSet(GPIOA1_BASE, 0x8, GPIO_DIR_MODE_OUT);
}
```

配置好后通过 GPIO_IF_LedConfigure()函数对 LED 端口进行处理，即将各个 LED 的端口所对应的端口组及属于该组中的第几个 IO 提取出来，如代码清单 2.1-3 所示。

--代码清单 2.1-3--

```
void
GPIO_IF_LedConfigure(unsigned char ucPins)
{
    if(ucPins & LED1)
    {
        GPIO_IF_GetPortNPin(GPIO_LED1,
                            &g_uiLED1Port,
```

```
                                &g_ucLED1Pin);
        }
        if(ucPins & LED2)
        {
            GPIO_IF_GetPortNPin(GPIO_LED2,
                                &g_uiLED2Port,
                                &g_ucLED2Pin);
        }
        if(ucPins & LED3)
        {
            GPIO_IF_GetPortNPin(GPIO_LED3,
                                &g_uiLED3Port,
                                &g_ucLED3Pin);
        }
    }
```

完成上述两步后先关闭所有的 LED，然后在一个死循环内执行“流水”部分，即按顺序以一定的时间间隔开闭 LED，如代码清单 2.1-4 为“流水”效果实现代码。

----------------代码清单 2.1-4----------------

```
    void LEDBlinkyRoutine()
    {
        //
        //Toggle the lines initially to turn off the LEDs.
        //The values driven are as required by the LEDs on the LP.
        //
        GPIO_IF_LedOff(MCU_ALL_LED_IND);
        while(1)
        {
            //
            //Alternately toggle hi-low each of the GPIOs
            //to switch the corresponding LED on/off.
            //
            MAP_UtilsDelay(8000000);
            GPIO_IF_LedOn(MCU_RED_LED_GPIO);
            MAP_UtilsDelay(8000000);
            GPIO_IF_LedOff(MCU_RED_LED_GPIO);
            MAP_UtilsDelay(8000000);
            GPIO_IF_LedOn(MCU_ORANGE_LED_GPIO);
```

```
        MAP_UtilsDelay(8000000);
        GPIO_IF_LedOff(MCU_ORANGE_LED_GPIO);
        MAP_UtilsDelay(8000000);
        GPIO_IF_LedOn(MCU_GREEN_LED_GPIO);
        MAP_UtilsDelay(8000000);
        GPIO_IF_LedOff(MCU_GREEN_LED_GPIO);
    }
}
```

编译程序，生成了相对应的bin文件，下载前先插上仿真调试器Ti Stellaris，再将旁边的拨码开关“RX”和“TX”拨到“ON”，把启动方式拨码选择为FLASH启动，即把SOP2拨到“ON”。

打开下载工具UniFlash，点击快速启动向导中的“新目标配置”，在弹出的配置对话框中选择CC3x Serial(UART) Interface，然后点击“OK”，如图2.1-9所示。

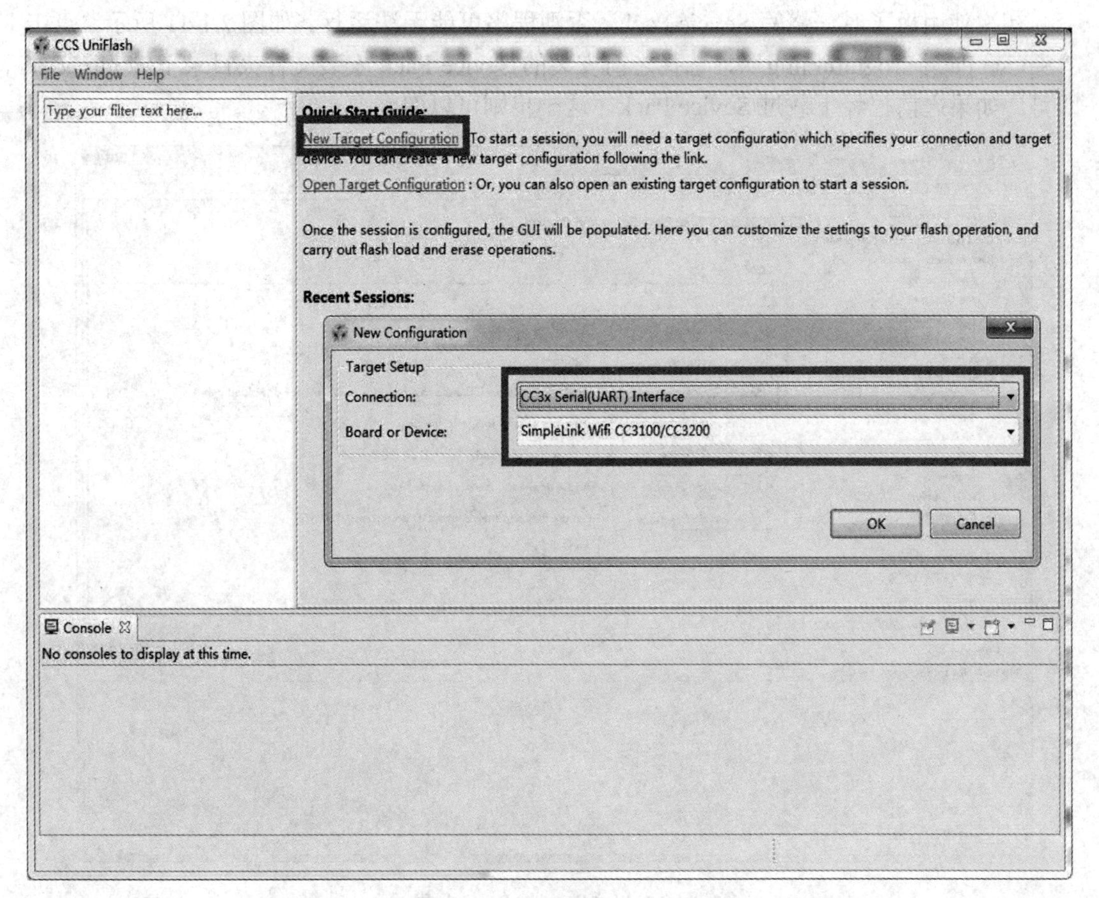

图2.1-9 选择下载的芯片及其方式

然后，在COM Port中输入板子连接的串口号(根据电脑进行选择)，如图2.1-10所示。

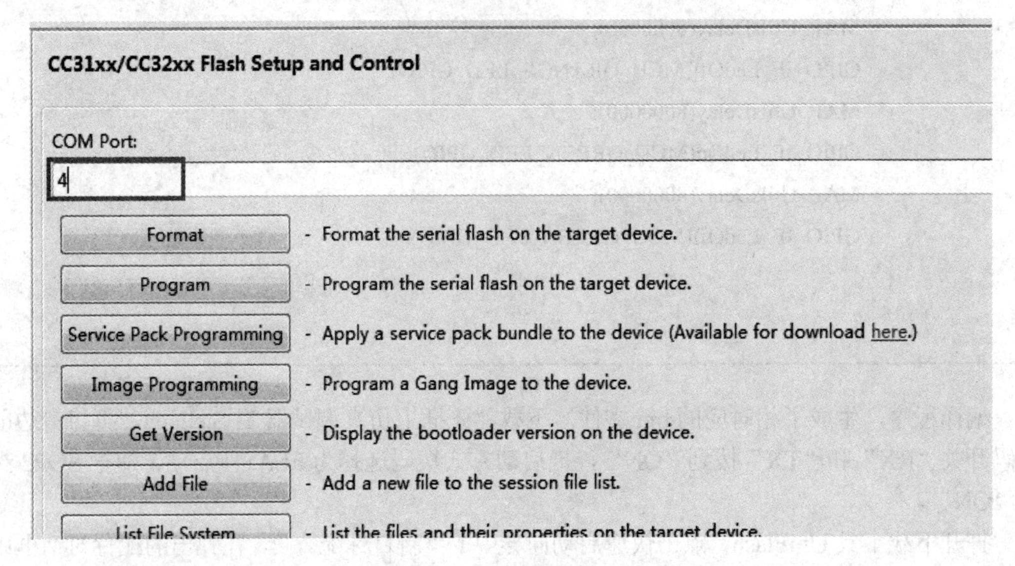

图 2.1-10　串口号选择界面

初次使用板子时先烧写 Sevcie Pack，否则程序可能无法运行。如图 2.1-11 所示，点击“Sevice Pack Programming”，选择之前安装的 Sevice Pack 安装文件夹目录下的 bin 文件即可。如果之前已经下载过 Sevice Pack，这一步则可以忽略。

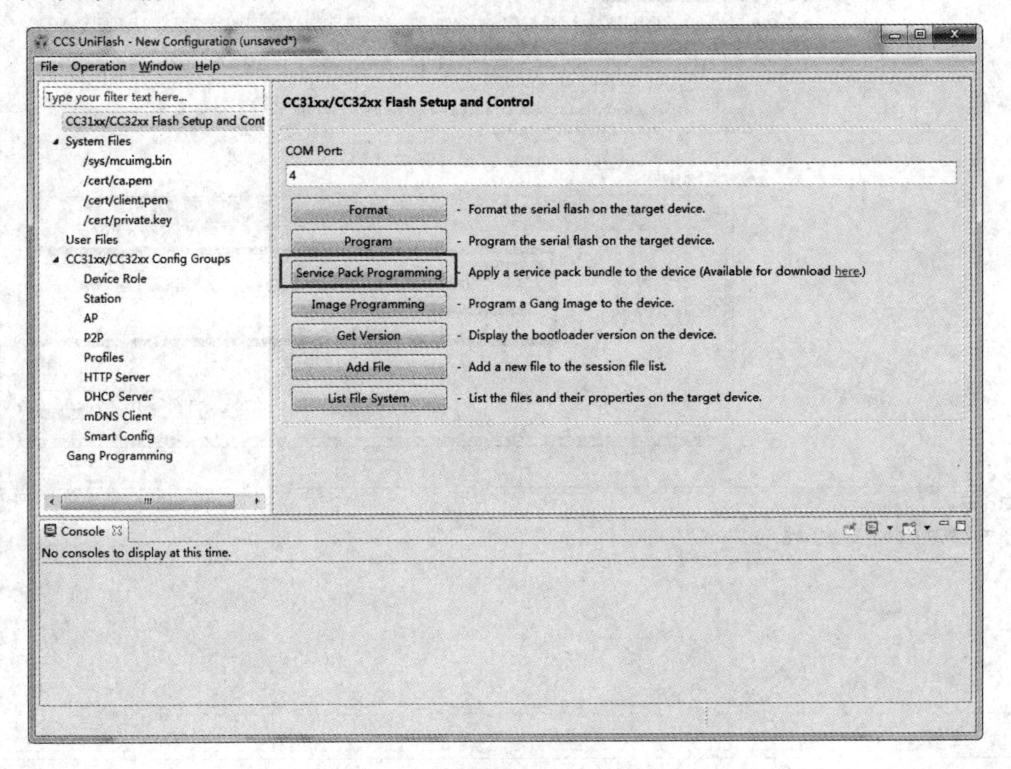

图 2.1-11　Service Pack 下载

点击左侧界面“/sys/mcuimg.bin”，再在右侧 Url 中选择刚刚编译生成的 bin 文件，然后选中下方的“Erase”和“Update”，如图 2.1-12 所示。

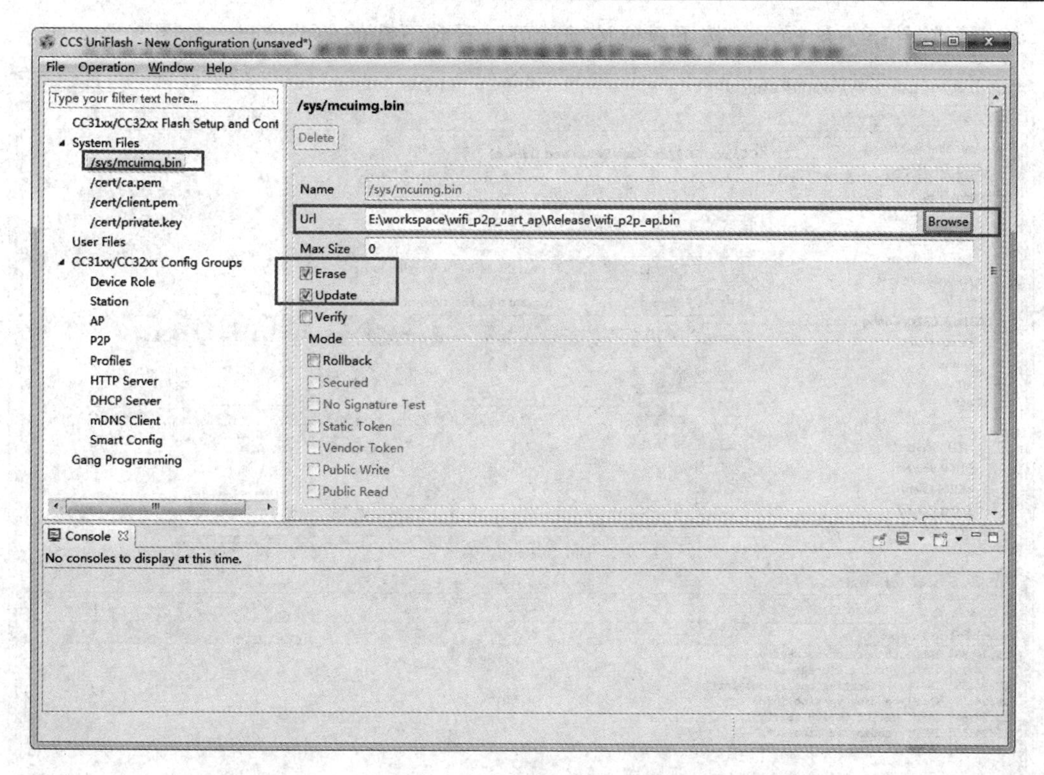

图 2.1-12　选择下载的目标

选择“CC31xx/CC32xx Flash Setup and Control”，再点击“Program”进行下载，如图 2.1-13 所示。

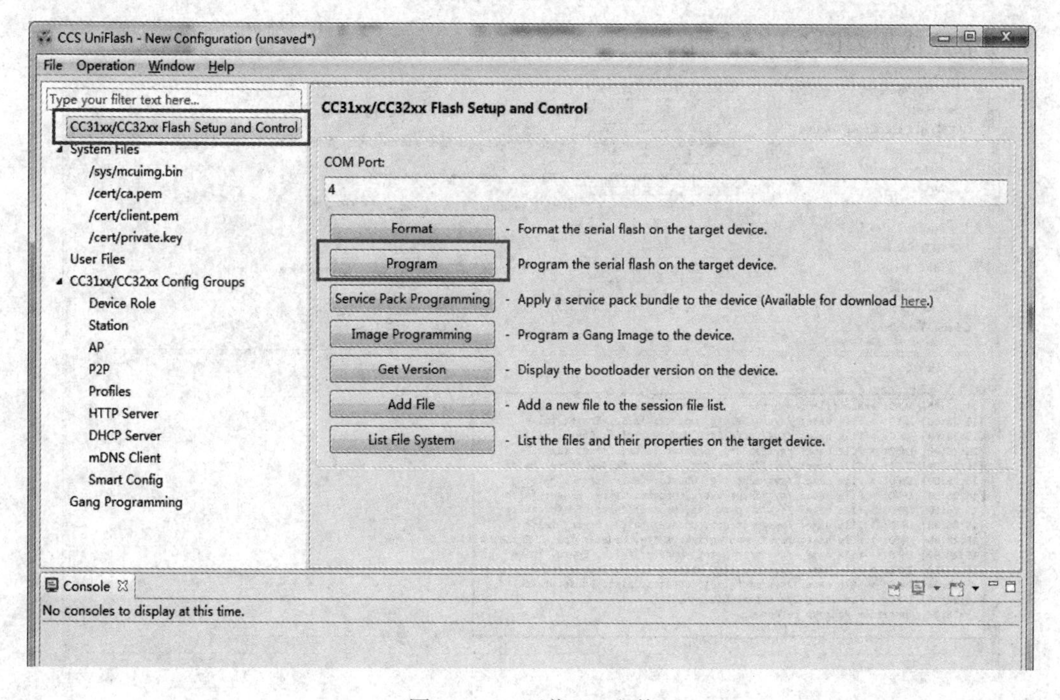

图 2.1-13　下载 bin 文件

根据软件下方的提示，按下复位按键就可以看到下载的相关信息，如图 2.1-14 所示。

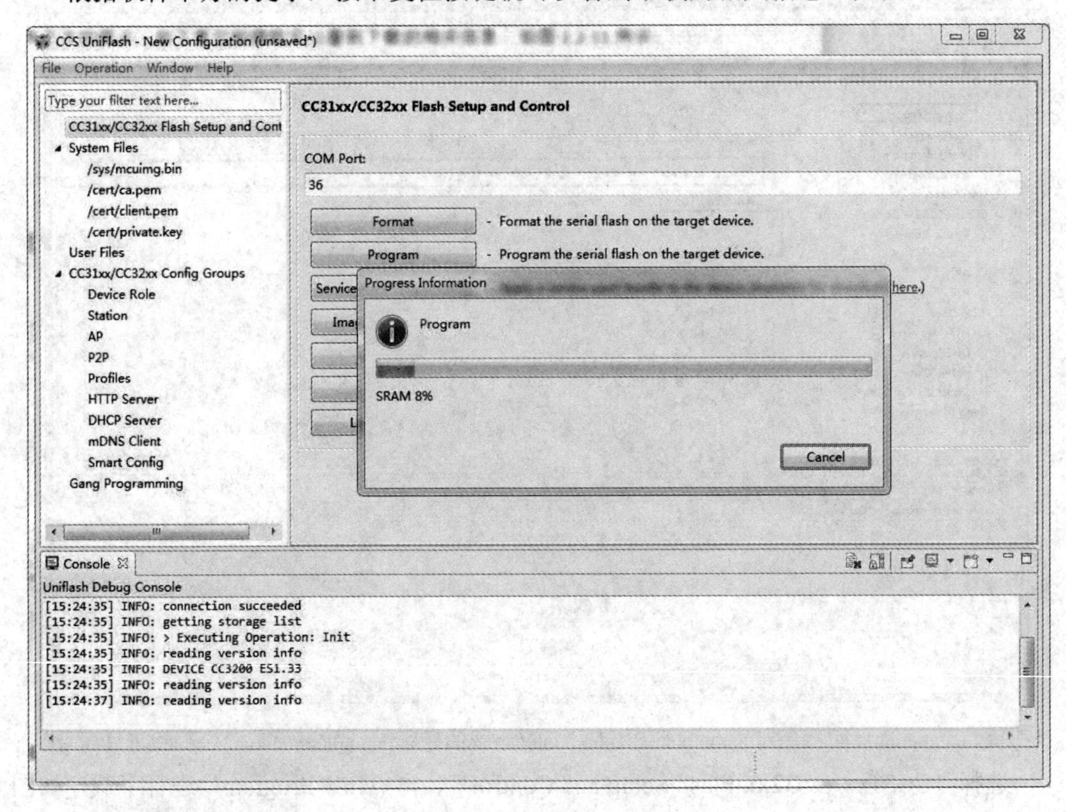

图 2.1-14　bin 文件下载中

下载完成后如图 2.1-15 所示。

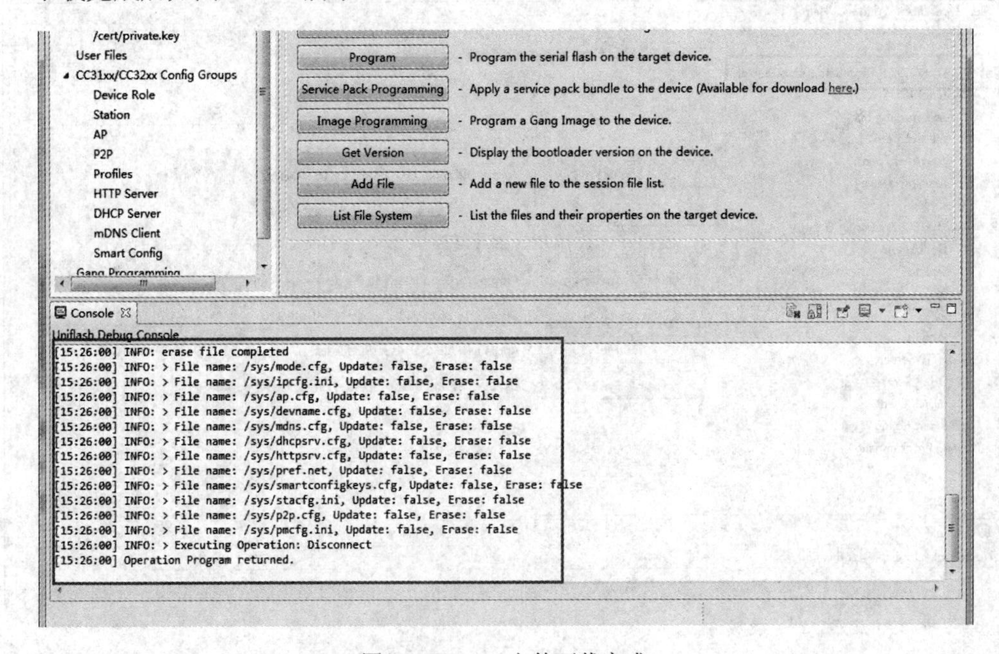

图 2.1-15　bin 文件下载完成

首先，将下载前改变的拨码开关拨回原处，再把拨码开关“D5”“D6”和“D7”分别拨到“ON”，使I/O口与LED建立连接关系，按下复位开关，可以看到3个LED呈“流水”状闪烁，如图2.1-16所示。

图2.1-16 实验现象

2.1.3 定时器

CC3200包含的32位用户可编程通用定时器共有4个(TimerA0～TimerA3)，通用定时器可以对定时器输入引脚的外部事件进行计数或定时。每个定时器模块包含的16位定时/计数器有两个(TimerA和TimerB)，可以作为定时器或事件计数器独立工作，也可以作为一个32位定时器工作。通用定时器模块具有多种操作模式：16位或32位可编程单次定时器；16位或32位可编程周期定时器；16位通用定时器，带8位预分频器；16位输入边沿计数或时间捕获模式，带8位预分频器；16位脉冲宽度调制模式(PWM)，带8位预分频器和软件可编程输入。这类多种操作模式具有以下特性：

① 向上或向下计数；

② 16个16位或32位捕捉比较PWM(CCP)引脚；

③ 可确定产生定时器中断到进入中断服务程序(ISR)的时间；

④ 可触发使用DMA的高效传输；

⑤ 系统时钟运行(80 MHz)。

下面介绍与定时器编程相关的常用寄存器。

(1) GPTMCFG寄存器主要是配置通用定时器模块的全局操作，明确通用定时器工作于32位模式还是16位模式下。该寄存器中的值只能是在GPTMCTL寄存器中的TAEN和TBEN两位被清零时改变。如图2.1-17所示，该寄存器的位定义如表2.1-5所示。

31	30	29	28	27	26	25	24	23	22	21	20	19	18	17	16
RESERVED															
R-0h															
15	**14**	**13**	**12**	**11**	**10**	**9**	**8**	**7**	**6**	**5**	**4**	**3**	**2**	**1**	**0**
RESERVED													GPTMCFG		
R-0h													R/W-0h		

图 2.1-17 GPTMCFG 寄存器

表 2.1-5 GPTMCFG 寄存器的位定义

位	域	类型	复位	描 述
31～3	RESERVED	R	0h	
2～0	GPTMCFG	R/W	0h	GPTM 配置 GPTMCFG 值定义如下： 0h＝对于 16/32 位定时器，该值选择 32 位定时器配置； 1h～3h＝保留； 4h＝对于 16/32 位定时器，该值选择 16 位定时器配置。该功能由 GPTMTAMR 和 GPTMTBMR 的 1: 0 位控制； 5h～7h＝保留

2～0 位：写入 0，配置为 32 位定时器模式；写入 4，配置为 16 位定时器模式。

(2) GPTMTAMR 寄存器配置是基于 GPTMCFG 寄存器的配置来进行选择的。在 PWM 模式中，置位 TAAMS 位、清除 TACMR 位和配置 TAMR 为 0x01 或者 0x02。寄存器如图 2.1-18 所示，位定义如表 2.1-6 所示。

31	30	29	28	27	26	25	24
RESERVED							
R-0h							
23	**22**	**21**	**20**	**19**	**18**	**17**	**16**
RESERVED							
R-0h							
15	**14**	**13**	**12**	**11**	**10**	**9**	**8**
RESERVED				TAPLO	TAMRSU	TAPWMIE	TAILD
R-0h				R/W-0h	R/W-0h	R/W-0h	R/W-0h
7	**6**	**5**	**4**	**3**	**2**	**1**	**0**
RESERVED		TAMIE	TACDIR	TAAMS	TACMIR	TAMR	
R-0h		R/W-0h	R/W-0h	R/W-0h	R/W-0h	R/W-0h	

图 2.1-18 GPTMTAMR 寄存器

表 2.1-6 GPTMTAMR 寄存器的位定义

位	域	类型	复位	描 述
31～12	RESERVED	R	0h	
11	TAPLO	R/W	0h	GPTM 定时器 A ，PWM 传统操作。 0h＝在定时器达到 0 后重新加载 GPTMTAILR 时，CCP 引脚驱动为低电平时的传统操作； 1h＝在定时器达到 0 后重新加载 GPTMTAILR 时，CCP 被驱动为高电平

续表一

位	域	类型	复位	描　述
10	TAMRSU	R/W	0h	GPTM 定时器匹配寄存器更新： 如果计时器是被禁用的(TAEN 清除)，那么该位被置位时，启用计时器时会更新 GPTMTAMATCHR 和 GPTMTAPR。如果计时器是停止(TASTALL 置位)，GPTMTAMATCHR和GPTMTAPR根据此位的配置更新。 0h = 在下一个周期更新 GPTMTAMATCHR 寄存器和 GPTMTAPR 寄存器(如果使用)； 1h = 在下一次超时时更新 GPTMTAMATCHR 寄存器和 GPTMTAPR 寄存器(如果使用)
9	TAPWMIE	R/W	0h	GPTM 定时器 APWM 中断使能： 根据 GPTMCTL 寄存器中的 TAEVENT 字段定义，该位在 CCP 输出的上升沿、下降沿或双沿产生 PWM 模式中断。此外，当该位置 1 且发生捕获事件时，如果允许触发功能，定时器 A 会自动为 DMA 生成触发，方法是分别设置 GPTMCTL 寄存器中的 TAOTE 位和 GPTMDMAEV 寄存器中的 CAEDMAEN 位，该位仅在 PWM 模式下有效。 0h = 禁用捕获事件中断； 1h = 启用捕获事件中断
8	TAILD	R/W	0h	GPTM 定时器 A 间隔加载写： 注意，在计数时该位的状态无效。如果计时器已启用并正在运行，则上述位描述适用。如果在该位置 1 时禁止定时器(TAEN 清零)，则在启用定时器时会更新 GPTMTAR、GPTMTAV 和 GPTMTAP。如果定时器停止(TASTALL 设置)，则根据此位的配置更新 GPTMTAR 和 GPTMTAPS。 0h = 在下一个周期用 GPTMTAILR 寄存器中的值更新 GPTMTAR 和 GPTMTAV 寄存器，还要在下一个周期使用 GPTMTAPR 寄存器中的值更新 GPTMTAPS 寄存器； 1h =在下一次超时时使用 GPTMTAILR 寄存器中的值更新 GPTMTAR 和 GPTMTAV 寄存器，还要在下次超时时使用 GPTMTAPR 寄存器中的值更新 GPTMTAPS 寄存器
7，6	RESERVED	R	0h	

续表二

位	域	类型	复位	描　述
5	TAMIE	R/W	0h	GPTM 定时器 A 匹配中断使能。 0h = 匹配事件禁用匹配中断。此外，防止了匹配事件对 DMA 的触发； 1h = 在单次和周期模式下达到 GPTMTAMATCHR 寄存器中的匹配值时产生中断
4	TACDIR	R/W	0h	GPTM 定时器 A 计数方向： 在 PWM 模式下，该位的状态被忽略。 PWM 模式始终向下计数。 0h = 计时器向下计数； 1h = 计时器向上计数。向上计数时，计时器从值 0x0 开始
3	TAAMS	R/W	0h	GPTM 定时器 A 备用模式选择： 注意：要使能 PWM 模式，清零 TACMR 位，并将 TAMR 字段配置为 0x1 或 0x2。 0h = 启用捕获或比较模式； 1h = 启用 PWM 模式
2	TACMIR	R/W	0h	GPTM 定时器 A 捕获模式： 0h = 边沿计数模式； 1h = 边沿时间模式
1，0	TAMR	R/W	0h	GPTM 定时器 A 模式： 定时器模式基于 GPTMCFG 寄存器中位 2:0 定义的定时器配置。 0h = 保留；　　1h = 单次定时器模式； 2h = 周期定时器模式；3h = 捕获模式

(3) GPTMTBMR 寄存器控制独立定时器 B 的工作模式。当定时器 A 和定时器 B 同时使用时，该寄存器被忽略，而是通过 GPTMTAMR 来控制定时器 A 和定时器 B 的工作模式。注意：除了 TCACT 位外，其他位都必须在 GPTMCTL 寄存器中的 TBEN 位清零时进行配置。GPTMTBMR 寄存器如图 2.1-19 所示，位定义如表 2.1-7 所示。

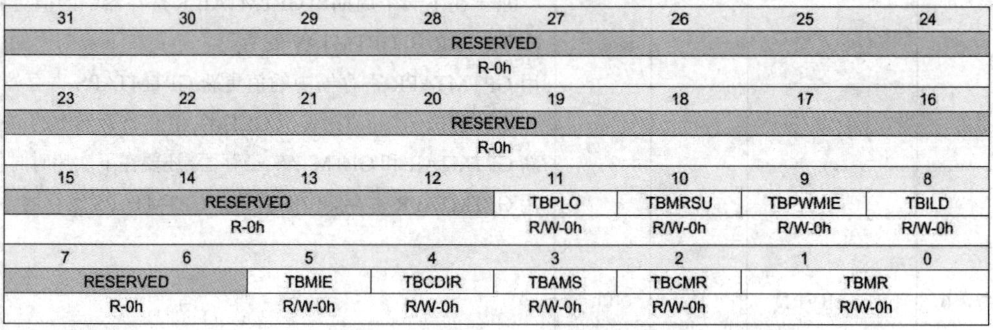

31	30	29	28	27	26	25	24
RESERVED							
R-0h							
23	22	21	20	19	18	17	16
RESERVED							
R-0h							
15	14	13	12	11	10	9	8
RESERVED				TBPLO	TBMRSU	TBPWMIE	TBILD
R-0h				R/W-0h	R/W-0h	R/W-0h	R/W-0h
7	6	5	4	3	2	1	0
RESERVED		TBMIE	TBCDIR	TBAMS	TBCMR	TBMR	
R-0h		R/W-0h	R/W-0h	R/W-0h	R/W-0h	R/W-0h	

图 2.1-19　GPTMTBMR 寄存器

表 2.1-7 GPTMTBMR 寄存器的位定义

位	域	类型	复位	描述
31～12	RESERVED	R	0h	
11	TBPLO	R/W	0h	定时器 B PWM 传统操作： 该位仅在 PWM 模式下有效。 0h = 在定时器达到 0 后重新加载 GPTMTAILR 时，CCP 引脚驱动为低电平时的传统操作； 1h = 在定时器达到 0 后重新加载 GPTMTAILR 时，CCP 被驱动为高电平
10	TBMRSU	R/W	0h	GPTM 定时器 B 匹配寄存器更新： 如果计时器是被禁用的(TBEN 清零)，那么该位被置 1 时，GPTMTBMATCHR 和 GPTMTBPR 在定时器使能时更新，如果定时器停止(TBSTALL 置位)，则根据该位的配置更新 GPTMTBMATCHR 和 GPTMTBPR。 0h = 在下一个周期更新 GPTMTBMATCHR 寄存器和 GPTMTBPR 寄存器(如果使用)； 1h = 在下一次超时时更新 GPTMTBMATCHR 寄存器和 GPTMTBPR 寄存器(如果使用)
9	TBPWMIE	R/W	0h	GPTM 定时器 B PWM 中断使能： 根据 GPTMCTL 寄存器中的 TBEVENT 字段定义，该位在CCP输出的上升沿，下降沿或双沿产生PWM模式中断。此外，当该位置 1 且发生捕捉事件时，通过将 GPTMCTL 寄存器中的 TBOTE 位和 GPTMDMAEV 寄存器中的 CBEDMAEN 位分别置 1，如果使能触发功能，定时器 B 会自动为 ADC 和 DMA 产生触发信号。该位仅在 PWM 模式下有效。 0h = 禁用捕获事件中断；1h = 启用捕获事件
8	TBILD	R/W	0h	GPTM 定时器 B 间隔加载写入： 在计数时，该位的状态无效。如果计时器已启用并正在运行，则上述位描述有效。如果在该位置 1 时禁止定时器(TBEN 清零)，则在启用定时器时会更新 GPTMTBR，GPTMTBV 和 GPTMTBPS。如果定时器停止(TBSTALL 置位)，则根据该位的配置更新 GPTMTBR 和 GPTMTBPS。 0h = 在下一个周期用 GPTMTBILR 寄存器中的值更新 GPTMTBR 和 GPTMTBV 寄存器，还要在下一个周期用 GPTMTBPR 寄存器中的值更新 GPTMTBPS 寄存器； 1h = 在下一次超时时使用 GPTMTBILR 寄存器中的值更新 GPTMTBR 和 GPTMTBV 寄存器。还要在下次超时时使用 GPTMTBPR 寄存器中的值更新 GPTMTBPS 寄存器

续表

位	域	类型	复位	描　述
7～6	RESERVED	R	0h	
5	TBMIE	R/W	0h	GPTM 定时器 B 匹配中断使能： 0h＝匹配事件禁用匹配中断。此外，防止了匹配事件对 DMA 的触发； 1h＝在单次和周期模式下达到 GPTMTBMATCHR 寄存器中的匹配值时产生中断
4	TBCDIR	R/W	0h	GPTM 定时器 B 计数方向 GPTM 定时器 B 计数方向： 0h＝计时器向下计数； 1h＝计时器向上计数，向上计数时计时器从值 0x0 开始。在 PWM 模式下，该位的状态被忽略，PWM 模式始终倒计时
3	TBAMS	R/W	0h	GPTM 定时器 B 备用模式选择： 要使能 PWM 模式，需清零 TBCMR 位和将 TBMR 字段配置为 0x1 或 0x2。 0h＝启用捕获或比较模式； 1h＝启用 PWM 模式
2	TBCMR	R/W	0h	GPTM 定时器 B 捕获模式： 0h＝边沿计数模式； 1h＝边沿时间模式
1～0	TBMR	R/W	0h	GPTM 定时器 B 模式： 定时器模式基于 GPTMCFG 寄存器中位 2: 0 定义的定时器配置。 0h＝保留； 1h＝单次定时器模式； 2h＝周期定时器模式； 3h＝捕获模式

(4) GPTMCTL 寄存器为定时器的控制寄存器，如图 2.1-20 所示，其位定义如表 2.1-8 所示。

31	30	29	28	27	26	25	24
RESERVED							
R-0h							
23	22	21	20	19	18	17	16
RESERVED							
R-0h							
15	14	13	12	11	10	9	8
RESERVED	TBPWML	RESERVED		TBEVENT		TBSTALL	TBEN
R-0h	R/W-0h	R-0h		R/W-0h		R/W-0h	R/W-0h
7	6	5	4	3	2	1	0
RESERVED	TAPWML	RESERVED		TAEVENT		TASTALL	TAEN
R-0h	R/W-0h	R-0h		R/W-0h		R/W-0h	R/W-0h

图 2.1-20　GPTMCTL 寄存器

表 2.1-8　GPTMCTL 寄存器的位定义

位	域	类型	复位	描　述
31～15	RESERVED	R	0h	
14	TBPWML	R/W	0h	GPTM 定时器 B PWM 输出电平： 0h = 输出不受影响； 1h = 输出反转
13～12	RESERVED	R	0h	
11～10	TBEVENT	R/W	0h	GPTM 定时器 B 事件模式： TBEVENT 值定义如下。注意：如果启用 PWM 输出反转，则边沿检测中断行为将反转。因此，如果设置了上升边沿中断触发并且 PWM 反转产生了上升边沿，则不会发生事件触发中断。相反，中断是在 PWM 信号的下降沿产生的。 0h = 上升边沿；1h = 下降沿； 2h = 保留；3h = 两个边沿
9	TBSTALL	R/W	0h	GPTM 定时器 B 停止使能： 如果处理器正常执行，则忽略 TBSTALL 位； 0h = 当调试器暂停处理器时，定时器 B 继续计数； 1h = 当调试器暂停处理器时，定时器 B 冻结计数
8	TBEN	R/W	0h	GPTM 定时器 B 启用： 0h = 定时器 B 被禁用； 1h = 定时器 B 使能并开始计数或根据 GPTMCFG 寄存器使能捕获逻辑
7	RESERVED	R	0h	
6	TAPWML	R/W	0h	GPTM 定时器 A PWM 输出电平： 0h = 输出不受影响； 1h = 输出反转
5～4	RESERVED	R	0h	
3～2	TAEVENT	R/W	0h	GPTM 定时器 A 事件模式： 如果使能 PWM 输出反转，则反转边沿检测中断行为。因此，如果设置了正边沿中断触发并且 PWM 反转产生了正边沿，则不会发生事件触发中断。相反，中断是在 PWM 信号的下降沿产生的。 0h = 上升边沿； 1h = 下降沿； 2h = 保留； 3h = 两个边沿

续表

位	域	类型	复位	描　述
1	TASTALL	R/W	0h	GPTM 定时器 A 停止使能： 如果处理器正常执行，则 TASTALL 位忽略。 0h = 当调试器暂停处理器时，定时器 A 继续计数； 1h = 定时器 A 在调试器暂停处理器时冻结计数
0	TAEN	R/W	0h	GPTM 定时器 A 启用： 0h = 定时器 A 被禁用； 1h = 定时器 A 使能并开始计数或根据 GPTMCFG 寄存器使能捕获逻辑

(5) GPTMIMR 寄存器可以软件使能/关闭定时器的控制电平中断。置位可以打开对应的中断，清零可以关闭对应的中断。寄存器如图 2.1-21 所示，该寄存器位定义如表 2.1-9 所示。

31	30	29	28	27	26	25	24
RESERVED							
R-X							
23	22	21	20	19	18	17	16
RESERVED							
R-X							
15	14	13	12	11	10	9	8
RESERVED		DMABIM	RESERVED	TBMIM	CBEIM	CBMIM	TBTOIM
R-X		R/W-X	R-X	R/W-X	R/W-X	R/W-X	R/W-X
7	6	5	4	3	2	1	0
RESERVED		DMAAIM	TAMIM	RESERVED	CAEIM	CAMIM	TATOIM
R-X		R/W-X	R/W-X	R-X	R/W-X	R/W-X	R/W-X

图 2.1-21　GPTMIMR 寄存器

表 2.1-9　GPTMIMR 寄存器的位定义

位	域	类型	复位	描　述
31～14	RESERVED	R	×	
13	DMABIM	R/W	×	GPTM 定时器 B DMA 完成中断掩码。 0h = 禁用中断； 1h = 启用中断
12	RESERVED	R	×	
11	TBMIM	R/W	×	GPTM 定时器 B 匹配中断掩码。 0h = 禁用中断； 1h = 启用中断
10	CBEIM	R/W	×	GPTM 定时器 B 捕获模式事件中断掩码。 0h = 禁用中断； 1h = 启用中断

续表

位	域	类型	复位	描　述
9	CBMIM	R/W	×	GPTM 定时器 B 捕获模式匹配中断掩码。 0h = 禁用中断； 1h = 启用中断
8	TBTOIM	R/W	×	GPTM 定时器 B 超时中断掩码。 0h = 禁用中断； 1h = 启用中断
7～6	RESERVED	R	×	
5	DMAAIM	R/W	×	GPTM 定时器 A DMA 完成中断掩码。 0h = 禁用中断； 1h = 启用中断
4	TAMIM	R/W	×	GPTM 定时器 A 匹配中断掩码。 0h = 禁用中断； 1h = 启用中断
3	RESERVED	R	×	
2	CAEIM	R/W	×	GPTM 定时器 A 捕获模式事件中断掩码。 0h = 禁用中断； 1h = 启用中断
1	CAMIM	R/W	×	GPTM 定时器 A 捕获模式匹配中断掩码。 0h = 禁用中断； 1h = 启用中断
0	TATOIM	R/W	×	GPTM 定时器 A 超时中断掩码。 0h = 禁用中断； 1h = 启用中断

(6) GPTMRIS 寄存器为中断源状态寄存器，通过该寄存器可以获取中断源。GPTMRIS 寄存器如图 2.1-22 所示，寄存器位定义如表 2.1-10 所示。

31	30	29	28	27	26	25	24
RESERVED							
R-X							
23	22	21	20	19	18	17	16
RESERVED							
R-X							
15	14	13	12	11	10	9	8
RESERVED		DMABRIS	RESERVED	TBMRIS	CBERIS	CBMRIS	TBTORIS
R-X		R-X	R-X	R-X	R-X	R-X	R-X
7	6	5	4	3	2	1	0
RESERVED		DMAARIS	TAMRIS	RESERVED	CAERIS	CAMRIS	TATORIS
R-X		R-X	R-X	R-X	R-X	R-X	R-X

图 2.1-22　GPTMRIS 寄存器

表 2.1-10　GPTMRIS 寄存器的位定义

位	域	类型	复位	描　述
31～14	RESERVED	R	×	
13	DMABRIS	R	×	GPTM 定时器 B DMA 完成原始中断状态： 0h = 定时器 B DMA 传输尚未完成； 1h = 定时器 B DMA 传输已完成
12	RESERVED	R	×	
11	TBMRIS	R	×	GPTM 定时器 B 匹配原始中断： 通过向 GPTMICR 寄存器中的 TBMCINT 位写 1 来清除该位。 0h = 尚未达到匹配值； 1h = TBMIE 位在 GPTMTBMR 寄存器中置 1，当在单触发或周期模式下配置时，已达到 GPTMTBMATCHR 和(可选)GPTMTBPMR 寄存器中的匹配值
10	CBERIS	R	×	GPTM 定时器 B 捕获模式事件原始中断： 这一点是通过向 GPTMICR 寄存器中的 CBECINT 位写 1 来清除。 0h = 未发生定时器 B 的捕获模式事件； 1h = 定时器 B 发生捕获模式事件
9	CBMRIS	R	×	GPTM 定时器 B 捕获模式匹配原始中断： 通过向 GPTMICR 寄存器中的 CBMCINT 位写 1 来清除。 0h = 未发生定时器 B 的捕获模式匹配； 1h = 定时器 B 发生捕获模式匹配，当在输入边沿时间模式下配置时，GPTMTBR 和 GPTMTBPR 中的值与 GPTMTBMATCHR 和 GPTMTBPMR 中的值匹配时，此中断置位
8	TBTORIS	R	×	GPTM 定时器 B 超时原始中断： 通过向 GPTMICR 寄存器中的 TBTOCINT 位写 1 来清除该位。 0h = 定时器 B 没有超时； 1h = 定时器 B 超时
7～6	RESERVED	R	×	
5	DMAARIS	R	×	GPTM 定时器 A DMA 完成原始中断状态： 0h = 定时器 A DMA 传输尚未完成； 1h = 定时器 A DMA 传输已完成

续表

位	域	类型	复位	描　述
4	TAMRIS	R	×	GPTM 定时器匹配原始中断： 通过向 GPTMICR 寄存器中的 TAMCINT 位写 1 来清除该位。 0h = 尚未达到匹配值； 1h = 在 GPTMTAMR 寄存器中设置 TAMIE 位，并且在单触发或定期模式下配置时，已达到 GPTMTAMATCHR 和(可选)GPTMTAPMR 寄存器中的匹配值
3	RESERVED	R	×	
2	CAERIS	R	×	GPTM 定时器 A 捕获模式事件原始中断： 通过向 GPTMICR 寄存器中的 CAECINT 位写 1 来清除。 0h = 未发生定时器 A 的捕获模式事件； 1h = 定时器 A 发生捕获模式事件
1	CAMRIS	R	×	GPTM 定时器 A 捕获模式匹配原始中断： 通过向 GPTMICR 寄存器中的 CAMCINT 位写 1 来清除。 0h = 未发生定时器 A 的捕获模式匹配； 1h = 定时器 A 发生捕获模式匹配
0	TATORIS	R	×	GPTM 定时器 A 超时原始中断： 通过向 GPTMICR 寄存器中的 TATOCINT 位写 1 来清除该位。 0h = 定时器 A 没有超时； 1h = 定时器 A 超时

(7) GPTMMIS 寄存器为中断掩码状态寄存器，可以检测是否产生中断。如图 2.1-23 所示为其寄存器，表 2.1-11 为寄存器的位定义。

31	30	29	28	27	26	25	24
RESERVED							
R-X							
23	22	21	20	19	18	17	16
RESERVED							
R-X							
15	14	13	12	11	10	9	8
RESERVED		DMABMIS	RESERVED	TBMMIS	CBEMIS	CBMMIS	TBTOMIS
R-X		R-X	R-X	R-X	R-X	R-X	R-X
7	6	5	4	3	2	1	0
RESERVED		DMAAMIS	TAMMIS	RESERVED	CAEMIS	CAMMIS	TATOMIS
R-X		R-X	R-X	R-X	R-X	R-X	R-X

图 2.1-23　GPTMMIS 寄存器

表 2.1-11　GPTMMIS 寄存器的位定义

位	域	类型	复位	描　述
31～14	RESERVED	R	×	
13	DMABMIS	R	×	GPTM 定时器 B DMA 完成屏蔽中断： 通过将 1 写入 GPTMICR 寄存器中的 DMABINT 位来清除该位。 0h = 定时器 B DMA 完成中断未发生或被屏蔽； 1h = 未屏蔽的定时器 B 发生了 DMA 完成中断
12	RESERVED	R	×	
11	TBMMIS	R	×	GPTM 定时器 B 匹配屏蔽中断： 通过向 GPTMICR 寄存器中的 TBMCINT 位写 1 来清除该位。 0h = 定时器 B 模式匹配中断未发生或被屏蔽； 1h = 发生未屏蔽的定时器 B 模式匹配中断
10	CBEMIS	R	×	GPTM 定时器 B 捕获模式事件屏蔽中断： 通过向 GPTMICR 寄存器中的 CBECINT 位写 1 来清除该位。 0h = 未发生或屏蔽了捕获 B 事件中断； 1h = 未屏蔽的捕获 B 事件上的中断已经发生
9	CBMMIS	R	×	GPTM 定时器 B 捕获模式匹配屏蔽中断： 通过向 GPTMICR 寄存器中的 CBMCINT 位写 1 来清除该位。 0h = 捕获 B 模式匹配中断未发生或被屏蔽； 1h = 发生未屏蔽的捕获 B 匹配中断
8	TBTOMIS	R	×	GPTM 定时器 B 超时屏蔽中断： 通过向 GPTMICR 寄存器中的 TBTOCINT 位写 1 来清除该位。 0h = 定时器 B 超时中断未发生或被屏蔽； 1h = 发生未屏蔽的定时器 B 超时中断
7～6	RESERVED	R	×	
5	DMAAMIS	R	×	GPTM 定时器 DMA 完成屏蔽中断： 通过向 GPTMICR 寄存器中的 DMAAINT 位写 1 来清除该位。 0h = 定时器 DMA 完成中断未发生或被屏蔽； 1h = 未屏蔽的定时器发生了 DMA 完成中断

续表

位	域	类型	复位	描 述
4	TAMMIS	R	×	GPTM 定时器 A 匹配屏蔽中断： 通过向 GPTMICR 寄存器中的 TAMCINT 位写 1 来清除该位。 0h = 定时器模式匹配中断未发生或被屏蔽； 1h = 未屏蔽的定时器 A 模式匹配中断已发生
3	RESERVED	R	×	
2	CAEMIS	R	×	GPTM 定时器 A 捕获模式事件屏蔽中断： 通过将 1 写入 GPTMICR 寄存器中的 CAECINT 位来清除该位。 0h = 捕获事件中断未发生或被屏蔽； 1H = 未屏蔽的捕获 A 发生了事件中断
1	CAMMIS	R	×	GPTM 定时器 A 捕获模式匹配屏蔽中断。通过将 1 写入 GPTMICR 寄存器中的 CAMCINT 位来清除该位。 0h = 捕获 A 模式匹配中断未发生或被屏蔽； 1h = 发生未屏蔽的捕获 A 匹配中断
0	TATOMIS	R	×	GPTM 定时器 A 超时屏蔽中断： 通过向 GPTMICR 寄存器中的 TATOCINT 位写 1 来清除该位。 0h = 定时器未发生或屏蔽超时中断； 1h = 未屏蔽的定时器发生了超时中断

(8) GPTMICR 寄存器用于清除 GPTMRIS 和 GPTMIS 寄存器中的状态位，写入 1 则清除对应的中断。GPTMICR 寄存器如图 2.1-24 所示，GPTMICR 寄存器位定义如表 2.1-12 所示。

31	30	29	28	27	26	25	24
RESERVED							
R-X							
23	**22**	**21**	**20**	**19**	**18**	**17**	**16**
RESERVED							
R-X							
15	**14**	**13**	**12**	**11**	**10**	**9**	**8**
RESERVED		DMABINT	RESERVED	TBMCINT	CBECINT	CBMCINT	TBTOCINT
R-X		W1C-X	R-X	W1C-X	W1C-X	W1C-X	W1C-X
7	**6**	**5**	**4**	**3**	**2**	**1**	**0**
RESERVED		DMAAINT	TAMCINT	RESERVED	CAECINT	CAMCINT	TATOCINT
R-X		W1C-X	W1C-X	R-X	W1C-X	W1C-X	W1C-X

图 2.1-24 GPTMICR 寄存器

表 2.1-12 GPTMICR 寄存器的位定义

位	域	类型	复位	描 述
31～14	RESERVED	R	×	
13	DMABINT	W1C	×	GPTM 定时器 B DMA 完成中断清除。将 1 写入此位清除 GPTMRIS 寄存器中的 DMABRIS 位和 GPTMMIS 寄存器中的 DMABMIS 位
12	RESERVED	R	×	
11	TBMCINT	W1C	×	GPTM 定时器 B 匹配中断清除。向该位写入 1 将清除 GPTMRIS 寄存器中的 TBMRIS 位和 GPTMMIS 寄存器中的 TBMMIS 位
10	CBECINT	W1C	×	GPTM 定时器 B 捕获模式事件中断清除。向该位写入 1 将清除 GPTMRIS 寄存器中的 CBERIS 位和 GPTMMIS 寄存器中的 CBEMIS 位
9	CBMCINT	W1C	×	GPTM 定时器 B 捕获模式匹配中断清除。向该位写入 1 将清除 GPTMRIS 寄存器中的 CBMRIS 位和 GPTMMIS 寄存器中的 CBMMIS 位
8	TBTOCINT	W1C	×	GPTM 定时器 B 超时中断清除。向该位写入 1 将清除 GPTMRIS 寄存器中的 TBTORIS 位和 GPTMMIS 寄存器中的 TBTOMIS 位
7～6	RESERVED	R	×	
5	DMAAINT	W1C	×	GPTM 定时器 A DMA 完成中断清除。向该位写入 1 将清除 GPTMRIS 寄存器中的 DMAARIS 位和 GPTMMIS 寄存器中的 DMAAMIS 位
4	TAMCINT	W1C	×	GPTM 定时器 A 匹配中断清除。向该位写入 1 将清除 GPTMRIS 寄存器中的 TAMRIS 位和 GPTMMIS 寄存器中的 TAMMIS 位
3	RESERVED	R	×	
2	CAECINT	W1C	×	GPTM 定时器 A 捕获模式事件中断清除。向该位写入 1 将清除 GPTMRIS 寄存器中的 CAERIS 位和 GPTMMIS 寄存器中的 CAEMIS 位
1	CAMCINT	W1C	×	GPTM 定时器 A 捕获模式匹配中断清除。向该位写入 1 将清除 GPTMRIS 寄存器中的 CAMRIS 位和 GPTMMIS 寄存器中的 CAMMIS 位
0	TATOCINT	W1C	×	GPTM 定时器 A 超时原始中断。向该位写入 1 将清除 GPTMRIS 寄存器中的 TATORIS 位和 GPTMMIS 寄存器中的 TATOMIS 位

(9) 当通用定时器被配置为32位模式，GPTMTAILR作为一个32位寄存器(高16位对应与定时器B装载值寄存器的内容)。在16位模式，寄存器的高16位读取值为0，并且对GPTMTBILR寄存器的状态没有影响。如图2.1-25所示为其寄存器，如表2.1-13为位定义。

31	30	29	28	27	26	25	24	23	22	21	20	19	18	17	16	15	14	13	12	11	10	9	8	7	6	5	4	3	2	1	0
TAILR																															
R/W-FFFFFFFFh																															

图2.1-25 GPTMTAILR寄存器

表2.1-13 GPTMTAILR寄存器的位定义

位	域	类型	复位	描　述
31～0	TAILR	R/W	FFFFFFFFh	GPTM定时器A间隔加载寄存器。写入此字段会加载计时器A的计数器。读取将返回GPTMTAILR的当前值

(10) 当通用定时器配置为32位模式时，GPTMTBILR寄存器中[15:0]位的内容被装载到GPTMTAILR 寄存器的高16位。读取该寄存器，则返回定时器B的当前值，写操作无效。在16位模式，[15:0]位用于装载值，[31:16]位保留不使用。如图2.1-26所示为GPTMTBILR寄存器，其位定义如表2.1-14所示。

31	30	29	28	27	26	25	24	23	22	21	20	19	18	17	16	15	14	13	12	11	10	9	8	7	6	5	4	3	2	1	0
TBILR																															
R/W-FFFFh																															

图2.1-26 GPTMTBILR寄存器

表2.1-14 GPTMTBILR寄存器的位定义

位	域	类型	复位	描　述
31～0	TBILR	R/W	FFFFh	GPTM定时器B间隔加载寄存器。写入此字段会加载计时器B的计数器。读取将返回GPTMTBILR的当前值。当16/32位GPTM处于32位模式时，忽略写操作，读操作将返回GPTMTBILR的当前值

(11) 当通用定时器被配置为32位模式时，GPTMTAMATCHR作为32位寄存器(高16位对应GPTMTBMATCHR寄存器的内容)。在16位模式，寄存器的高16位读取为0，并且对GPTMTBMATCHR的状态没有影响。如图2.1-27所示为GPTMTAMATCHR寄存器，如表2.1-15为其位定义。

31	30	29	28	27	26	25	24	23	22	21	20	19	18	17	16	15	14	13	12	11	10	9	8	7	6	5	4	3	2	1	0
TAMR																															
R/W-FFFFFFFFh																															

图2.1-27 GPTMTAMATCHR寄存器

表2.1-15 GPTMTAMATCHR寄存器的位定义

位	域	类型	复位	描　述
31～0	TAMR	R/W	FFFFFFFFh	GPTM定时器A匹配寄存器。将该值与GPTMTAR寄存器进行比较以确定匹配事件

(12) 当通用定时器配置为32位模式时，GPTMTBMATCHR寄存器的[15:0]位被装载

到寄存器 GPTMTAMATCHR 寄存器的高 16 位。读取该寄存器得到定时器 B 的当前值，写操作无效。在 16 位模式中，[15:0]位用于匹配值，[31:16]位保留不使用。如图 2.1-28 所示 GPTMTBMATCHR 寄存器，其位定义如表 2.1-16 所示。

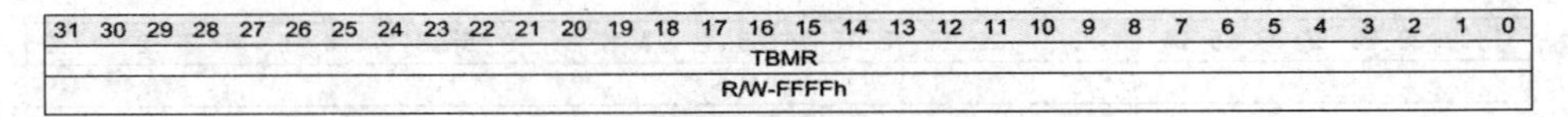

图 2.1-28　GPTMTBMATCHR 寄存器

表 2.1-16　GPTMTBMATCHR 寄存器的位定义

位	域	类型	复位	描　述
31～0	TBMR	R/W	FFFFh	GPTM 定时器 B 匹配寄存器，将该值与 GPTMTBR 寄存器进行比较以确定匹配事件

(13) GPTMTAPR 寄存器通过软件来扩展独立定时器的范围。在单次或者周期减计数模式，该寄存器作为定时计数器的预分频器。如图 2.1-29 所示为其寄存器，其寄存器位定义如表 2.1-17 所示。

31～8	7～0
RESERVED	TAPSR
R-X	R/W-0h

图 2.1-29　GPTMTAPR 寄存器

表 2.1-17　GPTMTAPR 寄存器的位定义

位	域	类型	复位	描　述
31～8	RESERVED	R	×	
7～0	TAPSR	R/W	0h	GPTM 定时器 A 预分频器。寄存器在写入时加载该值。读取返回寄存器的当前值。对于 16/32 位 GPTM，该字段包含整个 8 位预分频器

(14) GPTMTBPR 寄存器通过软件来扩展独立定时器的范围。在单次或者周期减计数模式，该寄存器作为定时计数器的预分频器。如图 2.1-30 所示为其寄存器，其位定义如表 2.1-18 所示。

31～8	7～0
RESERVED	TBPSR
R-X	R/W-0h

图 2.1-30　GPTMTBPR 寄存器

表 2.1-18　GPTMTBPR 寄存器的位定义

位	域	类型	复位	描　述
31～8	RESERVED	R	×	
7～0	TBPSR	R/W	0h	GPTM 定时器 B 预分频。寄存器在写入时加载该值。读取返回该寄存器的当前值。对于 16/32 位 GPTM，该字段包含整个 8 位预分频器

(15) GPTMTAPMR 寄存器扩展独立定时器 GPTMTAMATCHR 的范围。当寄存器工作于 16 位模式时，该寄存器表示[23:16]位。如图 2.1-31 所示为其寄存器，其位定义如表 2.1-19 所示。

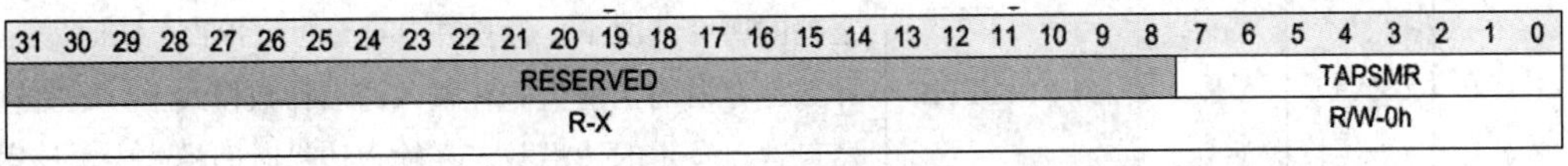

31～8	7～0
RESERVED	TAPSMR
R-X	R/W-0h

图 2.1-31　GPTMTAPMR 寄存器

表 2.1-19　GPTMTBPR 寄存器的位定义

位	域	类型	复位	描　述
31～8	RESERVED	R	×	
7～0	TAPSMR	R/W	0h	GPTM TimerA 预分频匹配。该值与 GPTMTAMATCHR 一起用于在使用预分频器时检测定时器匹配事件。对于 16/32 位 GPTM，该字段包含整个 8 位预分频比匹配值

(16) GPTMTBPMR 寄存器扩展独立定时器 GPTMTAMATCHR 的范围。当寄存器工作于 16 位模式时，该寄存器表示[23:16]位。如图 2.1-32 所示为其寄存器，其位定义如表 2.1-20 所示。

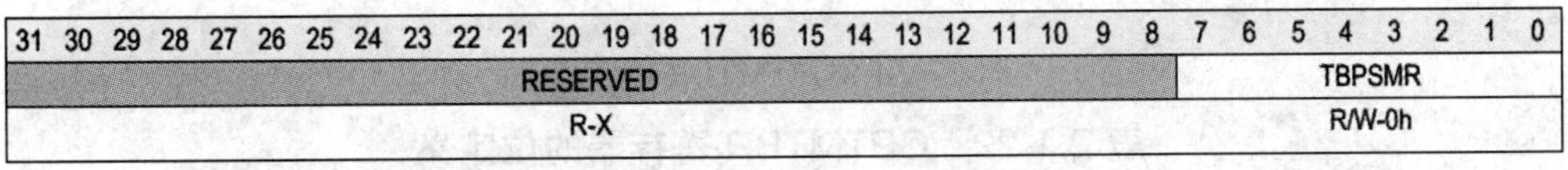

31～8	7～0
RESERVED	TBPSMR
R-X	R/W-0h

图 2.1-32　GPTMTBPMR 寄存器

表 2.1-20　GPTMTBPMR 寄存器的位定义

位	域	类型	复位	描　述
31～8	RESERVED	R	×	
7～0	TBPSMR	R/W	0h	GPTM TimerB 预分频匹配。此值与 GPTMTBMATCHR 一起用于在使用预分频器时检测定时器匹配事件

(17) 当定时器配置为 32 位模式时，GPTMTAR 作为 32 位寄存器使用(高 16 位对应 GPTMTBR 寄存器的内容)。在 16 位输入边沿计数，输入边沿定时和 PEM 模式，[15:0]位包含计数器的值，[23:16]位包含预分频高 8 位的值。[31:24]位读取值始终为 0。可以读取 GPTMTAV 的[23:16]位来获取 16 位模式单次和周期模式的预分频值。读取 GPTMTAPS 寄存器可以获取定期快照模式下的预分频值。如图 2.1-33 所示为 GPTMTAR 寄存器，其位定义如表 2.1-21 所示。

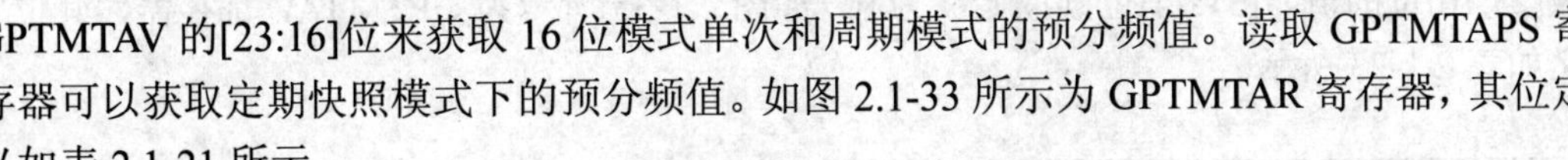

31～0
TAR
R-FFFFFFFFh

图 2.1-33　GPTMTAR 寄存器

表 2.1-21　GPTMTAR 寄存器的位定义

位	域	类型	复位	描　述
31～0	TAR	R	FFFFFFFFh	GPTM 定时器 A 寄存器。在输入边沿计数和时间模式之外的所有情况下，读操作都会返回 GPTM 定时器 A 计数寄存器的当前值。在输入边沿计数模式下，该寄存器包含已发生的边沿数。在输入边沿时间模式中，该寄存器包含最后一个边沿事件发生的时间

(18) 当通用定时器配置为 32 位模式时，GPTMTBR 寄存器的[15:0]位被装载到 GPTMTAR 寄存器的高 16 位。读取该寄存器发挥定时器 B 的当前值。在 16 位模式，[15:0]位包含计数器的值，[23:16]位包含在输入边沿计数、边沿定时和 PWM 模式下的预分频。[31:24]位读取为 0。可以通过读取 GPTMTBV 寄存器中的[23:16]位可以获取 16 位单次和周期模式的预分频值。读取 GPTMTBPS 寄存器可以获取周期快照模式下的预分频。如图 2.1-34 所示为 GPTMTBR 寄存器，其位定义如图 2.1-22 所示。

<table>
<tr><td>31</td><td>30</td><td>29</td><td>28</td><td>27</td><td>26</td><td>25</td><td>24</td><td>23</td><td>22</td><td>21</td><td>20</td><td>19</td><td>18</td><td>17</td><td>16</td><td>15</td><td>14</td><td>13</td><td>12</td><td>11</td><td>10</td><td>9</td><td>8</td><td>7</td><td>6</td><td>5</td><td>4</td><td>3</td><td>2</td><td>1</td><td>0</td></tr>
<tr><td colspan="32">TBR</td></tr>
<tr><td colspan="32">R-FFFFh</td></tr>
</table>

图 2.1-34　GPTMTBR 寄存器

表 2.1-22　GPTMTBR 寄存器的位定义

位	域	类型	复位	描　述
31～0	TBR	R	FFFFh	GPTM 定时器 B 寄存器。在输入边沿计数和时间模式之外的所有情况下，读操作都会返回 GPTM 定时器 B 计数寄存器的当前值。在输入边沿计数模式下，该寄存器包含已发生的边沿数。在输入边沿时间模式中，该寄存器包含最后一个边沿事件发生的时间

(19) 当定时器配置为 32 位模式时，GPTMTAV 作为 32 位寄存器(高 16 位对应 GPTMTBV 寄存器的内容)。在 6 位模式，[15:0]位包含计数器的值，[23:16]位包含分频值。在单次或周期减计数模式，[23:16]位存储真实的预分频值，意味着[15:0]位的值之前，先减[23:16]位的值。[31:24]位读取始终为 0。如图 2.1-35 所示为 GPTMTAV 寄存器，其位定义如表 2.1-23 所示。

<table>
<tr><td>31</td><td>30</td><td>29</td><td>28</td><td>27</td><td>26</td><td>25</td><td>24</td><td>23</td><td>22</td><td>21</td><td>20</td><td>19</td><td>18</td><td>17</td><td>16</td><td>15</td><td>14</td><td>13</td><td>12</td><td>11</td><td>10</td><td>9</td><td>8</td><td>7</td><td>6</td><td>5</td><td>4</td><td>3</td><td>2</td><td>1</td><td>0</td></tr>
<tr><td colspan="32">TAV</td></tr>
<tr><td colspan="32">R/W-FFFFFFFFh</td></tr>
</table>

图 2.1-35　GPTMTAV 寄存器

表 2.1-23 GPTMTAV 寄存器的位定义

位	域	类型	复位	描 述
31～0	TAV	R/W	FFFFFFFFh	GPTM 计时器 A 值。读取返回所有模式下定时器 A 的当前自由运行值。写入时，写入该寄存器的值将在下一个时钟周期加载到 GPTMTAR 寄存器中。注：在 16 位模式下，只能使用新值写入 GPTMTAV 寄存器的低 16 位。写入预分频器位无效

(20) 当通用定时器配置为 32 位模式，GPTMTBV 寄存器[15:0]位的值被装载到 GPTMTAV 寄存器的高 16 位。读取该寄存器，则返回定时器 B 的当前值。在 16 位模式，[15:0]位包含计数器的值，[23:16]位包含当前的预分频值。在单次或周期模式，[23:16]位为真实的预分频值，意味着在[15:0]位减数之前，[23:16]位先进行减数。[31:24]位读取值为 0。如图 2.1-36 所示为 GPTMTBV 寄存器，其位定义如表 2.1-24 所示。

31	30	29	28	27	26	25	24	23	22	21	20	19	18	17	16	15	14	13	12	11	10	9	8	7	6	5	4	3	2	1	0
TBV																															
R/W-FFFFh																															

图 2.1-36 GPTMTBV 寄存器

表 2.1-24 GPTMTBV 寄存器的位定义

位	域	类型	复位	描 述
31～0	TBV	R/W	FFFFh	GPTM 定时器 B 值。读取返回所有模式下定时器 A 的当前自由运行值。写入时，写入该寄存器的值将在下一个时钟周期加载到 GPTMTAR 寄存器中。在 16 位模式下，只能使用新值写入 GPTMTBV 寄存器的低 16 位。写入预分频器位无效

(21) GPTMDMAEV 寄存器允许软件使能和关闭定时器 DMA 触发事件。置位则对应的 DMA 触发使能，清零则关闭。如图 2.1-37 所示 GPTMDMAEV 寄存器，其位定义如表 2.1-25 所示。

31	30	29	28	27	26	25	24
RESERVED							
R-0h							
23	22	21	20	19	18	17	16
RESERVED							
R-0h							
15	14	13	12	11	10	9	8
RESERVED				TBMDMAEN	CBEDMAEN	CBMDMAEN	TBTODMAEN
R-0h				R/W-0h	R/W-0h	R/W-0h	R/W-0h
7	6	5	4	3	2	1	0
RESERVED			TAMDMAEN	RTCDMAEN	CAEDMAEN	CAMDMAEN	TATODMAEN
R-0h			R/W-0h	R/W-0h	R/W-0h	R/W-0h	R/W-0h

图 2.1-37 GPTMDMAEV 寄存器

表 2.1-25　GPTMDMAEV 寄存器的位定义

位	域	类型	复位	描　述
31～12	RESERVED	R	0h	
11	TBMDMAEN	R/W	0h	GPTM B 模式匹配事件 DMA 触发启用： 当该位使能时，当模式匹配发生时，Timer B dma_req 信号被发送到 DMA。 0h = 定时器 B 模式匹配 DMA 触发器被禁用； 1h = 定时器 B 使能 DMA 模式匹配触发
10	CBEDMAEN	R/W	0h	GPTM B 捕获事件 DMA 触发启用： 当该位使能，发生捕获事件，定时器 B 的 DMA_REQ 信号被发送到 DMA。 0h = 定时器 B 捕获事件 DMA 触发器被禁用； 1h = 定时器 B 捕获事件启用 DMA 触发器
9	CBMDMAEN	R/W	0h	GPTM B 捕获匹配事件 DMA 触发启用： 当该位使能时，发生捕获匹配事件，Timer B dma_req 信号被发送到 DMA 0h = 定时器 B 捕获匹配 DMA 触发器被禁用； 1h = 定时器 B 捕获匹配 DMA 触发器已启用
8	TBTODMAEN	R/W	0h	GPTM B 超时事件 DMA 触发使能： 这个位的时候启用后，Timer B dma_req 信号在超时事件发送到 DMA。 0h = 定时器 B 超时 DMA 触发器被禁用； 1h = 定时器 B 超时 DMA 触发器使能
7～5	RESERVED	R	0h	
4	TAMDMAEN	R/W	0h	GPTM 模式匹配事件 DMA 触发启用： 当该位使能时，当模式匹配发生时，Timer A dma_req 信号被发送到 DMA。 0h = 定时器 A 模式匹配 DMA 触发器被禁用； 1h = 定时器启用 DMA 模式匹配触发器
3	RTCDMAEN	R/W	0h	GPTM A RTC 匹配事件 DMA 触发启用： 当该位被使能，发生 RTC 匹配时，Timer A dma_req 信号被发送到 DMA。 0h = 定时器 A RTC 匹配 DMA 触发器被禁用； 1h = 定时器 A RTC 匹配 DMA 触发器使能
2	CAEDMAEN	R/W	0h	GPTM 捕获事件 DMA 触发启用： 该位使能时，发生捕获事件时，Timer A dma_req 信号被发送到 DMA。 0h = 定时器 A 捕获事件 DMA 触发器被禁用； 1h = 定时器 A 捕获事件 DMA 触发器已启用

续表

位	域	类型	复位	描　述
1	CAMDMAEN	R/W	0h	GPTM 捕获匹配事件 DMA 触发启用： 当该位使能时，当发生捕获匹配事件时，Timer A dma_req 信号被发送到 DMA。 0h = 定时器捕获匹配 DMA 触发器被禁用； 1h = 定时器捕获匹配 DMA 触发器已启用
0	TATODMAEN	R/W	0h	GPTM A 超时事件 DMA 触发使能： 该位使能时，定时器 A dma_req 信号在超时事件发送到 DMA。 0h = 定时器禁用超时 DMA 触发器； 1h = 定时器启用超时 DMA 触发器

本实验在官方 CC3200SDK_1.2.0 中 timer 例程代码的基础上修改过来的，用 IAR 打开 Timer_Demo 里的工程，编译下载(参考 GPIO 小节)，从程序可以看到是利用 CC3200 的定时器 Timer A0 和 Timer A1 去控制 GPIO_9 和 GPIO_11 亮灭时间。如清单 2.1-5 所示为该工程的 main 函数。

---代码清单 2.1-5---

```
Int
main(void)
{
    //
    //初始化板载配置
    BoardInit();
    //
    //初始化管脚
    //
    PinMuxConfig();
    //
    //配置 LED
    //
    GPIO_IF_LedConfigure(LED1|LED3);
    GPIO_IF_LedOff(MCU_RED_LED_GPIO);
    GPIO_IF_LedOff(MCU_GREEN_LED_GPIO);
    g_ulBase = TIMERA0_BASE;
    g_ulRefBase = TIMERA1_BASE;
    //
    //配置定时器
    //
```

```
Timer_IF_Init(PRCM_TIMERA0, g_ulBase, TIMER_CFG_PERIODIC, TIMER_A, 0);
Timer_IF_Init(PRCM_TIMERA1, g_ulRefBase, TIMER_CFG_PERIODIC, TIMER_A, 0);
//
//启动定时中断
//
Timer_IF_IntSetup(g_ulBase, TIMER_A, TimerBaseIntHandler);
Timer_IF_IntSetup(g_ulRefBase, TIMER_A, TimerRefIntHandler);
//
//装载初始值
//
Timer_IF_Start(g_ulBase, TIMER_A, 500);
Timer_IF_Start(g_ulRefBase, TIMER_A, 1000);
//
//死循环
//
while(FOREVER)
{
}
```

在 main 函数中 PinMuxConfig()初始化了 GPIO_9 和 GPIO_11，通过 Timer_IF_Init()初始化了 TimerA0 和 TimerA1，频率和系统时钟一致(不分频)，在 Timer_IF_Start()函数中对 TimerA0 装载了 500 这一参数，TimerA1 装载了 1000，实际上就是 TimerA0 定时 500 ms 进入中断函数 TimerBaseIntHandler()、TimerA1 定时 1000 ms 进入中断函数 TimerRefIntHandler()，进入中断后对 I/O 口输出状态进行反转。打开 UniFlash 下载 bin 文件到板子上(参考 GPIO 小节)，把 D5、D7 拨码开关拨到 ON(程序中使用的是 D5、D7)，按下复位键，可以看到 D5 和 D7 交替闪烁，如图 2.1-38 为实验现象。

图 2.1-38　Timer_Demo 实验现象

使用逻辑分析仪可以看到 GPIO_9 端为 1000 ms 的脉宽，如图 2.1-39 所示。

图 2.1-39　GPIO_9 脉宽

如图 2.1-40 可以看到，GPIO_11 端的脉宽为 500 ms。

图 2.1-40　GPIO_11 脉宽

2.1.4　串口

串行接口分为异步串行接口和同步串行接口两种。异步串行接口统称为通用异步收发器(UART)接口；同步串行接口有 SPI 和 I^2C 等，除包含数据线外，还有时钟线。

在本次实验中我们使用的是 UART，也就是异步串行接口。UART 的相关标准规定了接口的机械特性、电气特性和功能特性等，其中电气特性标准包括 RS-232C、RS-422、RS-423 和 RS-485 等。RS-232C 是最常用的串行通信标准，也是数据终端设备(DTE)和数据通信设备(DCE)之间串行二进制数据交换接口技术标准，其中 DTE 包括微机、微控制器和打印机等，DCE 包括调制解调器 MODEM、GSM 模块和 Wi-Fi 模块灯。

RS-232C 的机械特性规定使用 25 针 D 型连接器，后来被简化为 9 针 D 型连接器。

RS-232C 的电气特性采用的是负逻辑，即逻辑“1”的电平低于 −3 V，逻辑“0”的电平高于 +3 V。与之相反的是，串口采用的 TTL 电平是正逻辑不同。逻辑“1”表示高电平，逻辑“0”表示低电平，因此通过 RS-232C 和 TTL 器件通信时必须进行电平转换。

目前，微控制器的 UART 接口采用的是 TTL 正逻辑，与 TTL 器件相连接时不需要电平转换，而与采用负逻辑的计算机相连接时需要进行电平转换(我们一般使用 USB 转串模块)。

CC3200 包含两个可编程 UART 接口(UARTA0～1)，主要特性如下：

① 作为可编程的波特率发生器，允许速度高达 3 Mb/s；

② 独立的 16×8 发送和接口 FIFO，减轻 CPU 中断处理负载；

③ 可编程 FIFO 长度，包括提供传统双缓冲接口的单字节操作；

④ FIFO 触发阈值包括 1/8、1/4、1/2、3/4 和 7/8；

⑤ 标准的异步通信起始、停止和奇、偶校验位。

CC3200 的 UART 接口具有以下可编程串行接口特性：

① 可编程的 5、6、7 或 8 位数据；

② 奇、偶或无校验生成/检测；

③ 一或两个停止位生成；

④ 支持 RTS 和 CTS 调制解调器握手；

⑤ 标准的 FIFO 阈值中断和传输结束中断。

CC3200 的 UART 支持 DMA，使用 DMA 可实现高效传输。UART 具有单独的 DMA 发送和接收通道，支持 FIFO 中有数据的单个请求接收和可编程 FIFO 阈值的突发请求接收，以及 FIFO 中有空间的单个请求发送和可编程 FIFO 阈值的突发请求发送。

UARTDR 为数据寄存器(也是 FIFO 的接口)。在发送数据时如果 FIFO 使能了，则写入该寄存器的数据会发送到 FIFO 中。如果 FIFO 关闭，则数据会被存储在发送保持寄存器中(发送 FIFO 中的最低一个字)，写该寄存器意味着通过串口发送。

在接收数据时如果 FIFO 使能了，数据字节和 4 位状态位被发送到 12 位宽的接收 FIFO 中。如果 FIFO 关闭，则数据字节和状态被存储在接收保持寄存器中(接收 FIFO 中的最低一个字)，可以通过读取该寄存器来获取接收数据。图 2.1-41 所示为 UARTDR 寄存器，其位定义如表 2.1-26 所示。

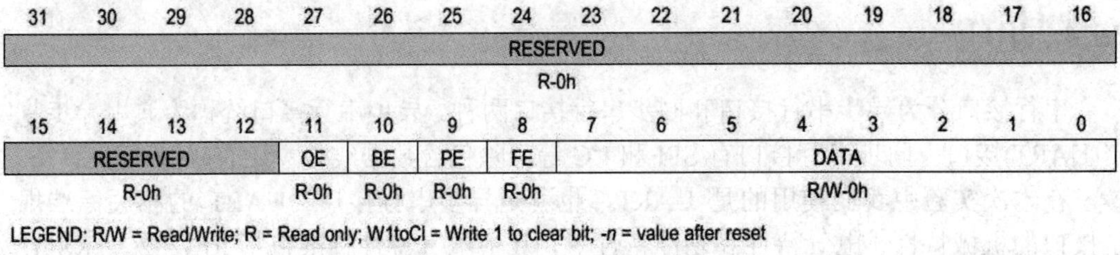

31	30	29	28	27	26	25	24	23	22	21	20	19	18	17	16
RESERVED															
R-0h															

15	14	13	12	11	10	9	8	7	6	5	4	3	2	1	0
RESERVED				OE	BE	PE	FE	DATA							
R-0h				R-0h	R-0h	R-0h	R-0h	R/W-0h							

LEGEND: R/W = Read/Write; R = Read only; W1toCl = Write 1 to clear bit; -*n* = value after reset

图 2.1-41　UARTDR 寄存器

表 2.1-26　UARTDR 寄存器的位定义

位	域	类型	复位	描　　述
31～12	RESERVED	R	0h	
11	OE	R	0h	UART 溢出错误： 0h = 由于 FIFO 溢出，没有数据丢失； 1h = FIFO 已满时收到新数据，导致数据丢失
10	BE	R	0h	UART 中断错误： 0h = 未发生中断情况； 1h = 检测到中断条件，表示接收数据输入保持低电平的时间超过全字传输时间(定义为开始，数据，奇偶校验和停止位)。在 FIFO 模式下，此错误与 FIFO 顶部的字符。发生中断时，只有一个 0 字符加载到 FIFO 中。仅在接收到的数据输入变为 1 (标记状态)后才启用下一个字符，并接收下一个有效的起始位
9	PE	R	0h	UART 奇偶校验错误： 0h = 未发生奇偶校验错误； 1h = 接收数据字符的奇偶校验与 UARTLCRH 寄存器的第 2 位和第 7 位定义的奇偶校验不匹配
8	FE	R	0h	UART 帧错误： 0h = 未发生帧错误； 1h = 接收到的字符没有有效的停止位(有效停止位为 1)
7～0	DATA	R/W	0h	数据传输或接收通过 UART 传输的数据被写入该字段。读取时该字段包含 UART 接收的数据

UARTRSR_UARTECR 是接收状态寄存器/错误清除寄存器。除 UARTDR 寄存器外，接收的状态位也可以通过 UARTRSR 寄存器获取。如果从该寄存器读取状态信息，则状态信息对应于在读取 UARTRSR 寄存器之前的 UARTDR 的状态信息。当有溢出条件发生时，状态位中的溢出标志位会立刻被置位。UARTRSR 寄存器不能被写，写任何值到寄存器 UARTECR 中将会清除帧、校验、打断和溢出错误。复位会清零所有的位。图 2.1-42 所示为 UARTRSR_UARTECR 寄存器，其位定义如表 2.1-27 所示。

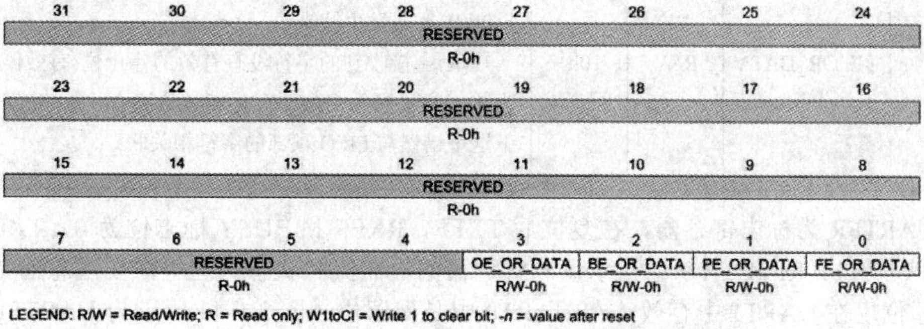

31	30	29	28	27	26	25	24
RESERVED R-0h							

23	22	21	20	19	18	17	16
RESERVED R-0h							

15	14	13	12	11	10	9	8
RESERVED R-0h							

7	6	5	4	3	2	1	0
RESERVED R-0h				OE_OR_DATA R/W-0h	BE_OR_DATA R/W-0h	PE_OR_DATA R/W-0h	FE_OR_DATA R/W-0h

LEGEND: R/W = Read/Write; R = Read only; W1toCl = Write 1 to clear bit; -n = value after reset

图 2.1-42　UARTRSR_UARTECR 寄存器

表 2.1-27　UARTRSR_UARTECR 寄存器的位定义

位	域	类型	复位	描　述
31～4	RESERVED	R	0h	
3	OE_OR_DATA	R/W	0h	UART 溢出错误(R)或错误清除(W)： 0h(R) = 由于 FIFO 溢出，没有数据丢失； 1h(R) = FIFO 满时接收到新数据，导致数据丢失。 通过写入 UARTECR 清除该位。 FIFO 内容保持有效，因为当 FIFO 已满时不会写入更多数据，只会覆盖移位寄存器的内容。CPU 必须读取数据才能清空 FIFO
2	BE_OR_DATA	R/W	0h	UART 中断错误(R)或错误清除(W)： 0h(R) = 未发生中断情况； 1h(R) = 检测到中断条件，表示接收数据输入保持低电平的时间超过全字传输时间(定义为开始，数据，奇偶校验和停止位)，通过写入 UARTECR 将该位清 0。 在 FIFO 模式下此错误与 FIFO 顶部的字符相关联。发生中断时，只有一个 0 字符加载到 FIFO 中。只有在接收数据输入变为 1 (标记状态)并且接收到下一个有效起始位后，才会启用下一个字符
1	PE_OR_DATA	R/W	0h	UART 奇偶校验错误(R)或错误清除(W)： 0h(R) = 未发生奇偶校验错误； 1h(R) = 接收数据字符的奇偶校验不匹配。 由 UARTLCRH 寄存器的第 2 位和第 7 位定义的奇偶校验，通过写入 UARTECR 将该位清 0
0	FE_OR_DATA	R/W	0h	UART 帧错误(R)或错误清除(W)： 0h(R) = 未发生帧错误； 1h(R) = 接收到的字符没有有效的停止位(有效停止位为 1)，通过写入 UARTECR 将该位清 0，在 FIFO 模式下这个错误与 FIFO 顶部的字符相关联

UARTFR 为标志寄存器，在复位后 TXFF、RXFF 和 BUSY 标志位为 0，TXFE 和 RXFE 位为 1。RI 和 CTS 位指示调制解调器的控制流和状态。这里需要注意的是，调制解调位仅在 UART1 中有效，在 UART0 中是保留位。图 2.1-43 所示为 UARTFR，其位定义如表 2.1-28 所示。

31	30	29	28	27	26	25	24
RESERVED							
R-0h							

23	22	21	20	19	18	17	16
RESERVED							
R-0h							

15	14	13	12	11	10	9	8
RESERVED							RI
R-0h							R-0h

7	6	5	4	3	2	1	0
TXFE	RXFF	TXFF	EXFE	BUSY	DCD	DSR	CTS
R-1h	R-0h	R-0h	R-1h	R-0h	R-0h	R-0h	R-0h

LEGEND: R/W = Read/Write; R = Read only; W1toCl = Write 1 to clear bit; -*n* = value after reset

图 2.1-43 UARTFR 寄存器

表 2.1-28 UARTFR 寄存器的位定义

位	域	类型	复位	描 述
31～9	RESERVED	R	0h	
8	RI	R	0h	保留
7	TXFE	R	1h	UART 发送 FIFO 为空： 该位的含义取决于UARTLCRH寄存器中FEN位的状态 0h = 发送寄存器有数据要发送； 1h = 如果 FIFO 被禁止(FEN 为 0)，则发送保持寄存器是空的。 如果 FIFO 使能(FEN 为 1)，则发送 FIFO 为空
6	RXFF	R	0h	UART 接收 FIFO 满： 该位的含义取决于UARTLCRH寄存器中FEN位的状态。 0h = 接收寄存器可以接收数据； 1h = 如果FIFO被禁止(FEN为0),则接收保持寄存器为满。 如果 FIFO 使能(FEN 为 1)，则接收 FIFO 已满
5	TXFF	R	0h	UART 发送 FIFO 满： 该位的含义取决于UARTLCRH寄存器中FEN位的状态 0h = 发送寄存器未满； 1h = 如果 FIFO 被禁止(FEN 为 0)，则发送保持寄存器为满。如果 FIFO 使能(FEN 为 1)，则发送 FIFO 已满
4	EXFE	R	1h	UART 接收 FIFO 空： 该位的含义取决于UARTLCRH寄存器中FEN位的状态。 0h = 接收寄存器不为空； 1h = 如果 FIFO 被禁止(FEN 为 0)，则接收保持寄存器为空。 如果 FIFO 使能(FEN 为 1)，则接收 FIFO 为空

续表

位	域	类型	复位	描　述
3	BUSY	R	0h	UART 忙： 0h = UART 不忙； 1h = UART 忙于传输数据，该位保持置 1，直到从移位寄存器发送完整字节(包括所有停止位)。 一旦发送 FIFO 变为非空(无论是否使能 UART)，该位置 1
2	DCD	R	0h	保留
1	DSR	R	0h	保留
0	CTS	R	0h	清除发送： 0h = 未声明 U1CTS 信号； 1h = U1CTS 信号有效。 该位仅在 UART1 上实现，并保留用于 UART0

UARTIBRD 寄存器是波特率除数的整数部分，复位之后所有的位被清零。最小值为 1，UARTIBRD 为 0，UARTFBRD 寄存器无效。当改变 UARTIBRD 寄存器时，只有在当前的字节传输完成之后才生效。波特率除数的任何改变都必须在写 UARTLCRH 寄存器之后。表 2.1-29 所示为 UARTIBRD 寄存器的位定义。

表 2.1-29　UARTIBRD 寄存器的位定义

位	域	类型	复位	描　述
31～16	RESERVED	R	0	
15～0	DIVINT	R/W	0	波特率除数的整数部分

UARTFBRD 寄存器是波特率除数的小数部分，复位之后所有的位被清零。当修改 UARTFBRD 寄存器的值时，只有在当前字节发送/接收完成之后才会有效。波特率除数的任何改变都必须在写 UARTLCRH 寄存器之后。图 2.1-44 所示为 UARTFBRD 寄存器，其位定义如表 2.1-30 所示。

31	30	29	28	27	26	25	24	23	22	21	20	19	18	17	16
RESERVED R-0h															

15	14	13	12	11	10	9	8	7	6	5	4	3	2	1	0
RESERVED R-0h										DIVFRAC R/W-0h					

LEGEND: R/W = Read/Write; R = Read only; W1toCl = Write 1 to clear bit; -*n* = value after reset

图 2.1-44　UARTFBRD 寄存器

表 2.1-30 UARTFBRD 寄存器的位定义

位	域	类型	复位	描　述
31～6	RESERVED	R	0h	
5～0	DIVFRAC	R/W	0h	波特率除数的小数部分

UARTLCRH 寄存器是线控制寄存器，可控制串口的数据长度、校验和停止位的选择。当更新波特率除数寄存器时，必须也要重写该寄存器，是因为波特率除数寄存器的写选通信号与该寄存器是连接在一起的。图 2.1-45 所示为 UARTLCRH 寄存器，其位定义如表 2.1-31 所示。

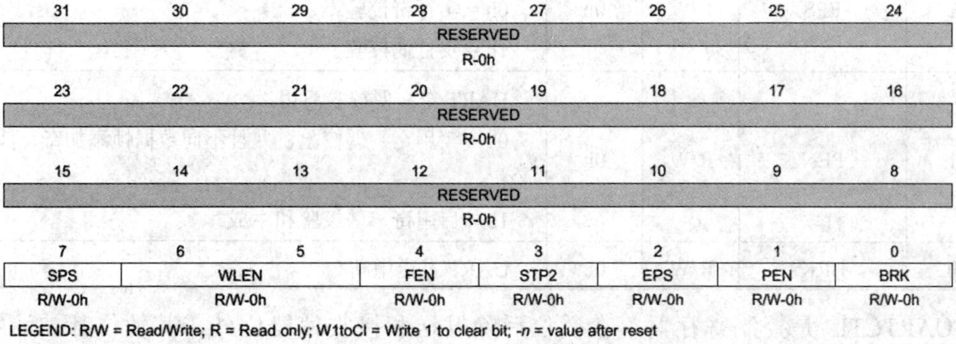

31	30	29	28	27	26	25	24
RESERVED							
R-0h							

23	22	21	20	19	18	17	16
RESERVED							
R-0h							

15	14	13	12	11	10	9	8
RESERVED							
R-0h							

7	6	5	4	3	2	1	0
SPS	WLEN		FEN	STP2	EPS	PEN	BRK
R/W-0h	R/W-0h		R/W-0h	R/W-0h	R/W-0h	R/W-0h	R/W-0h

LEGEND: R/W = Read/Write; R = Read only; W1toCl = Write 1 to clear bit; -*n* = value after reset

图 2.1-45 UARTLCRH 寄存器

表 2.1-31 UARTLCRH 寄存器的位定义

位	域	类型	复位	描　述
31～8	RESERVED	R	0h	
7	SPS	R/W	0h	UART 棒奇偶校验选择： 当 UARTLCRH 的第 1、2 和 7 位置 1 时，发送奇、偶校验位，并检查为 0； 当第 1 位和第 7 位置 1 且 2 清零时，发送校验位，并检查为 1。 该位清零后，禁用棒状奇偶校验
6～5	WLEN	R/W	0h	UART 字长，这些位表示帧中发送或接收的数据位数，如下所示： 0h = 5 位(默认)； 1h = 6 位； 2h = 7 位； 3h = 8 位
4	FEN	R/W	0h	UART 使能 FIFO： 0h ＝禁用 FIFO(字符模式)，FIFO 成为 1 字节深的保持寄存器； 1h = 使能发送和接收 FIFO 缓冲区(FIFO 模式)

续表

位	域	类型	复位	描　述
3	STP2	R/W	0h	UART 两种停止位选择： 0h = 在帧结束时发送一个停止位； 1h = 在帧结束时发送两个停止位，接收逻辑不检查接收到的两个停止位。 在 7816 智能卡模式下(SMART 位在 UARTCTL 寄存器中设置)，停止位数被强制为 2
2	EPS	R/W	0h	UART 偶数奇偶校验选择： 0h = 实行奇校验； 1h = 实行偶校验
1	PEN	R/W	0h	UART 奇、偶校验启用： 0h = 禁用奇、偶校验，并且不向数据帧添加奇、偶校验位； 1h = 启用奇、偶校验和生成
0	BRK	R/W	0h	UART 发送中断

UARTCTL 是控制寄存器，在复位后除发送和接收使能位外，其他位都被清零。UARTEN 位用于使能 UART 模块，在配置串口模块时必须将该位清零。如果在串口进行发送或者接收的操作时关闭串口模块功能，则在完成当前发送或者接收操作之后才关闭。图 2.1-46 所示为 UARTCTL 寄存器，其位定义如表 2.1-32 所示。

值得注意的是，在 UART 使能的状态下 UARTCTL 寄存器不能被改变，否则结果是无法预测的。修改 UARTCTL 寄存器时，建议按照以下操作进行：

(1) 关闭 UART；

(2) 等待当前字节的发送或者接收操作完成；

(3) 通过清零 UARTLCRH 寄存器中的 FEN 位来清除发送 FIFO；

(4) 重新写控制寄存器；

(5) 使能 UART 模块。

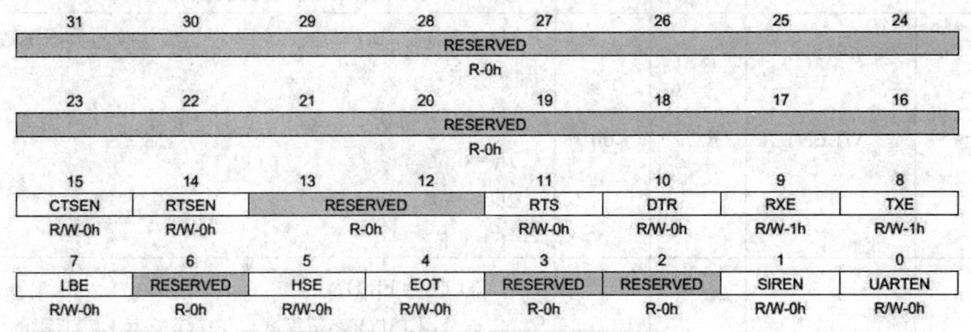

图 2.1-46　UARTCTL 寄存器

表 2.1-32　UARTCTL 寄存器的位定义

位	域	类型	复位	描　述
31～16	RESERVED	R	0h	
15	CTSEN	R/W	0h	使能清除发送： 0h = 禁用 CTS 硬件流控制； 1h = 启用 CTS 硬件流控制，仅在 U1CTS 信号有效时才传输数据
14	RTSEN	R/W	0h	使能发送请求： 0h = 禁用 RTS 硬件流控制； 1h = 启用 RTS 硬件流控制，仅当接收 FIFO 具有可用条目时才请求数据(通过断言 U1RTS)
13～12	RESERVED	R	0h	
11	RTS	R/W	0h	请求发送： 当 RTSEN 清零时，该位的状态反映在 U1RTS 信号上；如果 RTSEN 置 1，则在写操作时忽略该位，并且读取时也应忽略该位
10	DTR	R/W	0h	保留
9	RXE	R/W	0h	使能 UART 接收： 0h = 禁用 UART 的接收部分； 1h = 启用 UART 的接收部分，如果在接收过程中禁用 UART，将在停止前完成当前字符。 注：要使能接收，还必须设置 UARTEN 位
8	TXE	R/W	0h	使能 UART 发送： 0h = 禁用 UART 的发送部分； 1h = 启用 UART 的发送部分。 如果在传输过程中禁用 UART，它会在停止前完成当前字符。 注：要使能发送，还必须设置 UARTEN 位
7	LBE	R/W	0h	使能 UART 环回： 0h = 正常运行； 1h = UnTx 路径通过 UnRx 路径馈送
6	RESERVED	R	0h	

续表

位	域	类型	复位	描　述
5	HSE	R/W	0h	使能高速率： 0h = UART 使用系统时钟 16 除以定时器； 1h = UART 使用系统时钟除以 8 来计时。 注意：使用的系统时钟也取决于波特率除数配置。该位的状态对 ISO 7816 智能卡模式下的时钟生成没有影响(SMART 位已设置)
4	EOT	R/W	0h	接收结束： 该位决定 UARTRIS 寄存器中 TXRIS 位的行为 0h = 当满足 UARTIFLS 中指定的发送 FIFO 条件时，TXRIS 位置 1； 1h = 仅在所有发送的数据(包括停止位)清零串行器后，TXRIS 位才会置 1
3	RESERVED	R	0h	
2	RESERVED	R	0h	
1	SIREN	R/W	0h	保留
0	UARTEN	R/W	0h	使能 UART： 0h = 禁用 UART； 1h = 启用 UART。 如果在发送或接收过程中禁用 UART，则在停止前完成当前字符

UARTIFLS 是选择 FIFO 产生中断阈值的寄存器，可以用其来定义 FIFO 的阈值，同时 UARTRIS 寄存器中的 TXRIS 和 RXRIS 位被触发。产生中断是基于一个发送操作超过阈值而不是等于阈值。也就是说，FIFO 中的数据超过规定的阈值之后才会产生中断。例如，如果接收的触发阈值设置为一般(8 字节)，那么在串口模块接收到第 9 个字节时才会产生中断。因为在复位之后 TXIFLSEL 和 RXIFLSEL 位被配置，所以 FIFO 在接收一半时触发中断。图 2.1-47 所示为 UARTRIS 寄存器，其位定义如表 2.1-33 所示。

31	30	29	28	27	26	25	24	23	22	21	20	19	18	17	16
RESERVED															
R-0h															

15	14	13	12	11	10	9	8	7	6	5	4	3	2	1	0
RESERVED										RXIFLSEL			TXIFSEL		
R-0h										R/W-2h			R/W-2h		

LEGEND: R/W = Read/Write; R = Read only; W1toCl = Write 1 to clear bit; -n = value after reset

图 2.1-47　UARTIFLS 及其位定义

表 2.1-33　UARTIFLS 寄存器的位定义

位	域	类型	复位	描　述
31～6	RESERVED	R	0h	
5～3	RXIFLSEL	R/W	2h	UART 接收中断 FIFO 电平选择，接收中断的触发点如下： 0h = 保留； 1h = RX FIFO 已满； 2h = RX FIFO 已满(默认)； 3h = RX FIFO 已满； 4h = RX FIFO 已满
2～0	TXIFSEL	R/W	2h	UART 发送中断 FIFO 电平选择，发送中断的触发点如下： 0h = 保留； 1h = TX FIFO 为空； 2h = TX FIFO 为空(默认)； 3h = TX FIFO 为空； 4h = TX FIFO 为空。 注：如果 UARTCTL 中的 EOT 位置为 1，FIFO 完全为空，并且停止位所有的数据都离开发送串行器，则将产生发送中断。在这种情况下，TXIFLSEL 的设置无效

UARTIM 是中断掩码置位/清零寄存器，读取该寄存器则获得当前中断的掩码值。进行置位时，对应的中断将被发送到中断控制器；清零操作时，则对应的中断不会被发送到中断控制器。图 2.1-48 所示为 UARTIM 寄存器，其位定义如表 2.1-34 所示。

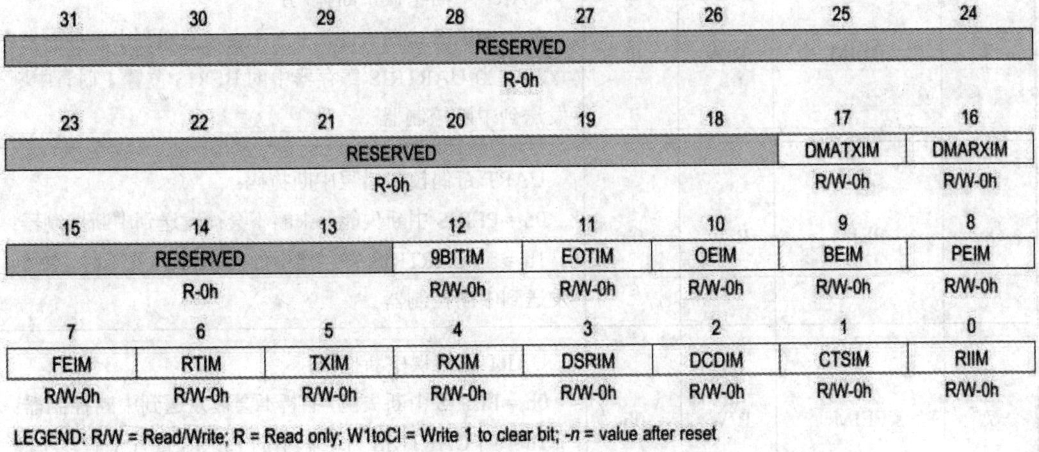

31	30	29	28	27	26	25	24
RESERVED							
R-0h							

23	22	21	20	19	18	17	16
RESERVED						DMATXIM	DMARXIM
R-0h						R/W-0h	R/W-0h

15	14	13	12	11	10	9	8
RESERVED			9BITIM	EOTIM	OEIM	BEIM	PEIM
R-0h			R/W-0h	R/W-0h	R/W-0h	R/W-0h	R/W-0h

7	6	5	4	3	2	1	0
FEIM	RTIM	TXIM	RXIM	DSRIM	DCDIM	CTSIM	RIIM
R/W-0h	R/W-0h	R/W-0h	R/W-0h	R/W-0h	R/W-0h	R/W-0h	R/W-0h

LEGEND: R/W = Read/Write; R = Read only; W1toCl = Write 1 to clear bit; -*n* = value after reset

图 2.1-48　UARTIM 寄存器

表 2.1-34　UARTIM 寄存器的位定义

位	域	类型	复位	描　　述
31～18	RESERVED	R	0h	
17	DMATXIM	R/W	0h	发送 DMA 中断掩码： 0h = DMATXRIS 中断失能，中断不会被发送到中断控制器； 1h = 当 UARTRIS 寄存器中的 DMATXRIS 位置 1 时，中断发送到中断控制器
16	DMARXIM	R/W	0h	接收 DMA 中断掩码： 0h = DMARXRIS 中断失能，中断不会被发送到中断控制器； 1h = 当 UARTRIS 寄存器中的 DMARXRIS 位置 1 时，中断发送到中断控制器
15～13	RESERVED	R	0h	
12	9BITIM	R/W	0h	保留
11	EOTIM	R/W	0h	传输中断掩码结束： 0h = EOTRIS 中断失能，中断不会被发送到中断控制器； 1h = 当 UARTRIS 寄存器中的 EOTRIS 位置 1 时，中断发送到中断控制器
10	OEIM	R/W	0h	UART 溢出错误中断掩码： 0h = OERIS 中断失能，中断不会被发送到中断控制器； 1h = 当 UARTRIS 寄存器中的 OERIS 位置 1 时，中断发送到中断控制器
9	BEIM	R/W	0h	UART 中断错误中断掩码： 0h = BERIS 中断失能，中断不会被发送到中断控制器； 1h = 当 UARTRIS 寄存器中的 BERIS 位置 1 时，中断发送到中断控制器
8	PEIM	R/W	0h	UART 奇偶校验错误中断掩码： 0h = PERIS 中断失能，中断不会被发送到中断控制器； 1h = 当 UARTRIS 寄存器中的 PERIS 位置 1 时，中断发送到中断控制器
7	FEIM	R/W	0h	UART 帧错误中断掩码： 0h = FERIS 中断失能，中断不会被发送到中断控制器； 1h = 当 UARTRIS 寄存器中的 FERIS 位置 1 时，中断发送到中断控制器

续表

位	域	类型	复位	描　述
6	RTIM	R/W	0h	UART 接收超时中断掩码： 0h = RTRIS 中断失能，中断不会被发送到中断控制器； 1h = 当 UARTRIS 寄存器中的 RTRIS 位置 1 时，中断发送到中断控制器
5	TXIM	R/W	0h	UART 发送中断掩码： 0h = TXRIS 中断失能，中断不会被发送到中断控制器； 1h = 当 UARTRIS 寄存器中的 TXRIS 位置 1 时，中断发送到中断控制器
4	RXIM	R/W	0h	UART 接收中断掩码： 0h = RXRIS 中断失能，中断不会发送到中断控制器； 1h = 当 UARTRIS 寄存器中的 RXRIS 位置 1 时，中断发送到中断控制器
3	DSRIM	R/W	0h	保留
2	DCDIM	R/W	0h	保留
1	CTSIM	R/W	0h	UART 清除发送调制解调器中断掩码： 0h = CTSRIS 中断失能，中断不会发送到中断控制器； 1h = 当 UARTRIS 寄存器中的 CTSRIS 位置 1 时，中断发送到中断控制器
0	RIIM	R/W	0h	保留

UARTRIS 是源中断状态寄存器，可以读取到当前中断源，写操作无效。图 2.1-49 所示为 UARTRIS 寄存器，其位定义如表 2.1-35 所示。

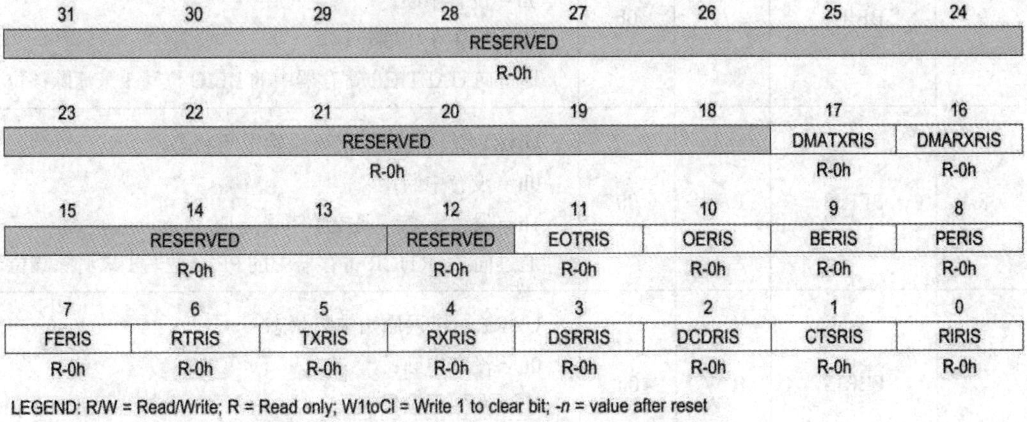

31	30	29	28	27	26	25	24
RESERVED							
R-0h							

23	22	21	20	19	18	17	16
RESERVED						DMATXRIS	DMARXRIS
R-0h						R-0h	R-0h

15	14	13	12	11	10	9	8
RESERVED			RESERVED	EOTRIS	OERIS	BERIS	PERIS
R-0h			R-0h	R-0h	R-0h	R-0h	R-0h

7	6	5	4	3	2	1	0
FERIS	RTRIS	TXRIS	RXRIS	DSRRIS	DCDRIS	CTSRIS	RIRIS
R-0h	R-0h	R-0h	R-0h	R-0h	R-0h	R-0h	R-0h

LEGEND: R/W = Read/Write; R = Read only; W1toCl = Write 1 to clear bit; -n = value after reset

图 2.1-49　UARTRIS 寄存器

表 2.1-35　UARTRIS 寄存器的位定义

位	域	类型	复位	描　述
31～18	RESERVED	R	0h	
17	DMATXRIS	R/W	0h	发送 DMA 原始中断状态： 0h = 没有中断； 1h = 发送 DMA 已完成。 通过将 1 写入 UARTICR 寄存器中的 DMATXIC 位来清除该位
16	DMARXRIS	R/W	0h	接收 DMA 原始中断状态： 0h = 没有中断； 1h = 接收 DMA 已完成。 通过将 1 写入 UARTICR 寄存器中的 DMARXIC 位来清除该位
15～13	RESERVED	R/W	0h	
12	RESERVED	R	0h	
11	EOTRIS	R/W	0h	传输结束原始中断状态： 0h = 没有中断； 1h = 所有传输数据和标志均发送完成。 通过向 UARTICR 寄存器中的 EOTIC 位写 1 来清除该位
10	OERIS	R/W	0h	UART 溢出错误原始中断状态： 0h = 没有中断； 1h = 发生了溢出错误。 通过向 UARTICR 寄存器中的 OEIC 位写 1 来清除该位
9	BERIS	R/W	0h	UART 中断错误原始中断状态： 0h = 没有中断； 1h = 发生了中断错误。 通过向 UARTICR 寄存器中的 BEIC 位写 1 来清除该位
8	PERIS	R/W	0h	UART 奇、偶校验错误原始中断状态： 0h = 没有中断； 1h = 发生了奇、偶校验错误。 通过向 UARTICR 寄存器中的 PEIC 位写 1 来清除该位
7	FERIS	R/W	0h	UART 帧错误原始中断状态： 0h = 没有中断； 1h = 发生了帧错误。 通过向 UARTICR 寄存器中的 FEIC 位写 1 来清除该位

续表

位	域	类型	复位	描 述
6	RTRIS	R/W	0h	UART 接收超时原始中断状态： 0h = 没有中断； 1h = 发生了接收超时。 通过向 UARTICR 寄存器中的 RTIC 位写 1 来清除该位
5	TXRIS	R/W	0h	UART 发送原始中断状态： 0h = 没有中断； 1h = 如果 UARTCTL 寄存器中的 EOT 位清零，则发送 FIFO 电平已通过 UARTIFLS 寄存器中定义的条件。如果 EOT 位置 1，则所有发送数据和标志的最后一位都发送完成。 通过向 UARTICR 寄存器中的 TXIC 位写 1 或者将数据写入发送 FIFO，直到其变为大于触发电平(如果 FIFO 被使能)，或者如果 FIFO 被禁止则写入单个字节来清除该位
4	RXRIS	R/W	0h	UART 接收原始中断状态值
3	DSRRIS	R/W	0h	保留
2	DCDRIS	R/W	0h	保留
1	CTSRIS	R/W	0h	UART 清除以发送调制解调器原始中断状态： 0h = 没有中断； 1h = 清除发送用于软件流控制。 通过将 1 写入 UARTICR 寄存器中的 CTSIC 位来清除该位
0	RIRIS	R/W	0h	保留

UARTMIS 是中断掩码状态寄存器，可获取对应中断的掩码值，写操作无效。图 2.1-50 所示为 UARTMIS 寄存器，其位定义如表 2.1-36 所示。

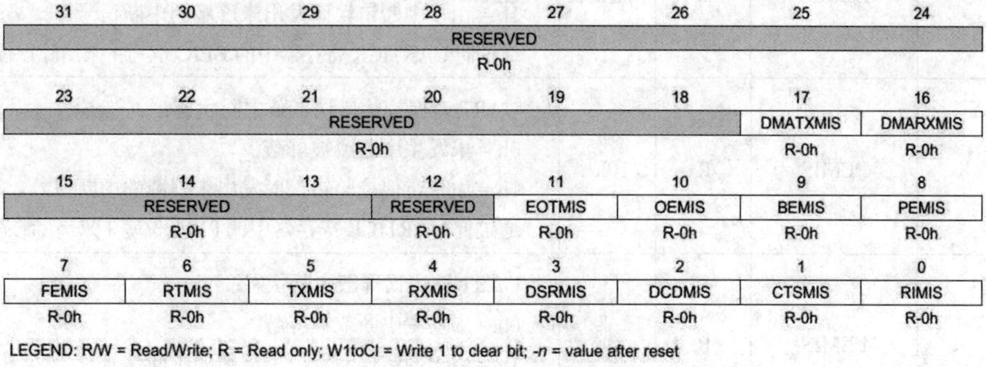

31	30	29	28	27	26	25	24
RESERVED							
R-0h							

23	22	21	20	19	18	17	16
RESERVED						DMATXMIS	DMARXMIS
R-0h						R-0h	R-0h

15	14	13	12	11	10	9	8
RESERVED			RESERVED	EOTMIS	OEMIS	BEMIS	PEMIS
R-0h			R-0h	R-0h	R-0h	R-0h	R-0h

7	6	5	4	3	2	1	0
FEMIS	RTMIS	TXMIS	RXMIS	DSRMIS	DCDMIS	CTSMIS	RIMIS
R-0h	R-0h	R-0h	R-0h	R-0h	R-0h	R-0h	R-0h

LEGEND: R/W = Read/Write; R = Read only; W1toCl = Write 1 to clear bit; -n = value after reset

图 2.1-50 UARTMIS 寄存器

表 2.1-36　UARTMIS 寄存器的位定义

位	域	类型	复位	描　述
31～18	RESERVED	R	0h	
17	DMATXMIS	R	0h	发送 DMA 屏蔽中断状态： 0h = 未发生中断或被屏蔽； 1h = 由于发送 DMA 完成，发出未屏蔽的中断信号。 通过将 1 写入 UARTICR 寄存器中的 DMATXIC 位来清除该位
16	DMARXMIS	R	0h	接收 DMA 屏蔽中断状态： 0h = 未发生中断或被屏蔽； 1h = 由于接收 DMA 完成，发出未屏蔽的中断信号。 通过将 1 写入 UARTICR 寄存器中的 DMARXIC 位来清除该位
15～13	RESERVED	R	0h	
12	RESERVED	R	0h	
11	EOTMIS	R	0h	传输结束屏蔽中断状态： 0h = 未发生中断或被屏蔽； 1h = 由于最后一个数据位的传输，发出未屏蔽的中断信号。 通过向 UARTICR 寄存器中的 EOTIC 位写 1 来清除该位
10	OEMIS	R	0h	UART 溢出错误屏蔽中断状态： 0h = 未发生中断或被屏蔽； 1h = 由于溢出错误而发出未屏蔽的中断信号。 通过向 UARTICR 寄存器中的 OEIC 位写 1 来清除该位
9	BEMIS	R	0h	UART 中断错误屏蔽中断状态： 0h = 未发生中断或被屏蔽； 1h = 由于中断错误而发出未屏蔽的中断信号。 通过向 UARTICR 寄存器中的 BEIC 位写 1 来清除该位
8	PEMIS	R	0h	UART 奇偶校验错误屏蔽中断状态： 0h = 未发生中断或被屏蔽； 1h = 由于奇偶校验错误而发出未屏蔽的中断信号。 通过向 UARTICR 寄存器中的 PEIC 位写 1 来清除该位
7	FEMIS	R	0h	UART 帧错误屏蔽中断状态： 0h = 未发生中断或被屏蔽； 1h = 由于帧错误而发出未屏蔽的中断信号。 通过向 UARTICR 寄存器中的 FEIC 位写 1 来清除该位

续表

位	域	类型	复位	描　述
6	RTMIS	R	0h	UART 接收超时屏蔽中断状态： 0h = 未发生中断或被屏蔽； 1h = 由于接收超时，发出未屏蔽的中断信号。 通过向 UARTICR 寄存器中的 RTIC 位写 1 来清除该位
5	TXMIS	R	0h	UART 发送屏蔽中断状态： 0h = 未发生中断或被屏蔽； 1h = 如果 EOT 位被置 1，则所有发送数据和标志均发送完成
4	RXMIS	R	0h	UART 接收屏蔽中断状态： 0h = 未发生中断或被屏蔽； 1h = 由于通过指定的接收 FIFO 级别，发出未屏蔽的中断信号。 通过向 UARTICR 寄存器中的 RXIC 位写入 1 或通过从接收 FIFO 读取数据，直到它变为小于触发电平(如果 FIFO 被使能)，或者如果 FIFO 被禁用则读取单个字节来清除该位
3	DSRMIS	R	0h	保留
2	DCDMIS	R	0h	保留
1	CTSMIS	R	0h	UART 清除发送调制解调器屏蔽中断状态： 0h = 未发生中断或被屏蔽； 1h = 由于清除发送而发出未屏蔽的中断信号。 通过将 1 写入 UARTICR 寄存器中的 CTSIC 位来清除该位
0	RIMIS	R	0h	保留

UARTICR 是中断清零寄存器，置位则对应的中断被清除(清除中断源寄存器和中断掩码寄存器中对应的位)，清零操作无效。图 2.1-51 所示为 UARTICR 寄存器，表 2.1-37 为其位定义。

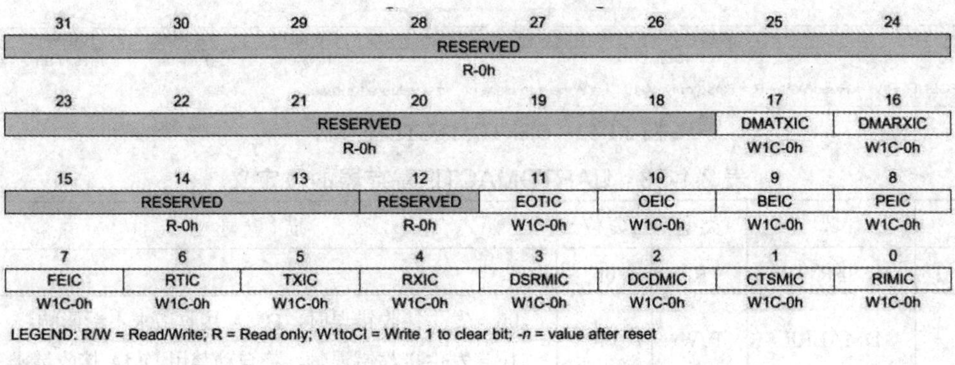

31	30	29	28	27	26	25	24
RESERVED							
R-0h							

23	22	21	20	19	18	17	16
RESERVED						DMATXIC	DMARXIC
R-0h						W1C-0h	W1C-0h

15	14	13	12	11	10	9	8
RESERVED			RESERVED	EOTIC	OEIC	BEIC	PEIC
R-0h			R-0h	W1C-0h	W1C-0h	W1C-0h	W1C-0h

7	6	5	4	3	2	1	0
FEIC	RTIC	TXIC	RXIC	DSRMIC	DCDMIC	CTSMIC	RIMIC
W1C-0h	W1C-0h	W1C-0h	W1C-0h	W1C-0h	W1C-0h	W1C-0h	W1C-0h

LEGEND: R/W = Read/Write; R = Read only; W1toCl = Write 1 to clear bit; -*n* = value after reset

图 2.1-51　UARTICR 寄存器

表 2.1-37　UARTICR 寄存器的位定义

位	域	类型	复位	描　述
31～18	RESERVED	R	0h	
17	DMATXIC	W1C	0h	发送 DMA 中断清除
16	DMARXIC	W1C	0h	接收 DMA 中断清除
15～13	RESERVED	R	0h	
12	RESERVED	W1C	0h	
11	EOTIC	W1C	0h	传输结束中断清除
10	OEIC	W1C	0h	溢出错误中断清除
9	BEIC	W1C	0h	中断错误中断清除
8	PEIC	W1C	0h	奇偶校验错误中断清除
7	FEIC	W1C	0h	帧错误中断清除
6	RTIC	W1C	0h	接收超时中断清除
5	TXIC	W1C	0h	发送中断清除
4	RXIC	W1C	0h	接收中断清除
3	DSRMIC	W1C	0h	保留
2	DCDMIC	W1C	0h	保留
1	CTSMIC	W1C	0h	UART 清除发送调制解调器中断清除
0	RIMIC	W1C	0h	保留

UARTDMACTL 是 DMA 控制寄存器。图 2.1-52 所示为 UARTDMACTL 寄存器，其位定义如表 2.1-38 所示。

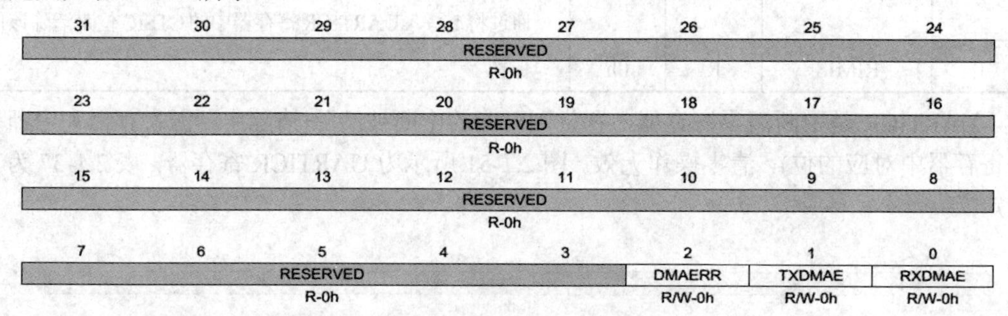

图 2.1-52　UARTDMACTL 寄存器

表 2.1-38　UARTDMACTL 寄存器的位定义

位	域	类型	复位	描　述
31～3	RESERVED	R	0h	
2	DMAERR	R/W	0h	0h = 发生接收错误时，DMA 接收请求不受影响； 1h = 发生接收错误时，将自动禁用 DMA 接收请求

续表

位	域	类型	复位	描　述
1	TXDMAE	R/W	0h	0h = 禁用发送 FIFO 的 DMA； 1h = 启用发送 FIFO 的 DMA
0	RXDMAE	R/W	0h	0h = 禁用接收 FIFO 的 DMA； 1h = 启用接收 FIFO 的 DMA

打开 CC3200_Uart_Demo 文件夹里的工程，将 CC3200 的 UARTA0 的波特率设置为 115 200 b/s，8 位数据位，1 个停止位，无奇偶校验位，代码清单如 2.1-6 所示。

--代码清单 2.1-6--

```
void
InitTerm()
{
#ifndef NOTERM
    MAP_UARTConfigSetExpClk(CONSOLE,MAP_PRCMPeripheralClockGet(CONSOLE_PERIPH),
          UART_BAUD_RATE, (UART_CONFIG_WLEN_8 | UART_CONFIG_STOP_ONE |
          UART_CONFIG_PAR_NONE));
#endif
    __Errorlog = 0;
}
```

当串口接收到数据后，把接收到的数据再通过串口发送出去，编译工程，打开 UniFlash，把 bin 文件下载到 CC3200 板子上(具体步骤请参考 GPIO 小节)。把“CH340G_VCC”和串口选择的第一个“RXD”和第二个“TXD”拨码开关均拨到“ON”。

插上 USB 数据线接到电脑，打开串口助手，选择串口号，波特率设置为 115 200 b/s，按下板子的复位可见串口打印，如图 2.1-53 所示。

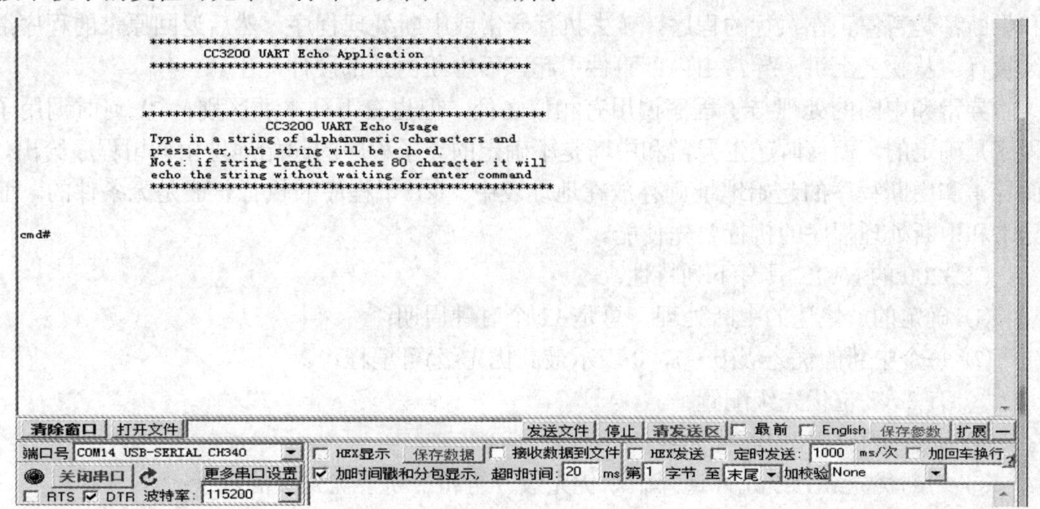

图 2.1-53　复位时串口打印

在发送框内输入疯壳的网址，点击“发送”，串口助手收到CC3200的回传，如图2.1-54所示。

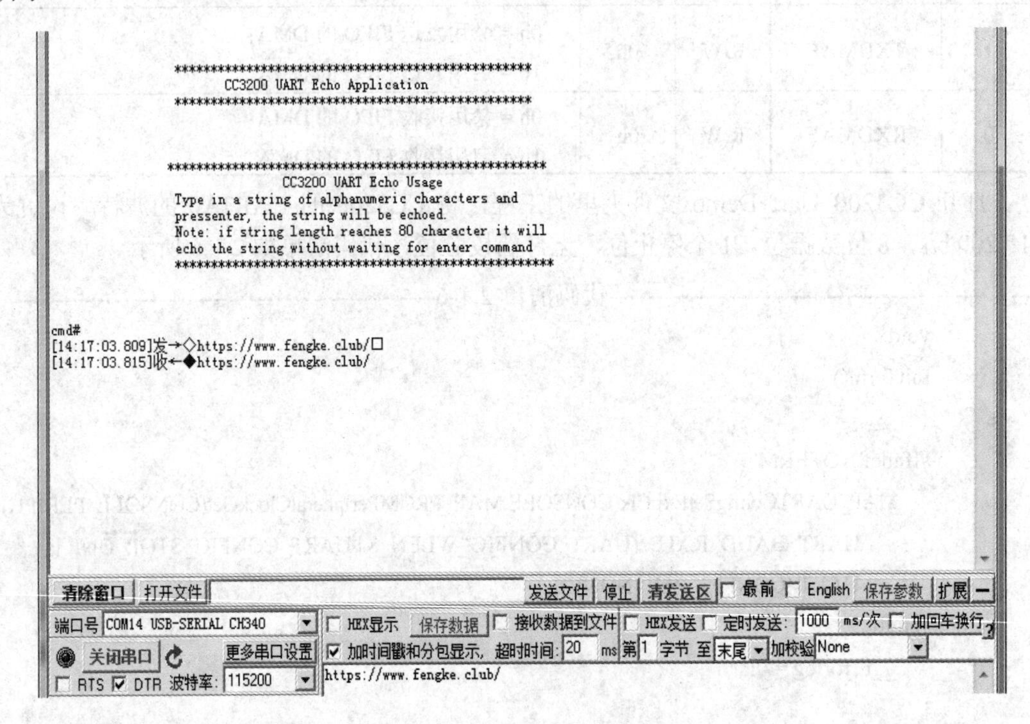

图 2.1-54　串口助手收到回传

2.1.5　外部中断

接口数据传送控制方式有查询、中断和DMA等，其中中断是重要的接口数据传送控制方式。中断控制分为全局和局部两级，前者由NVIC控制，后者由外设控制。

嵌套向量中断控制器NVIC支持多个内部异常和240个外部中断。从广义上讲，异常和中断都是暂停正在执行的程序，转去执行异常或中断处理程序，然后返回原来的程序继续执行。从狭义上讲，异常由内部事件引起，而中断由外部硬件产生。

异常和中断的处理与子程序调用有相似之处，但也有下列本质区别：① 何时调用子程序是确定的，而何时产生异常和中断是不确定的。子程序的起始地址由调用程序给出，而异常和中断程序的起始地址则存放在地址表中。② 子程序的执行一般是无条件的，而异常和中断处理程序的执行要先使能。

CC3200的NVIC具有下列特性：

① 确定的、快速的中断处理，总是12个时钟周期；

② 每个中断的优先级(0～7，0表示最高优先级)可编程；

③ 有3～8位优先级配置；

④ 动态重新分配中断优先级；

⑤ 中断优先级分组允许选择中断优先级分组和中断子优先级的数量；

⑥ 中断信号电平和边沿检测。

本小节将使用GPIO外部中断来实现按键的功能。每个GPIO端口的中断功能通过7个寄存器来进行控制，这些寄存器可用来选择中断源、中断优先级和边沿特性。当一个或者多个GPIO输入引起中断时，一个单中断信号输出到整个GPIO端口的中断控制器。

以下三个寄存器定义了引起中断的边沿或检测：

① GPIOIS：GPIO中断检测寄存器。

② GPIOIBE：GPIO中断边沿寄存器。

③ GPIOIEV：GPIO中断时间寄存器。

中断功能通过GPIO中断掩码(GPIOIM)寄存器来进行使能和关闭。

当一个中断条件产生时，有两个地方可以查看中断信号的状态：GPIO源中断状态(GPIORIS)寄存器和GPIO掩码中断状态(GPIOMIS)寄存器。

GPIORIS寄存器表示一个GPIO引脚达到了产生中断的条件，但是不一定会发送给中断控制器，而GPIOMIS寄存器只显示可以发送给中断控制器的中断条件。

如果是GPIO电平检测中断，产生中断的电平信号必须保持到中断服务的产生。一旦输入的信号解除中断产生的逻辑信号，对应的GPIORIS寄存器中的源中断寄存器位将被清零。对于GPIO边沿检测中断，GPIORIS寄存器中的RIS位通过向寄存器GPIOICR中的对应位写入1来进行清零。GPIOMIS寄存器中的对应位反应源中断状态位的掩码值。

当编辑中断控制寄存器时，应当将中断全部关闭(GPIOIM清零)。如果对应的位使能的话，则写任何中断控制寄存器都会产生不必要的中断。

GPIOIS是中断检测寄存器。置位对应的引脚进行电平检测，清零则对应的引脚进行边沿检测。在复位时，所有的位清零。图2.1-55所示为其寄存器，其位定义如表2.1-39所示。

注意：为了防止产生错误的中断，在配置中断检测寄存器和边沿寄存器的时候，应当清零GPIOIM寄存器中的IME位来屏蔽中断引脚。配置GPIOIS寄存器的IS位和GPIOIBE寄存器的IBE位，清除GPIORIS寄存器。最后通过置位GPIOIM寄存器中的IME位来打开引脚。

31~8	7~0
RESERVED	IS
R-0h	R/W-0h

图2.1-55 GPIOIS寄存器

表2.1-39 GPIOIS寄存器的位定义

位	域	类型	复位	描述
31~8	RESERVED	R	0h	
7~0	IS	R/W	0h	GPIO中断检测： 0h = 检测到相应引脚上的边沿(边沿检测)； 1h = 检测到相应引脚上的电平(电平检测)

GPIOIBE寄存器允许双边沿来触发中断。当GPIOIS寄存器设置为检测边沿时，则设置GPIOIBE寄存器来配置对应的引脚来检测上升和下降沿，而忽略GPIOIEV寄存器中的对应位的配置。清零一位，则配置为引脚受GPIOIEV寄存器的控制。复位之后，所有的位都被清零。图2.1-56所示为其寄存器，其位定义如表2.1-40所示。

31～8	7～0
RESERVED	IBE
R-0h	R/W-0h

图 2.1-56　GPIOIBE 寄存器

注意：为了防止产生错误的中断，在配置中断检测寄存器和边沿寄存器的时候，应当清零 GPIOIM 寄存器中的 IME 位来屏蔽中断引脚。配置 GPIOIS 寄存器的 IS 位和 GPIOIBE 寄存器的 IBE 位，清除 GPIORIS 寄存器。最后通过置位 GPIOIM 寄存器中的 IME 位来打开引脚。

表 2.1-40　GPIOIBE 寄存器的位定义

位	域	类型	复位	描　述
31～8	RESERVED	R	0h	
7～0	IBE	R/W	0h	GPIO 中断两个边沿： 0h = 中断发生由 GPIO 中断事件(GPIOIEV)寄存器控制； 1h = 相应引脚上的两个边沿触发中断

GPIOIEV 寄存器是中断事件寄存器，通过置位其中对应的位来配置对应的引脚检测上升沿或者高电平，这取决于 GPIOIS 寄存器对应位的配置。清零该寄存器中的对应位则对应的引脚检测下降沿或者低电平，取决于 GPIOIS 寄存器中对应位的配置，复位之后所有的位都清零。如图 2.1-57 所示为寄存器，其位定义如表 2.1-41 所示。

31～8	7～0
RESERVED	IEV
R-0h	R/W-0h

图 2.1-57　GPIOIEV 寄存器

表 2.1-41　GPIOIEV 寄存器的位定义

位	域	类型	复位	描　述
31～8	RESERVED	R	0h	
7～0	IEV	R/W	0h	GPIO 中断事件： 0h = 相应引脚的下降沿或低电平触发中断； 1h = 相应引脚的上升沿或高电平触发中断

GPIOIM 寄存器是中断掩码寄存器，通过置位其中的对应位，则对应引脚上产生的中断将通过组合中断信号发送给中断控制器。清零则对应的引脚产生的中断不会发送给中断控制器。复位之后所有的位都清零。图 2.1-58 所示为 GPIOIM 寄存器，表 2.1-42 为其位定义。

31～8	7～0
RESERVED	IME
R-0h	R/W-0h

图 2.1-58　GPIOIM 寄存器

表 2.1-42 GPIOIM 寄存器的位定义

位	域	类型	复位	描述
31～8	RESERVED	R	0h	
7～0	IME	R/W	0h	GPIO 中断屏蔽使能： 0h = 屏蔽相应引脚的中断； 1h = 来自相应引脚的中断被发送到中断控制器

GPIORIS 寄存器是源中断状态寄存器。当对应的引脚达到中断条件时，该寄存器中对应的位被置位。如果中断掩码(GPIOIM)寄存器中的对应位被置位，则发送中断信号到中断控制寄存器。如果某一位读取为 0，则说明对应的引脚没有产生中断。对于电平触发中断，引脚上的中断信号必须保持到中断服务。一旦中断信号达不到中断逻辑检测要求，则 GPIORIS 寄存器对应的 RIS 位将被清零。对于一个 GPIO 边沿检测中断，GPIORIS 寄存器中的 RIS 位通过置位 GPIOICR 寄存器中对应的位进行清零。GPIOMIS 寄存器中的位反映了 RIS 位的掩码值。图 2.1-59 所示为 GPIORIS 寄存器，表 2.1-43 为其寄存器位定义。

31～8	7～0
RESERVED	RIS
R-0h	R-0h

图 2.1-59 GPIORIS 寄存器

表 2.1-43 GPIORIS 寄存器的位定义

位	域	类型	复位	描述
31～8	RESERVED	R	0h	
7～0	RIS	R	0h	GPIO 中断原始状态： 对于边沿检测中断，通过将 1 写入 GPIOICR 寄存器中的相应位来清除该位；对于 GPIO 电平检测中断，当电平置为无效时，该位清零 0h = 相应引脚上未发生中断条件； 1h = 相应引脚上发生了中断条件

GPIOMIS 寄存器是掩码中断状态寄存器。如果寄存器中对应位被置位，则对应的中断将被发送到中断控制器。如果某一位被清零，则无论是否有中断产生，中断都会被屏蔽掉。GPIOMIS 寄存器是中断掩码之后的状态，图 2.1-60 所示为其寄存器，表 2.1-44 为其位定义。

31～8	7～0
RESERVED	MIS
R-0h	R-0h

图 2.1-60 GPIOMIS 寄存器

表 2.1-44　GPIORIS 寄存器的位定义

位	域	类型	复位	描　述
31～8	RESERVED	R	0h	
7～0	MIS	R	0h	GPIO 屏蔽中断状态： 对于边沿检测中断，通过将 1 写入 GPIOICR 寄存器中的相应位来清除该位；对于 GPIO 电平检测中断，当电平置为无效时，该位清零 0h = 相应引脚上的中断条件被屏蔽或未发生； 1h = 相应引脚上的中断条件触发了中断控制器的中断

GPIOICR 寄存器是中断清零寄存器。对于边沿检测中断，置位 GPIOICR 寄存器中对应的位，则会清除 GPIORIS 和 GPIOMIS 寄存器中对应的位。如果中断是电平检测，则该寄存器中的对应位没有影响。另外，向该寄存器中写入 0 也没有任何影响，图 2.1-61 所示为其寄存器，表 2.1-45 为其位定义。

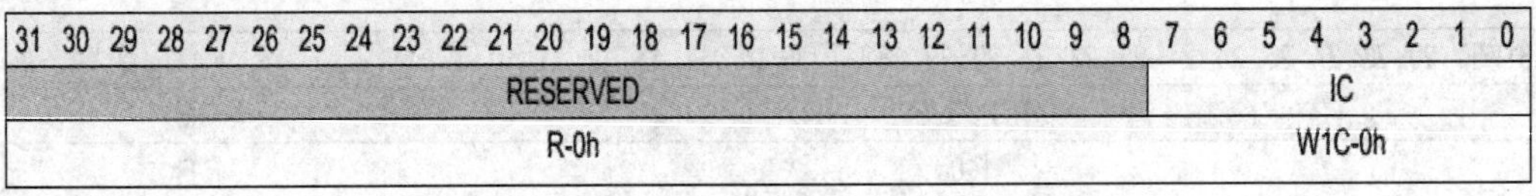

31～8	7～0
RESERVED	IC
R-0h	W1C-0h

图 2.1-61　GPIOICR 寄存器

表 2.1-45　GPIOICR 寄存器的位定义

位	域	类型	复位	描　述
31～8	RESERVED	R	0h	
7～0	IC	W1C	0h	GPIO 中断清除： 0h = 相应的中断不受影响； 1h = 清除相应的中断

本实验在是官方 CC3200SDK_1.2.0 中 Interrupt 例程代码的基础上修改得来的，打开 Interrupt_Demo。由于本次实验用到串口和按键，所以在 mian 函数的 PinMuxConfig()中配置了串口 0 的输入、输出，以及 GPIO_13 和 GPIO_22 的方向为输入。

本次实验的关键是 ButtonIntInit()函数，该函数如代码清单 2.1-7 所示。

--代码清单 2.1-7--

```
static void ButtonIntInit(void)
{
//#define GPIO_FALLING_EDGE       0x00000000      //Interrupt on falling edge
//#define GPIO_RISING_EDGE        0x00000004      //Interrupt on rising edge
//#define GPIO_BOTH_EDGES         0x00000001      //Interrupt on both edges
//#define GPIO_LOW_LEVEL          0x00000002      //Interrupt on low level
```

```
    //#define GPIO_HIGH_LEVEL          0x00000006          //Interrupt on high level
  MAP_GPIOIntTypeSet(GPIOA1_BASE,GPIO_PIN_5,GPIO_FALLING_EDGE);
                                                                   //GPIO_13//下降沿触发
      MAP_GPIOIntTypeSet(GPIOA2_BASE,GPIO_PIN_6,GPIO_FALLING_EDGE);
                                                                   //GPIO_22//下降沿触发

      MAP_GPIOIntRegister(GPIOA1_BASE, Button1IntHandler);
      MAP_GPIOIntRegister(GPIOA2_BASE, Button2IntHandler);

      MAP_GPIOIntClear(GPIOA1_BASE,GPIO_PIN_5);
      MAP_GPIOIntEnable(GPIOA1_BASE,GPIO_INT_PIN_5);
      MAP_GPIOIntClear(GPIOA2_BASE,GPIO_PIN_6);
      MAP_GPIOIntEnable(GPIOA2_BASE,GPIO_INT_PIN_6);
  }
```

在该函数中把 GPIO_13 与 GOIO_22 配置为下降沿触发，触发的中断函数为 Button1IntHandler()及 Button2IntHandler()。进入中断后首先清除标志位，然后通过串口 0 打印出“Button1”及“Button2”。

打开 UniFlash，把编译后生成的 bin 文件下载到板子上(参考 GPIO 小节)，把串口选择的拨码的第一个“RXD”及“CH340G_VCC”拨到 ON。这里我们用到了串口 0 的接收，打开串口调试助手，选择对应的串口号，波特率设置为 115 200；打开串口，a 按下复位，可以看到串口打印信息如图 2.1-62 所示。

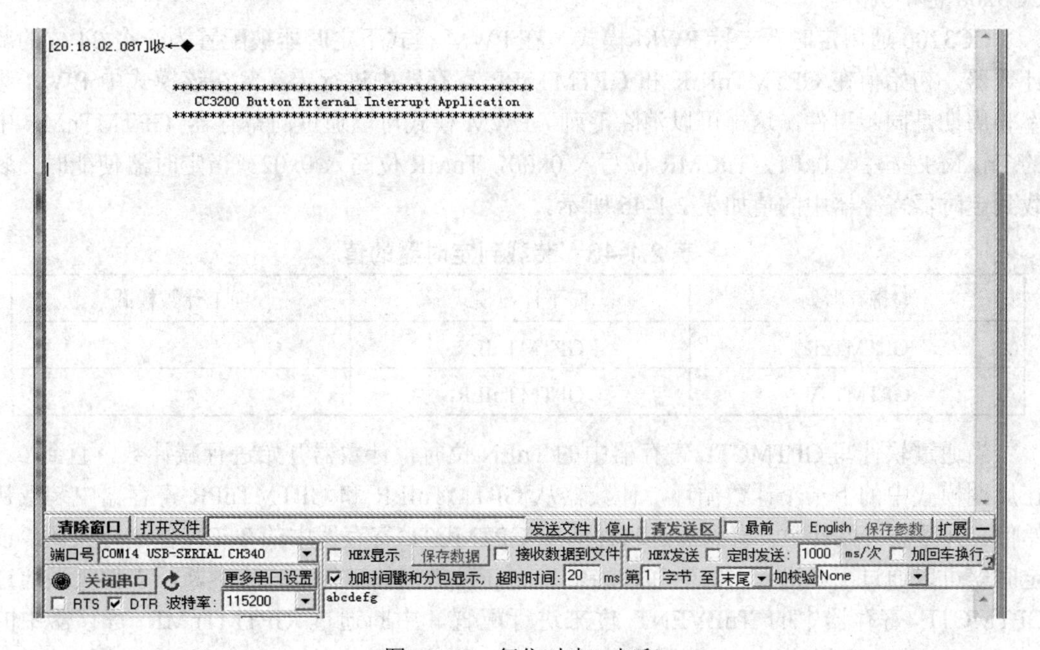

图 2.1-62　复位时串口打印

按下板子上的 SW2 和 SW3，可以看到串口打印信息如图 2.1-63 所示。

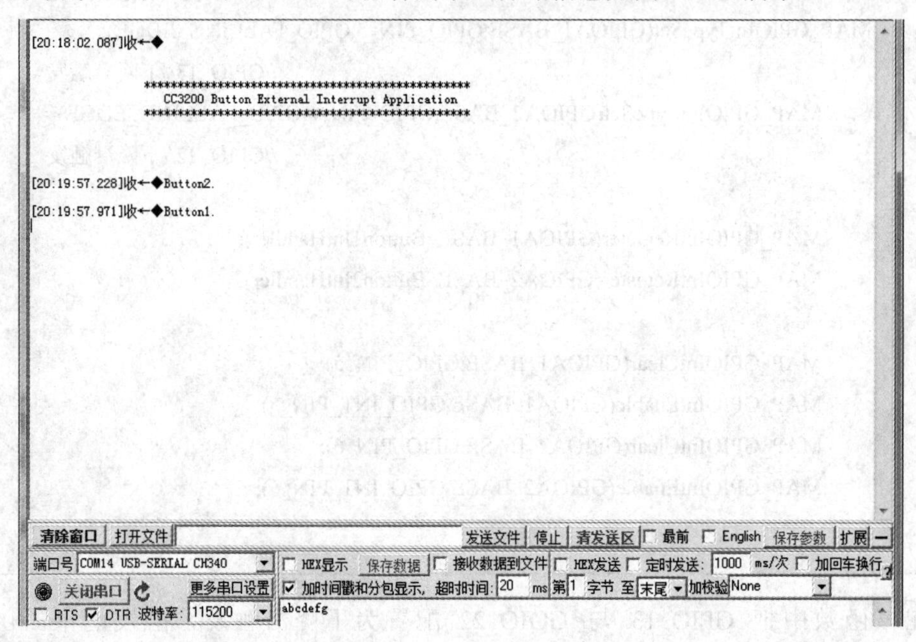

图 2.1-63　按下按键后串口打印

2.1.6　PWM

PWM(Pulse Width Modulation)即脉冲宽度调制。PWM 运用非常广泛，大到航天飞船，小到便携式 USB 风扇，都可以见到 PWM 的身影。许多 MCU 的定时器均带有 PWM 模式，CC3200 也不例外。

CC3200 通用定时器支持 PWM 模式。在 PWM 模式下定时器被配置为一个 24 位的减计数器，初始值在 GPTMTnILR 和 GPTMTnPR 寄存器中进行定义。在该模式中 PWM 频率和周期是同步事件，这样可以消除毛刺。PWM 模式可以通过向寄存器 GPTMTnMR 中的 TnAMS 位写入 0x01，TnCMR 位写入 0x00，TnMR 位写入 0x02。当定时器使能时，装载到定时器寄存器中的值如表 2.1-46 所示。

表 2.1-46　装载到定时器的值

寄存器	向下计数模式	向上计数模式
GPTMTnR	GPTMTnILR	
GPTMTnV	GPTMTnILR	

当通过软件写 GPTMCTL 寄存器中的 TnEN 位时，计数器开始进行减计数，直到 0。在周期模式中的下一个计数循环，计数器从 GPTMTnILR 和 GPTMTnPR 寄存器中装载初始值，并重新开始计数，直到通过软件清除 GPTMCTL 寄存器中的 TnEN 位进行关闭。该定时器可以通过上升沿、下降沿和边沿触发这 3 种类型的事件来产生中断。事件类型通过 GPTMCTL 寄存器中的 TnEVENT 位来进行配置，中断通过 GPTMTnMR 寄存器中的 TnPWMIE 位来进行使能。当事件发生时 GPTMRIS 寄存器中的 CnERIS 位被置位，并且一

直保持到通过 GPTMICR 寄存器来进行清除。如果捕获模式事件中断通过 GPTMIMR 寄存器进行使能，则通用定时器也要置位 GPTMMIS 寄存器中的 CnEMIS 位。需要注意的是，中断状态只有在 TnPWMIE 被置位时才会更新。

另外，通过置位 GPTMCTL 寄存器中的 TnOTE 位和 GPTMDMAEV 寄存器中的 CnEDMAEN 位，使能 DMA 触发模式。当 TnPWMIE 被置位并且发生捕捉时间时，定时器自动产生 DMA 的触发事件。

在 PWM 模式中 GPTMTnR 和 GPTMTnV 寄存器始终保持相同的值。当计数器的值等于 GPTMTnILR 和 GPTMTnPR 寄存器的值时，输出 PWM 信号；当计数器的值等于 GPTMTnMATCHR 和 GPTMTnPMR 寄存器的值时，信号进行翻转，可以通过软件设置 GPTMCTL 寄存器中的 TnPWML 位来对 PWM 信号的电平进行翻转。这里要注意的是，如果 PWM 输出翻转功能使能了，那么边沿检测的行为就会相反，本来上升沿有效的，现在就变成了下降沿有效。图 2.1-64 就是一个产生 PWM 信号的例子。

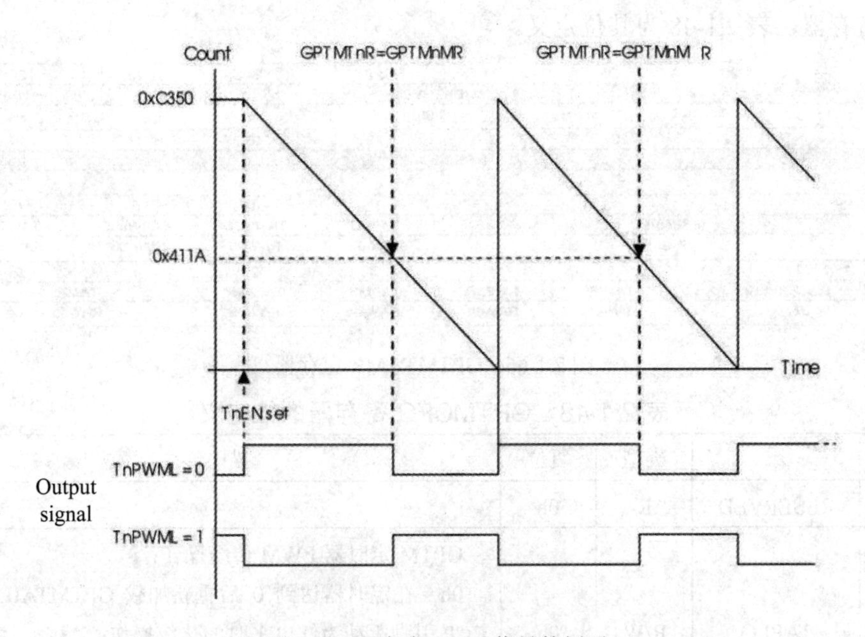

图 2.1-64 产生 PWM 信号的例子

GPTMCFG 寄存器配置通用定时器模块的全局操作。确定通用定时器工作于 32 位模式，还是 16 位模式。该寄存器中的值只能是在 GPTMCTL 寄存器中的 TAEN 和 TBEN 两位被清零时改变，图 2.1-65 所示为其寄存器，表 2.1-47 所示为其位定义。

31	30	29	28	27	26	25	24	23	22	21	20	19	18	17	16
RESERVED															
R-0h															
15	14	13	12	11	10	9	8	7	6	5	4	3	2	1	0
RESERVED													GPTMCFG		
R-0h													R/W-0h		

图 2.1-65 GPTMCFG 寄存器及其位定义

表 2.1-47　GPTMCFG 寄存器的位定义

位	域	类型	复位	描　述
31～3	RESERVED	R	0h	
2～0	GPTMCFG	R/W	0h	GPTM 配置 GPTMCFG 值定义如下： 0h = 对于16/32位定时器，该值选择32位定时器配置； 1h～3h = 保留； 4h = 对于16/32位定时器，该值选择16位定时器配置，该功能由 GPTMTAMR 和 GPTMTBMR 的 1：0 位控制； 5h～7h = 保留

把 2～0 位写入 0，配置为 32 位定时器模式；如写入 4，配置为 16 位定时器模式。

GPTMTAMR 寄存器的配置是基于 GPTMCFG 寄存器的配置来进行选择的。在 PWM 模式中，置位 TAAMS 位、清除 TACMR 位和配置 TAMR 为 0x01 或者 0x02。图 2.1-66 所示为其寄存器，表 2.1-48 为其位定义。

31	30	29	28	27	26	25	24
RESERVED							
R-0h							
23	**22**	**21**	**20**	**19**	**18**	**17**	**16**
RESERVED							
R-0h							
15	**14**	**13**	**12**	**11**	**10**	**9**	**8**
RESERVED				TAPLO	TAMRSU	TAPWMIE	TAILD
R-0h				R/W-0h	R/W-0h	R/W-0h	R/W-0h
7	**6**	**5**	**4**	**3**	**2**	**1**	**0**
RESERVED		TAMIE	TACDIR	TAAMS	TACMIR	TAMR	
R-0h		R/W-0h	R/W-0h	R/W-0h	R/W-0h	R/W-0h	

图 2.1-66　GPTMTAMR 寄存器

表 2.1-48　GPTMCFG 寄存器的位定义

位	域	类型	复位	描　述
31～12	RESERVED	R	0h	
11	TAPLO	R/W	0h	GPTM 定时器 PWM 传统操作： 0h = 在定时器达到 0 后重新加载 GPTMTAILR 时，CCP 引脚驱动为低电平时的传统操作； 1h = 在定时器达到 0 后重新加载 GPTMTAILR 时，CCP 被驱动为高电平
10	TAMRSU	R/W	0h	GPTM 定时器匹配寄存器更新，如果在该位置 1 时禁止定时器(TAEN 清零)，则在启用定时器时会更新 GPTMTAMATCHR 和 GPTMTAPR；如果定时器停止(TASTALL 置位)，则根据该位的配置更新 GPTMTAMATCHR 和 GPTMTAPR。 0h = 在下一个周期更新 GPTMTAMATCHR 寄存器和 GPTMTAPR 寄存器(如果使用)； 1h = 在下一次超时时更新 GPTMTAMATCHR 寄存器和 GPTMTAPR 寄存器(如果使用)

续表一

位	域	类型	复位	描述
9	TAPWMIE	R/W	0h	GPTM定时器A PWM中断使能。根据GPTMCTL寄存器中的TAEVENT字段定义，该位在CCP输出的上升沿、下降沿或双沿产生PWM模式中断。此外，当该位置1且发生捕获事件时，如果允许触发功能，定时器A会自动为DMA生成触发。方法是分别设置GPTMCTL寄存器中的TAOTE位和GPTMDMAEV寄存器中的CAEDMAEN位，该位仅在PWM模式下有效。 0h = 禁用捕获事件中断； 1h = 启用捕获事件中断
8	TAILD	R/W	0h	GPTM定时器A间隔加载写。注意，在计数时该位的状态无效。如果计时器已启用并正在运行，则上述位描述适用。如果在该位置1时禁止定时器(TAEN清零)，则在启用定时器时会更新GPTMTAR，GPTMTAV和GPTMTAP。如果定时器停止(TASTALL置位)，则根据此位的配置更新GPTMTAR和GPTMTAPS。 0h = 在下一个周期用GPTMTAILR寄存器中的值更新GPTMTAR和GPTMTAV寄存器，还要在下一个周期使用GPTMTAPR寄存器中的值更新GPTMTAPS寄存器； 1h = 在下一次超时时使用GPTMTAILR寄存器中的值更新GPTMTAR和GPTMTAV寄存器，还要在下次超时时使用GPTMTAPR寄存器中的值更新GPTMTAPS寄存器
7～6	RESERVED	R	0h	
5	TAMIE	R/W	0h	GPTM定时器A匹配中断使能： 0h = 匹配事件禁用匹配中断，此外，防止了匹配事件对DMA的触发； 1h = 在单次和周期模式下达到GPTMTAMATCHR寄存器中的匹配值时产生中断
4	TACDIR	R/W	0h	GPTM定时器A计数方向： 在PWM模式下该位的状态被忽略，PWM模式始终为向下计数模式。 0h = 计时器倒计时； 1h = 计时器计时，向上计数时，计时器从值0x0开始

续表二

位	域	类型	复位	描　述
3	TAAMS	R/W	0h	GPTM 定时器 A 备用模式选择：TAAMS 值定义如下： 注：要使能 PWM 模式，请清零 TACMR 位并将 TAMR 字段配置为 0x1 或 0x2。 0h = 启用捕获或比较模式；1h = 启用 PWM 模式
2	TACMIR	R/W	0h	GPTM 定时器 A 捕获模式： 0h = 边沿计数模式； 1h = 边沿时间模式
1～0	TAMR	R/W	0h	GPTM 定时器 A 模式： TAMR 值定义如下：定时器模式基于 GPTMCFG 寄存器中位 2:0 定义的定时器配置。 0h = 保留；1h = 单次定时器模式； 2h = 周期定时器模式；3h = 捕获模式

GPTMTBMR 寄存器控制独立定时器 B 的工作模式。当定时器 A 和定时器 B 一起使用时该寄存器被忽略，而是通过 GPTMTAMR 来控制定时器 A 和定时器 B 的工作模式。注意：除了 TCACT 位，其他位都必须在 GPTMCTL 寄存器中的 TBEN 位清零时进行配置。图 2.1-67 所示为 GPTMTBMR 寄存器，表 2.1-49 为其位定义表。

31	30	29	28	27	26	25	24
RESERVED							
R-0h							
23	**22**	**21**	**20**	**19**	**18**	**17**	**16**
RESERVED							
R-0h							
15	**14**	**13**	**12**	**11**	**10**	**9**	**8**
RESERVED				TBPLO	TBMRSU	TBPWMIE	TBILD
R-0h				R/W-0h	R/W-0h	R/W-0h	R/W-0h
7	**6**	**5**	**4**	**3**	**2**	**1**	**0**
RESERVED		TBMIE	TBCDIR	TBAMS	TBCMR	TBMR	
R-0h		R/W-0h	R/W-0h	R/W-0h	R/W-0h	R/W-0h	

图 2.1-67　GPTMTBMR 寄存器

表 2.1-49　GPTMTBMR 寄存器的位定义

位	域	类型	复位	描　述
31～12	RESERVED	R	0h	
11	TBPLO	R/W	0h	定时器 B PWM 传统操作： 该位仅在 PWM 模式下有效。 0h = 在定时器达到 0 后重新加载 GPTMTAILR 时，CCP 引脚驱动为低电平时的传统操作； 1h = 在定时器达到 0 后重新加载 GPTMTAILR 时，CCP 被驱动为高电平

续表一

位	域	类型	复位	描　述
10	TBMRSU	R/W	0h	GPTM 定时器 B 匹配寄存器更新。 如果在该位置 1 时禁止定时器(TBEN 清零)，则在启用定时器时会更新 GPTMTBMATCHR 和 GPTMTBPR，如果定时器停止(TBSTALL 置位)，则根据该位的配置更新 GPTMTBMATCHR 和 GPTMTBPR。 0h = 在下一个周期更新 GPTMTBMATCHR 寄存器和 GPTMTBPR 寄存器(如果使用)； 1h = 在下一次超时时更新 GPTMTBMATCHR 寄存器和 GPTMTBPR 寄存器(如果使用)
9	TBPWMIE	R/W	0h	GPTM 定时器 B PWM 中断使能。 根据 GPTMCTL 寄存器中的 TBEVENT 字段定义，该位在 CCP 输出的上升沿，下降沿或双沿产生 PWM 模式中断。此外，当该位置 1 且发生捕捉事件时，通过将 GPTMCTL 寄存器中的 TBOTE 位和 GPTMDMAEV 寄存器中的 CBEDMAEN 位分别置 1，如果使能触发功能，定时器 B 会自动为 ADC 和 DMA 产生触发信号。该位仅在 PWM 模式下有效。 0h = 禁用捕获事件中断； 1h = 启用捕获事件
8	TBILD	R/W	0h	GPTM 定时器 B 间隔加载写入。 在计数时，该位的状态无效。如果计时器已启用并正在运行，则上述位描述适用。如果在该位置 1 时禁止定时器(TBEN 清零)，则在启用定时器时会更新 GPTMTBR，GPTMTBV 和 GPTMTBPS。如果定时器停止(TBSTALL 置位)，则根据该位的配置更新 GPTMTBR 和 GPTMTBPS。 0h = 在下一个周期用 GPTMTBILR 寄存器中的值更新 GPTMTBR 和 GPTMTBV 寄存器。还要在下一个周期用 GPTMTBPR 寄存器中的值更新 GPTMTBPS 寄存器； 1h = 在下一次超时时使用 GPTMTBILR 寄存器中的值更新 GPTMTBR 和 GPTMTBV 寄存器。还要在下次超时时使用 GPTMTBPR 寄存器中的值更新 GPTMTBPS 寄存器
7～6	RESERVED	R	0h	

续表二

位	域	类型	复位	描　述
5	TBMIE	R/W	0h	GPTM 定时器 B 匹配中断使能。 0h = 匹配事件禁用匹配中断，禁止匹配事件对 DMA 的触发； 1h = 当在单次和周期模式下达到 GPTMTBMATCHR 寄存器中的匹配值时，会产生中断
4	TBCDIR	R/W	0h	GPTM 定时器 B 计数方向： 0h = 计时器倒计时； 1h = 计时器计时。向上计数时，计时器从值 0x0 开始。在 PWM 模式下，该位的状态被忽略。 PWM 模式始终倒计时
3	TBAMS	R/W	0h	GPTM 定时器 B 备用模式选择。要使能 PWM 模式，需要清零 TBCMR 位并将 TBMR 字段配置为 0x1 或 0x2。 0h = 启用捕获或比较模式； 1h = 启用 PWM 模式
2	TBCMR	R/W	0h	GPTM 定时器 B 捕获模式： 0h = 边沿计数模式； 1h = 边沿时间模式
1～0	TBMR	R/W	0h	GPTM 定时器 B 模式。定时器模式基于 GPTMCFG 寄存器中位 2:0 定义的定时器配置。 0h = 保留； 1h = 单次定时器模式； 2h = 周期定时器模式； 3h = 捕获模式

GPTMCTL 寄存器为定时器的控制寄存器，图 2.1-68 为 GPTMCTL 寄存器，表 2.1-50 为其位定义。

31	30	29	28	27	26	25	24
RESERVED							
R-0h							
23	**22**	**21**	**20**	**19**	**18**	**17**	**16**
RESERVED							
R-0h							
15	**14**	**13**	**12**	**11**	**10**	**9**	**8**
RESERVED	TBPWML	RESERVED		TBEVENT		TBSTALL	TBEN
R-0h	R/W-0h	R-0h		R/W-0h		R/W-0h	R/W-0h
7	**6**	**5**	**4**	**3**	**2**	**1**	**0**
RESERVED	TAPWML	RESERVED		TAEVENT		TASTALL	TAEN
R-0h	R/W-0h	R-0h		R/W-0h		R/W-0h	R/W-0h

图 2.1-68　GPTMCTL 寄存器

表 2.1-50 GPTMTBMR 寄存器的位定义

位	域	类型	复位	描述
31～15	RESERVED	R	0h	
14	TBPWML	R/W	0h	GPTM 定时器 B PWM 输出电平。 0h = 输出不受影响； 1h = 输出反转
13～12	RESERVED	R	0h	
11～10	TBEVENT	R/W	0h	GPTM 定时器 B 事件模式。 TBEVENT 值定义如下。注意：如果启用 PWM 输出反转，则边沿检测中断行为将反转。因此，如果设置了正边沿中断触发并且 PWM 反转产生了正边沿，则不会发生事件触发中断。相反，中断是在 PWM 信号的下降沿产生的。 0h = 正边沿；1h = 负边沿； 2h = 保留；3h = 两个边沿
9	TBSTALL	R/W	0h	GPTM 定时器 B 停止使能。 如果处理器正常执行，则 TBSTALL 位忽略。 0h = 当调试器暂停处理器时，定时器 B 继续计数； 1h = 当调试器暂停处理器时，定时器 B 停止计数
8	TBEN	R/W	0h	使能 GPTM 定时器 B： 0h = 定时器 B 被禁用； 1h = 定时器 B 使能并开始计数或根据 GPTMCFG 寄存器使能捕获逻辑
7	RESERVED	R	0h	
6	TAPWML	R/W	0h	GPTM 定时器 A PWM 输出电平： 0h = 输出不受影响； 1h = 输出反转
5～4	RESERVED	R	0h	
3～2	TAEVENT	R/W	0h	GPTM 定时器 A 事件模式。 TAEVENT 值定义如下。如果使能 PWM 输出反转，则反转边沿检测中断行为。因此，如果设置了正边沿中断触发并且 PWM 反转产生了正边沿，则不会发生事件触发中断。相反，中断是在 PWM 信号的下降沿产生的。 0h = 正边沿；1h = 负边沿； 2h = 保留；3h = 两个边沿

续表

位	域	类型	复位	描　述
1	TASTALL	R/W	0h	GPTM 定时器 A 停止使能。 如果处理器正常执行，则 TASTALL 位忽略。 0h = 当调试器暂停处理器时，定时器 A 继续计数； 1h = 当调试器暂停处理器时，定时器 A 停止计数
0	TAEN	R/W	0h	使能 GPTM 定时器 A。 0h = 定时器 A 被禁用； 1h = 定时器 A 使能并开始计数或根据 GPTMCFG 寄存器使能捕获逻辑

GPTMIMR 寄存器可以通过软件使能/关闭定时器的控制电平中断。置位可以打开对应的中断，清零可以关闭对应的中断，图 2.1-69 所示为 GPTMIMR 寄存器，表 2.1-51 为其位定义。

31	30	29	28	27	26	25	24
RESERVED							
R-X							
23	22	21	20	19	18	17	16
RESERVED							
R-X							
15	14	13	12	11	10	9	8
RESERVED		DMABIM	RESERVED	TBMIM	CBEIM	CBMIM	TBTOIM
R-X		R/W-X	R-X	R/W-X	R/W-X	R/W-X	R/W-X
7	6	5	4	3	2	1	0
RESERVED		DMAAIM	TAMIM	RESERVED	CAEIM	CAMIM	TATOIM
R-X		R/W-X	R/W-X	R-X	R/W-X	R/W-X	R/W-X

图 2.1-69　GPTMIMR 寄存器

表 2.1-51　GPTMIMR 寄存器的位定义

位	域	类型	复位	描　述
31～14	RESERVED	R	×	
13	DMABIM	R/W	×	GPTM 定时器 B DMA 完成中断掩码。 0h = 禁用中断； 1h = 启用中断
12	RESERVED	R	×	
11	TBMIM	R/W	×	GPTM 定时器 B 匹配中断掩码。 0h = 禁用中断； 1h = 启用中断
10	CBEIM	R/W	×	GPTM 定时器 B 捕获模式事件中断掩码。 0h = 禁用中断； 1h = 启用中断

续表

位	域	类型	复位	描　述
9	CBMIM	R/W	×	GPTM 定时器 B 捕获模式匹配中断掩码。 0h = 禁用中断； 1h = 启用中断
8	TBTOIM	R/W	×	GPTM 定时器 B 超时中断掩码。 0h = 禁用中断； 1h = 启用中断
7～6	RESERVED	R	×	
5	DMAAIM	R/W	×	GPTM 定时器 A DMA 完成中断掩码。 0h = 禁用中断； 1h = 启用中断
4	TAMIM	R/W	×	GPTM 定时器 A 匹配中断掩码。 0h = 禁用中断； 1h = 启用中断
3	RESERVED	R	×	
2	CAEIM	R/W	×	GPTM 定时器 A 捕获模式事件中断掩码。 0h = 禁用中断； 1h = 启用中断
1	CAMIM	R/W	×	GPTM 定时器 A 捕获模式匹配中断掩码。 0h = 禁用中断； 1h = 启用中断
0	TATOIM	R/W	×	GPTM 定时器 A 超时中断掩码。 0h = 禁用中断； 1h = 启用中断

GPTMRIS 寄存器为中断源状态寄存器，通过该寄存器可以获取中断源。图 2.1-70 为 GPTMRIS 寄存器，表 2.1-52 为其位定义。

31	30	29	28	27	26	25	24
RESERVED							
R-X							
23	22	21	20	19	18	17	16
RESERVED							
R-X							
15	14	13	12	11	10	9	8
RESERVED		DMABRIS	RESERVED	TBMRIS	CBERIS	CBMRIS	TBTORIS
R-X		R-X	R-X	R-X	R-X	R-X	R-X
7	6	5	4	3	2	1	0
RESERVED		DMAARIS	TAMRIS	RESERVED	CAERIS	CAMRIS	TATORIS
R-X		R-X	R-X	R-X	R-X	R-X	R-X

图 2.1-70　GPTMRIS 寄存器

表 2.1-52　GPTMRIS 寄存器的位定义

位	域	类型	复位	描　述
31～14	RESERVED	R	×	
13	DMABRIS	R	×	GPTM 定时器 B DMA 完成原始中断状态。 0h = 定时器 B DMA 传输尚未完成； 1h = 定时器 B DMA 传输已完成
12	RESERVED	R	×	
11	TBMRIS	R	×	GPTM 定时器 B 匹配原始中断。通过写 1 来清除该位到 GPTMICR 寄存器中的 TBMCINT 位。 0h = 尚未达到匹配值； 1h = TBMIE 位在 GPTMTBMR 寄存器中置 1，当在单触发或周期模式下配置时，已达到 GPTMTBMATCHR 和 GPTMTBPMR(可选)寄存器中的匹配值
10	CBERIS	R	×	GPTM 定时器 B 捕获模式事件原始中断。通过向 GPTMICR 寄存器中的 CBECINT 位写 1 来清除该位。 0h = 未发生定时器 B 的捕获模式事件； 1h = 发生了捕获模式事件定时器 B，当子定时器在输入边沿模式时该中断断言被配置
9	CBMRIS	R	×	GPTM 定时器 B 捕获模式匹配原始中断。通过向 GPTMICR 寄存器中的 CBMCINT 位写 1 来清除该位。 0h = 未发生定时器 B 的捕获模式匹配； 1h = 定时器 B 发生捕获模式匹配。当在输入边沿时间模式下配置时，GPTMTBR 和 GPTMTBPR 中的值与 GPTMTBMATCHR 和 GPTMTBPMR 中的值匹配时，此中断置位
8	TBTORIS	R	×	GPTM 定时器 B 超时原始中断。通过向 GPTMICR 寄存器中的 TBTOCINT 位写 1 来清除该位。 0h = 定时器 B 没有超时； 1h = 定时器 B 超时，当一个或一个周期模式定时器达到计数限制(0 或加载到 GPTMTBILR 中的值，具体取决于计数方向)时，该中断被置位
7～6	RESERVED	R	×	
5	DMAARIS	R	×	GPTM 定时器 A DMA 完成原始中断状态。 0h = 定时器 A DMA 传输尚未完成； 1h = 定时器 A DMA 传输已完成

续表

位	域	类型	复位	描　述
4	TAMRIS	R	×	GPTM 定时器匹配原始中断： 通过写 1 来清除该位到 GPTMICR 寄存器中的 TAMCINT 位。 0h = 尚未达到匹配值； 1h = TAMIE 位在 GPTMTAMR 寄存器中置 1，当在单触发或周期模式下配置时，已达到 GPTMTAMATCHR 和(可选)GPTMTAPMR 寄存器中的匹配值
3	RESERVED	R	×	
2	CAERIS	R	×	GPTM 定时器 A 捕获模式事件原始中断，通过将 1 写入 GPTMICR 寄存器中的 CAECINT 位来清除该位。 0h = 未发生定时器 A 的捕获模式事件； 1h = 定时器 A 发生捕获模式事件。当子定时器配置为输入边沿时间模式时，该中断置位
1	CAMRIS	R	×	GPTM 定时器 A 捕获模式匹配原始中断，通过将 1 写入 GPTMICR 寄存器中的 CAMCINT 位来清除该位。 0h = 未发生定时器 A 的捕获模式匹配； 1h = 定时器 A 发生捕获模式匹配。当在输入边沿时间模式下配置时，GPTMTAR 和 GPTMTAPR 中的值与 GPTMTAMATCHR 和 GPTMTAPMR 中的值匹配时，此中断置位
0	TATORIS	R	×	GPTM 定时器 A 超时原始中断，通过向 GPTMICR 寄存器中的 TATOCINT 位写 1 来清除该位。 0h =定时器 A 没有超时； 1h =定时器 A 超时。当单触发或周期模式定时器达到其计数限值(0 或加载到 GPTMTAILR 中的值，取决于计数方向)时，该中断被置位

GPTMMIS 寄存器为中断掩码状态寄存器，可以检测是否产生中断。图 2.1-71 所示为 GPTMMIS 寄存器，表 2.1-53 为其位定义。

31	30	29	28	27	26	25	24
RESERVED							
R-X							
23	22	21	20	19	18	17	16
RESERVED							
R-X							
15	14	13	12	11	10	9	8
RESERVED		DMABMIS	RESERVED	TBMMIS	CBEMIS	CBMMIS	TBTOMIS
R-X		R-X	R-X	R-X	R-X	R-X	R-X
7	6	5	4	3	2	1	0
RESERVED		DMAAMIS	TAMMIS	RESERVED	CAEMIS	CAMMIS	TATOMIS
R-X		R-X	R-X	R-X	R-X	R-X	R-X

图 2.1-71　GPTMMIS 寄存器

表 2.1-53　GPTMMIS 寄存器的位定义

位	域	类型	复位	描　述
31～14	RESERVED	R	×	
13	DMABMIS	R	×	GPTM 定时器 B DMA 完成屏蔽中断。通过将 1 写入 GPTMICR 寄存器中的 DMABINT 位来清除该位。 0h = 定时器 B DMA 完成中断未发生或被屏蔽； 1h = 未屏蔽的定时器 B 发生了 DMA 完成中断
12	RESERVED	R	×	
11	TBMMIS	R	×	GPTM 定时器 B 匹配屏蔽中断。通过向 GPTMICR 寄存器中的 TBMCINT 位写 1 来清除该位。 0h = 定时器 B 模式匹配中断未发生或被屏蔽； 1h = 发生未屏蔽的定时器 B 模式匹配中断
10	CBEMIS	R	×	GPTM 定时器 B 捕获模式事件屏蔽中断。通过向 GPTMICR 寄存器中的 CBECINT 位写 1 来清除该位。 0h = 未发生或屏蔽了捕获 B 事件中断； 1h = 已发生未屏蔽的捕获 B 事件上的中断
9	CBMMIS	R	×	GPTM 定时器 B 捕获模式匹配屏蔽中断。通过向 GPTMICR 寄存器中的 CBMCINT 位写 1 来清除该位。 0h = 捕获 B 模式匹配中断未发生或被屏蔽； 1h = 发生未屏蔽的捕获 B 匹配中断
8	TBTOMIS	R	×	GPTM 定时器 B 超时屏蔽中断。通过向 GPTMICR 寄存器中的 TBTOCINT 位写 1 来清除该位。 0h = 定时器 B 超时中断未发生或被屏蔽； 1h = 发生未屏蔽的定时器 B 超时中断
7～6	RESERVED	R	×	
5	DMAAMIS	R	×	GPTM 定时器 DMA 完成屏蔽中断。通过向 GPTMICR 寄存器中的 DMAAINT 位写 1 来清除该位。 0h = 定时器 DMA 完成中断未发生或被屏蔽； 1h = 未屏蔽的定时器发生了 DMA 完成中断
4	TAMMIS	R	×	GPTM 定时器 A 匹配屏蔽中断。通过向 GPTMICR 寄存器中的 TAMCINT 位写 1 来清除该位。 0h = 定时器模式匹配中断未发生或被屏蔽； 1h = 未屏蔽的定时器 A 模式匹配中断已发生
3	RESERVED	R	×	

续表

位	域	类型	复位	描述
2	CAEMIS	R	×	GPTM 定时器 A 捕获模式事件屏蔽中断。通过将 1 写入 GPTMICR 寄存器中的 CAECINT 位来清除该位。 0h＝捕获事件中断未发生或被屏蔽； 1h＝发生未屏蔽捕获 A 事件中断
1	CAMMIS	R	×	GPTM 定时器 A 捕获模式匹配屏蔽中断。通过将 1 写入 GPTMICR 寄存器中的 CAMCINT 位来清除该位。 0h＝捕获 A 模式匹配中断未发生或被屏蔽； 1h＝发生未屏蔽的捕获 A 匹配中断
0	TATOMIS	R	×	GPTM 定时器 A 超时屏蔽中断。通过向 GPTMICR 寄存器中的 TATOCINT 位写 1 来清除该位。 0h＝定时器未发生或屏蔽超时中断； 1h＝未屏蔽的定时器发生了超时中断

GPTMICR 寄存器用于清除 GPTMRIS 和 GPTMIS 寄存器中的状态位，写入 1 则清除对应的中断。图 2.1-72 所示为 GPTMICR 寄存器，表 2.1-54 所示为其位定义。

31	30	29	28	27	26	25	24
RESERVED							
R-X							
23	**22**	**21**	**20**	**19**	**18**	**17**	**16**
RESERVED							
R-X							
15	**14**	**13**	**12**	**11**	**10**	**9**	**8**
RESERVED		DMABINT	RESERVED	TBMCINT	CBECINT	CBMCINT	TBTOCINT
R-X		W1C-X	R-X	W1C-X	W1C-X	W1C-X	W1C-X
7	**6**	**5**	**4**	**3**	**2**	**1**	**0**
RESERVED		DMAAINT	TAMCINT	RESERVED	CAECINT	CAMCINT	TATOCINT
R-X		W1C-X	W1C-X	R-X	W1C-X	W1C-X	W1C-X

图 2.1-72 GPTMICR 寄存器

表 2.1-54 GPTMICR 寄存器的位定义

位	域	类型	复位	描述
31～14	RESERVED	R	×	
13	DMABINT	W1C	×	GPTM 定时器 B DMA 完成中断清除。向该位写入 1 将清除 GPTMRIS 寄存器中的 DMABRIS 位和 GPTMMIS 寄存器中的 DMABMIS 位
12	RESERVED	R	×	
11	TBMCINT	W1C	×	GPTM 定时器 B 匹配中断清除。向该位写入 1 将清除 GPTMRIS 寄存器中的 TBMRIS 位和 GPTMMIS 寄存器中的 TBMMIS 位

续表

位	域	类型	复位	描　述
10	CBECINT	W1C	×	GPTM 定时器 B 捕获模式事件中断清除。向该位写入 1 将清除 GPTMRIS 寄存器中的 CBERIS 位和 GPTMMIS 寄存器中的 CBEMIS 位
9	CBMCINT	W1C	×	GPTM 定时器 B 捕获模式匹配中断清除。向该位写入 1 将清除 GPTMRIS 寄存器中的 CBMRIS 位和 GPTMMIS 寄存器中的 CBMMIS 位
8	TBTOCINT	W1C	×	GPTM 定时器 B 超时中断清除。向该位写入 1 将清除 GPTMRIS 寄存器中的 TBTORIS 位和 GPTMMIS 寄存器中的 TBTOMIS 位
7～6	RESERVED	R	×	
5	DMAAINT	W1C	×	GPTM 定时器 A DMA 完成中断清除。向该位写入 1 将清除 GPTMRIS 寄存器中的 DMAARIS 位和 GPTMMIS 寄存器中的 DMAAMIS 位
4	TAMCINT	W1C	×	GPTM 定时器 A 匹配中断清除。向该位写入 1 将清除 GPTMRIS 寄存器中的 TAMRIS 位和 GPTMMIS 寄存器中的 TAMMIS 位
3	RESERVED	R	×	
2	CAECINT	W1C	×	GPTM 定时器 A 捕获模式事件中断清除。向该位写入 1 将清除 GPTMRIS 寄存器中的 CAERIS 位和 GPTMMIS 寄存器中的 CAEMIS 位
1	CAMCINT	W1C	×	GPTM 定时器 A 捕获模式匹配中断清除。向该位写入 1 将清除 GPTMRIS 寄存器中的 CAMRIS 位和 GPTMMIS 寄存器中的 CAMMIS 位
0	TATOCINT	W1C	×	GPTM 定时器 A 超时原始中断。向该位写入 1 将清除 GPTMRIS 寄存器中的 TATORIS 位和 GPTMMIS 寄存器中的 TATOMIS 位

当通用定时器被配置为 32 位模式，GPTMTAILR 作为一个 32 位寄存器(高 16 位对应与定时器 B 装载值寄存器的内容)。在 16 位模式中寄存器的高 16 位读取值为 0，并且对 GPTMTBILR 寄存器的状态没有影响。图 2.1-73 所示为 GPTMTAILR 寄存器，表 2.1-55 为其位定义。

31	30	29	28	27	26	25	24	23	22	21	20	19	18	17	16	15	14	13	12	11	10	9	8	7	6	5	4	3	2	1	0
TAILR																															
R/W-FFFFFFFFh																															

图 2.1-73　GPTMTAILR 寄存器

表 2.1-55　GPTMTAILR 寄存器的位定义

位	域	类型	复位	描　述
31～0	TAILR	R/W	FFFFFFFFh	GPTM 定时器 A 间隔加载寄存器。写入此字段会加载计时器 A 的计数器。读取将返回 GPTMTAILR 的当前值

当通用定时器配置为 32 位模式时，GPTMTBILR 寄存器中[15:0]位的内容被装载到 GPTMTAILR 寄存器的高 16 位。读取 GPTMTBILR 寄存器，则返回定时器 B 的当前值，写操作无效。在 16 位模式，[15:0]位用于装载值，[31:16]位保留不使用。图 2.1-74 所示为 GPTMTBILR 寄存器，表 2.1-56 为其位定义。

<table>
<tr><td>31</td><td>30</td><td>29</td><td>28</td><td>27</td><td>26</td><td>25</td><td>24</td><td>23</td><td>22</td><td>21</td><td>20</td><td>19</td><td>18</td><td>17</td><td>16</td><td>15</td><td>14</td><td>13</td><td>12</td><td>11</td><td>10</td><td>9</td><td>8</td><td>7</td><td>6</td><td>5</td><td>4</td><td>3</td><td>2</td><td>1</td><td>0</td></tr>
<tr><td colspan="32">TBILR</td></tr>
<tr><td colspan="32">R/W-FFFFh</td></tr>
</table>

图 2.1-74　GPTMTBILR 寄存器

表 2.1-56　GPTMTBILR 寄存器的位定义

位	域	类型	复位	描　述
31～0	TBILR	R/W	FFFFh	GPTM 定时器 B 间隔加载寄存器。写入此字段会加载计时器 B 的计数器。读取将返回 GPTMTBILR 的当前值。当 16/32 位 GPTM 处于 32 位模式时，忽略写操作，读操作将返回 GPTMTBILR 的当前值

当通用定时器被配置为 32 位模式时，GPTMTAMATCHR 作为 32 位寄存器(高 16 位对应于 GPTMTBMATCHR 寄存器的内容)。在 16 位模式，寄存器的高 16 位读取为 0，并且对 GPTMTBMATCHR 的状态没有影响。图 2.1-75 所示为 GPTMTAMATCHR 寄存器，表 2.1-57 为其位定义。

<table>
<tr><td>31</td><td>30</td><td>29</td><td>28</td><td>27</td><td>26</td><td>25</td><td>24</td><td>23</td><td>22</td><td>21</td><td>20</td><td>19</td><td>18</td><td>17</td><td>16</td><td>15</td><td>14</td><td>13</td><td>12</td><td>11</td><td>10</td><td>9</td><td>8</td><td>7</td><td>6</td><td>5</td><td>4</td><td>3</td><td>2</td><td>1</td><td>0</td></tr>
<tr><td colspan="32">TAMR</td></tr>
<tr><td colspan="32">R/W-FFFFFFFFh</td></tr>
</table>

图 2.1-75　GPTMTAMATCHR 寄存器

表 2.1-57　GPTMTAMATCHR 寄存器的位定义

位	域	类型	复位	描　述
31～0	TAMR	R/W	FFFFFFFFh	GPTM 定时器 A 匹配寄存器。将该值与 GPTMTAR 寄存器进行比较以确定匹配事件

当通用定时器配置为 32 位模式时，GPTMTBMATCHR 寄存器的[15:0]位被装载到寄存器 GPTMTAMATCHR 寄存器的高 16 位。读取 GPTMTBMATCHR 寄存器得到定时器 B 的当前值，写操作无效。在 16 位模式中，[15:0]位用于匹配值。[31:16]位保留不使用。图 2.1-76 所示为 GPTMTBMATCHR 寄存器，表 2.1-58 为其位定义。

<table>
<tr><td>31</td><td>30</td><td>29</td><td>28</td><td>27</td><td>26</td><td>25</td><td>24</td><td>23</td><td>22</td><td>21</td><td>20</td><td>19</td><td>18</td><td>17</td><td>16</td><td>15</td><td>14</td><td>13</td><td>12</td><td>11</td><td>10</td><td>9</td><td>8</td><td>7</td><td>6</td><td>5</td><td>4</td><td>3</td><td>2</td><td>1</td><td>0</td></tr>
<tr><td colspan="32">TBMR</td></tr>
<tr><td colspan="32">R/W-FFFFh</td></tr>
</table>

图 2.1-76　GPTMTBMATCHR 寄存器

表 2.1-58　GPTMTBMATCHR 寄存器的位定义

位	域	类型	复位	描　述
31～0	TBMR	R/W	FFFFh	GPTM 定时器 B 匹配寄存器。将该值与 GPTMTBR 寄存器进行比较以确定匹配事件

GPTMTAPR 寄存器通过软件来扩展独立定时器的范围。在单次或者周期减计数模式下该寄存器作为定时计数器的预分频器。图 2.1-77 所示为 GPTMTAPR 寄存器，表 2.1-59 为其位定义。

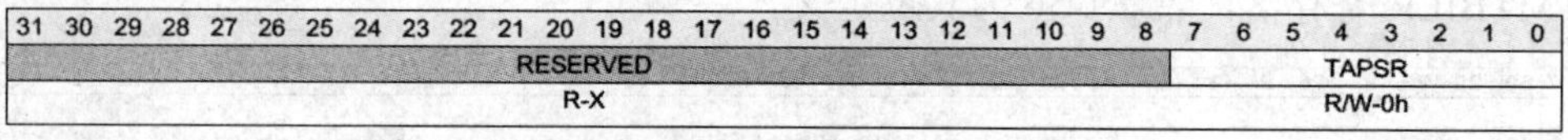

31～8	7～0
RESERVED	TAPSR
R-X	R/W-0h

图 2.1-77　GPTMTAPR 寄存器

表 2.1-59　GPTMTAPR 寄存器位定义表

位	域	类型	复位	描　述
31～8	RESERVED	R	×	
7～0	TAPSR	R/W	0h	GPTM 定时器 A 预分频器。寄存器在写入时加载该值。读取返回寄存器的当前值。对于 16/32 位 GPTM，该字段包含整个 8 位预分频器

GPTMTBPR 寄存器通过软件来扩展独立定时器的范围，在单次或者周期减计数模式下该寄存器作为定时计数器的预分频器。图 2.1-78 所示为 GPTMTBPR 寄存器，表 2.1-60 为其位定义。

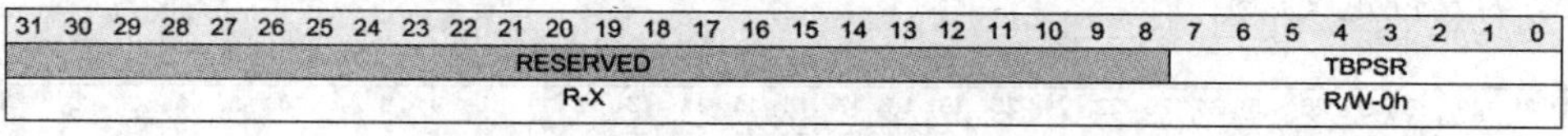

31～8	7～0
RESERVED	TBPSR
R-X	R/W-0h

图 2.1-78　GPTMTBPR 寄存器

表 2.1-60　GPTMTAPR 寄存器的位定义

位	域	类型	复位	描　述
31～8	RESERVED	R	×	
7～0	TBPSR	R/W	0h	GPTM 定时器 B 预分频。寄存器在写入时加载该值。读取返回该寄存器的当前值。对于 16/32 位 GPTM，该字段包含整个 8 位预分频器

GPTMTAPMR 寄存器扩展独立定时器 GPTMTAMATCHR 的范围。当寄存器工作于 16 位模式时，该寄存器表示[23:16]位。图 2.1-79 所示为 GPTMTAPMR 寄存器，表 2.1-61 为其位定义。

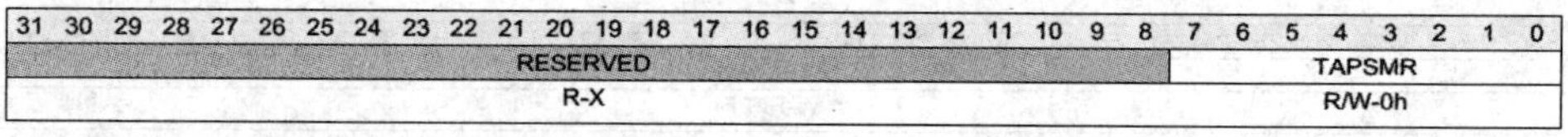

31～8	7～0
RESERVED	TAPSMR
R-X	R/W-0h

图 2.1-79　GPTMTAPMR 寄存器

表 2.1-61　GPTMTAPMR 寄存器的位定义

位	域	类型	复位	描　述
31～8	RESERVED	R	×	
7～0	TAPSMR	R/W	0h	GPTM TimerA 预分频匹配。该值与 GPTMTAMATCHR 一起用于在使用预分频器时检测定时器匹配事件。对于 16/32 位 GPTM，该字段包含整个 8 位预分频比匹配值

GPTMTBPMR 寄存器扩展独立定时器 GPTMTAMATCHR 的范围。当寄存器工作于 16 位模式时，该寄存器表示[23:16]位。图 2.1-80 所示为 GPTMTBPMR 寄存器，表 2.1-62 为其位定义。

31 30 29 28 27 26 25 24 23 22 21 20 19 18 17 16 15 14 13 12 11 10 9 8 7 6 5 4 3 2 1 0
RESERVED　TBPSMR
R-X　R/W-0h

图 2.1-80　GPTMTBPMR 寄存器

表 2.1-62　GPTMTBPMR 寄存器的位定义

位	域	类型	复位	描　述
31～8	RESERVED	R	×	
7～0	TBPSMR	R/W	0h	GPTM TimerB 预分频匹配。此值与 GPTMTBMATCHR 一起用于在使用预分频器时检测定时器匹配事件

当定时器配置为 32 位模式时，GPTMTAR 作为 32 位寄存器使用(高 16 位对应 GPTMTBR 寄存器的内容)。在 16 位输入边沿计数，输入边沿定时和 PEM 模式，[15:0]位包含计数器的值，[23:16]位包含预分频高 8 位的值。[31:24]位读取值始终为 0。可以读取[GPTMTAV]的[23:16]位来获取 16 位模式单次和周期模式的预分频值。读取 GPTMTAPS 寄存器可以获取定期快照模式下的预分频值。图 2.1-81 所示为 GPTMTAR 寄存器，表 2.1-63 为其位定义。

31 30 29 28 27 26 25 24 23 22 21 20 19 18 17 16 15 14 13 12 11 10 9 8 7 6 5 4 3 2 1 0
TAR
R-FFFFFFFFh

图 2.1-81　GPTMTAR 寄存器

表 2.1-63　GPTMTAR 寄存器的位定义

位	域	类型	复位	描　述
31～0	TAR	R	FFFFFFFFh	GPTM 定时器 A 寄存器。在输入边沿计数和时间模式之外的所有情况下，读操作都会返回 GPTM 定时器 A 计数寄存器的当前值。在输入边沿计数模式下，该寄存器包含已发生的边沿数。在输入边沿时间模式中，该寄存器包含最后一个边沿事件发生的时间

当通用定时器配置为 32 位模式时，GPTMTBR 寄存器的[15: 0]位被装载到 GPTMTAR

寄存器的高 16 位。读取 GPTMTBR 寄存器得到定时器 B 的当前值。在 16 位模式下[15:0]位包含计数器的值，[23:16]位包含在输入边沿计数、边沿定时和 PWM 模式下的预分频。[31:24]位读取为 0。可以通过读取 GPTMTBV 寄存器中的[23:16]位可以获取 16 位单次和周期模式的预分频值。读取 GPTMTBPS 寄存器可以获取周期快照模式下的预分频。图 2.1-82 所示为 GPTMTBR 寄存器，表 2.1-64 为其位定义。

31	30	29	28	27	26	25	24	23	22	21	20	19	18	17	16	15	14	13	12	11	10	9	8	7	6	5	4	3	2	1	0
TBR																															
R-FFFFh																															

图 2.1-82　GPTMTBR 寄存器

表 2.1-64　GPTMTAR 寄存器的位定义

位	域	类型	复位	描　述
31～0	TBR	R	FFFFh	GPTM 定时器 B 寄存器。在输入边沿计数和时间模式之外的所有情况下，读操作都会返回 GPTM 定时器 B 计数寄存器的当前值。在输入边沿计数模式下，该寄存器包含已发生的边沿数。在输入边沿时间模式中，该寄存器包含最后一个边沿事件发生的时间

当定时器配置为 32 位模式时，GPTMTAV 作为 32 位寄存器(高 16 位对应 GPTMTBV 寄存器的内容)。在 16 位模式，[15:0]位包含计数器的值，[23:16]位包含分频值。在单次或周期减计数模式，[23:16]位存储真实的预分频值，意味着在减[15:0]位的值之前，先减[23:16]位的值，[31:24]位读取始终为 0。图 2.1-83 所示为 GPTMTAV 寄存器，表 2.1-65 为其位定义。

31	30	29	28	27	26	25	24	23	22	21	20	19	18	17	16	15	14	13	12	11	10	9	8	7	6	5	4	3	2	1	0
TAV																															
R/W-FFFFFFFFh																															

图 2.1-83　GPTMTAV 寄存器

表 2.1-65　GPTMTAV 寄存器的位定义

位	域	类型	复位	描　述
31～0	TAV	R/W	FFFFFFFFh	GPTM 计时器 A 值。读取返回所有模式下定时器 A 的当前自由运行值。写入时，写入该寄存器的值将在下一个时钟周期加载到 GPTMTAR 寄存器中。注：在 16 位模式下，只能使用新值写入 GPTMTAV 寄存器的低 16 位。写入预分频器位无效

当通用定时器配置为 32 位模式，GPTMTBV 寄存器[15:0]位的值被装载到 GPTMTAV 寄存器的高 16 位。读取 GPTMTBV 寄存器，则返回定时器 B 的当前值。在 16 位模式，[15:0]位包含计数器的值，[23:16]位包含当前的预分频值。在单次或周期模式，[23:16]位为真实的预分频值，意味着在[15:0]位减数之前，[23:16]位先进行减数。[31:24]位读取值为 0。图 2.1-84 所示为 GPTMTAV 寄存器，表 2.1-66 为其位定义。

<table>
<tr><td>31</td><td>30</td><td>29</td><td>28</td><td>27</td><td>26</td><td>25</td><td>24</td><td>23</td><td>22</td><td>21</td><td>20</td><td>19</td><td>18</td><td>17</td><td>16</td><td>15</td><td>14</td><td>13</td><td>12</td><td>11</td><td>10</td><td>9</td><td>8</td><td>7</td><td>6</td><td>5</td><td>4</td><td>3</td><td>2</td><td>1</td><td>0</td></tr>
<tr><td colspan="32">TBV</td></tr>
<tr><td colspan="32">R/W-FFFFh</td></tr>
</table>

图 2.1-84　GPTMTBV 寄存器

表 2.1-66　GPTMTBV 寄存器的位定义

位	域	类型	复位	描　述
31～0	TBV	R/W	FFFFh	GPTM 定时器 B 值。读取返回所有模式下定时器 A 的当前计数值。写入时，写入该寄存器的值将在下一个时钟周期加载到 GPTMTAR 寄存器中。在 16 位模式下，只能使用新值写入 GPTMTBV 寄存器的低 16 位。写入预分频器位无效

GPTMDMAEV 寄存器允许软件使能和关闭定时器 DMA 触发事件。置位对应的 DMA 触发使能，清零则关闭。图 2.1-85 所示为 GPTMDMAEV 寄存器，表 2.1-67 所示为其位定义。

<table>
<tr><td>31</td><td>30</td><td>29</td><td>28</td><td>27</td><td>26</td><td>25</td><td>24</td></tr>
<tr><td colspan="8">RESERVED</td></tr>
<tr><td colspan="8">R-0h</td></tr>
<tr><td>23</td><td>22</td><td>21</td><td>20</td><td>19</td><td>18</td><td>17</td><td>16</td></tr>
<tr><td colspan="8">RESERVED</td></tr>
<tr><td colspan="8">R-0h</td></tr>
<tr><td>15</td><td>14</td><td>13</td><td>12</td><td>11</td><td>10</td><td>9</td><td>8</td></tr>
<tr><td colspan="4">RESERVED</td><td>TBMDMAEN</td><td>CBEDMAEN</td><td>CBMDMAEN</td><td>TBTODMAEN</td></tr>
<tr><td colspan="4">R-0h</td><td>R/W-0h</td><td>R/W-0h</td><td>R/W-0h</td><td>R/W-0h</td></tr>
<tr><td>7</td><td>6</td><td>5</td><td>4</td><td>3</td><td>2</td><td>1</td><td>0</td></tr>
<tr><td colspan="3">RESERVED</td><td>TAMDMAEN</td><td>RTCDMAEN</td><td>CAEDMAEN</td><td>CAMDMAEN</td><td>TATODMAEN</td></tr>
<tr><td colspan="3">R-0h</td><td>R/W-0h</td><td>R/W-0h</td><td>R/W-0h</td><td>R/W-0h</td><td>R/W-0h</td></tr>
</table>

图 2.1-85　GPTMDMAEV 寄存器

表 2.1-67　GPTMDMAEV 寄存器位定义表

位	域	类型	复位	描　述
31～12	RESERVED	R	0h	
11	TBMDMAEN	R/W	0h	GPTM B 模式匹配事件 DMA 触发启用。 当该位使能时，当模式匹配发生时，Timer B dma_req 信号被发送到 DMA。 0h = 定时器 B 模式匹配 DMA 触发器禁用； 1h = 定时器 B 模式匹配 DMA 触发器使能
10	CBEDMAEN	R/W	0h	GPTM B 捕获事件 DMA 触发启用。该位使能时，发生捕获事件时，Timer B dma_req 信号被发送到 DMA。 0h = 定时器 B 捕获事件 DMA 触发器禁用； 1h = 定时器 B 捕获事件 DMA 触发器使能

续表

位	域	类型	复位	描　述
9	CBMDMAEN	R/W	0h	GPTM B 捕获匹配事件 DMA 触发启用。 当该位使能时，当发生捕获匹配事件时，Timer B dma_req 信号被发送到 DMA。 0h = 定时器 B 捕获匹配 DMA 触发器禁用； 1h = 定时器 B 捕获匹配 DMA 触发器使能
8	TBTODMAEN	R/W	0h	GPTM B 超时事件 DMA 触发使能。 当该位使能时，定时器 B dma_req 信号在超时事件发送到 DMA。 0h = 定时器 B 超时 DMA 触发器禁用； 1h = 定时器 B 超时 DMA 触发器使能
7～5	RESERVED	R	0h	
4	TAMDMAEN	R/W	0h	GPTM 模式匹配事件 DMA 触发启用。当该位使能时，当模式匹配发生时，Timer A dma_req 信号被发送到 DMA。 0h = 定时器 A 模式匹配 DMA 触发器禁用； 1h = 定时器 A 模式匹配 DMA 触发器使能
3	RTCDMAEN	R/W	0h	GPTM A RTC 匹配事件 DMA 触发启用。 当该位使能时，当发生 RTC 匹配时，Timer A dma_req 信号被发送到 DMA。 0h = 定时器 A RTC 匹配 DMA 触发器禁用； 1h = 定时器 A RTC 匹配 DMA 触发器使能
2	CAEDMAEN	R/W	0h	GPTM 捕获事件 DMA 触发启用。 当该位使能时，发生捕获事件时，Timer A dma_req 信号被发送到 DMA。 0h = 定时器 A 捕获事件 DMA 触发器禁用； 1h = 定时器 A 捕获事件 DMA 触发器使能
1	CAMDMAEN	R/W	0h	GPTM 捕获匹配事件 DMA 触发启用。当该位使能时，当发生捕获匹配事件时，Timer A dma_req 信号被发送到 DMA。 0h = 定时器捕获匹配 DMA 触发器禁用； 1h = 定时器捕获匹配 DMA 触发器使能
0	TATODMAE N	R/W	0h	GPTM A 超时事件 DMA 触发使能。 当该位使能时，定时器 A dma_req 信号在超时事件发送到 DMA。 0h = 定时器超时 DMA 触发器禁用； 1h = 定时器超时 DMA 触发器使能

打开 Pwm_Demo，在该次工程中主要是实现板子上三颗 LED 的“呼吸灯”效果，即要把 GPIO_9、GPIO_10 和 GPIO_11 三个 IO 口配置为 PWM 模式，逐次增加或降低这些端口的占空比即可使 LED“呼吸”，如代码清单 2.1-8 为 Pwm_Demo 的 main 函数。

---代码清单 2.1-8---

```
void   main()
{
    int iLoopCnt;
    //
    //板载初始化
    //
    BoardInit();
    //
    //配置管脚
    //
    PinMuxConfig();
    //
    //初始化 PWM 模块
//
InitPWMModules();
while(1)
{
        //
        //改变占空比
        //
        for(iLoopCnt = 0; iLoopCnt < 255; iLoopCnt++)
        {
            UpdateDutyCycle(TIMERA2_BASE,TIMER_B, iLoopCnt);
            UpdateDutyCycle(TIMERA3_BASE,TIMER_B, iLoopCnt);
            UpdateDutyCycle(TIMERA3_BASE,TIMER_A, iLoopCnt);
            MAP_UtilsDelay(800000);
        }

    }
}
```

首先，看到 main 函数中的 PinMuxConfig()函数，如代码清单 2.1-9 所示为该函数的代码。在该代码中先使能时钟，然后把 Pin64(GPIO_9)、Pin01(GPIO_10)及 Pin02(GPIO11)分别配置

为模式 3，即 PWM 模式。为什么呢？在 datasheet 中可以里看到，如图 2.1-86 以及图 2.1-87 所示的端口复用图，在该图中可以看到 Pin64(GPIO_9)在模式 3 下会被复用为 PWM_05，Pin01(GPIO_10)在模式 3 下会被复用为 PWM_06，Pin02(GPIO_11)在模式 3 下会被复用为 PWM_07。

--代码清单 2.1-9--

```
void
PinMuxConfig(void)
{
    //
    //使能外设时钟
    //
    MAP_PRCMPeripheralClkEnable(PRCM_TIMERA2, PRCM_RUN_MODE_CLK);
    MAP_PRCMPeripheralClkEnable(PRCM_TIMERA3, PRCM_RUN_MODE_CLK);
    //
    //配置管脚模式
    //
    MAP_PinTypeTimer(PIN_64, PIN_MODE_3);                    //模式 3PWM_05
    MAP_PinTypeTimer(PIN_01, PIN_MODE_3);                    //模式 3PWM_06
    MAP_PinTypeTimer(PIN_02, PIN_MODE_3);                    //模式 3PWM_07
}
```

General Pin Attributes						Function					Pad States		
Pkg Pin	Pin Alias	Use	Select as Wakeup Source	Config Addl Analog Mux	Muxed with JTAG	Dig. Pin Mux Config Reg	Dig. Pin Mux Config Mode Value	Signal Name	Signal Description	Signal Direction	LPDS[1]	Hib[2]	nRESET = 0
1	GPIO10	I/O	No	No	No	GPIO_PAD_CONFIG_10 (0x4402 E0C8)	0	GPIO10	General-Purpose I/O	I/O	Hi-Z	Hi-Z	Hi-Z
							1	I2C_SCL	I2C Clock	O (Open Drain)	Hi-Z		
							3	GT_PWM06	Pulse-Width Modulated O/P	O	Hi-Z		
							7	UART1_TX	UART TX Data	O	1		
							6	SDCARD_CLK	SD Card Clock	O	0		
							12	GT_CCP01	Timer Capture Port	I	Hi-Z		
2	GPIO11	I/O	Yes	No	No	GPIO_PAD_CONFIG_11 (0x4402 E0CC)	0	GPIO11	General-Purpose I/O	I/O	Hi-Z	Hi-Z	Hi-Z
							1	I2C_SDA	I2C Data	I/O (Open Drain)	Hi-Z		
							3	GT_PWM07	Pulse-Width Modulated O/P	O	Hi-Z		
							4	pXCLK (XVCLK)	Free Clock To Parallel Camera	O	0		
							6	SDCARD_CMD	SD Card Command Line	I/O	Hi-Z		
							7	UART1_RX	UART RX Data	I	Hi-Z		
							12	GT_CCP02	Timer Capture Port	I	Hi-Z		
							13	McAFSX	I2S Audio Port Frame Sync	O	Hi-Z		

图 2.1-86　端口复用图 1

General Pin Attributes						Function					Pad States		
Pkg Pin	Pin Alias	Use	Select as Wakeup Source	Config Addl Analog Mux	Muxed with JTAG	Dig. Pin Mux Config Reg	Dig. Pin Mux Config Mode Value	Signal Name	Signal Description	Signal Direction	LPDS(1)	Hib(2)	nRESET = 0
63	GPIO8	I/O	No	No	No	GPIO_PAD_CONFIG_8 (0x4402 E0C0)	0	GPIO8	General-Purpose I/O	I/O	Hi-Z	Hi-Z	Hi-Z
							6	SDCARD_IRQ	Interrupt from SD Card (Future support)	I			
							7	McAFSX	I2S Audio Port Frame Sync	O			
							12	GT_CCP06	Timer Capture Port	I			
64	GPIO9	I/O	No	No	No	GPIO_PAD_CONFIG_9 (0x4402 E0C4)	0	GPIO9	General-Purpose I/O	I/O	Hi-Z	Hi-Z	Hi-Z
							3	GT_PWM05	Pulse Width Modulated O/P	O			
							6	SDCARD_DATA0	SD Cad Data	I/O			
							7	McAXR0	I2S Audio Port Data (Rx/Tx)	I/O			
							12	GT_CCP00	Timer Capture Port	I			
65	GND_TAB								Thermal pad and electrical ground				

图 2.1-87　端口复用图 2

配置好 PWM 输出引脚后，就将定时器与该输出引脚相关联起来，在 main 函数中的 InitPWMModules()函数是关键，如代码清单 2.1-10 为 InitPWMModules()函数。

--代码清单 2.1-10--

```
void InitPWMModules()
{
    //
    //初始化定时器以生成 PWM 输出
    //
    MAP_PRCMPeripheralClkEnable(PRCM_TIMERA2, PRCM_RUN_MODE_CLK);
    MAP_PRCMPeripheralClkEnable(PRCM_TIMERA3, PRCM_RUN_MODE_CLK);
    //
    //配置定时器映射管脚, GPIO 9 --> PWM_5
    //
    SetupTimerPWMMode(TIMERA2_BASE, TIMER_B,\
        (TIMER_CFG_SPLIT_PAIR | TIMER_CFG_B_PWM), 1);
    //
    //配置定时器映射管脚, GPIO 10 --> PWM_6
    //
    SetupTimerPWMMode(TIMERA3_BASE, TIMER_A,
        (TIMER_CFG_SPLIT_PAIR | TIMER_CFG_A_PWM | TIMER_CFG_B_PWM), 1);
    //
    //配置定时器映射管脚, GPIO 11 --> PWM_7
    //
    SetupTimerPWMMode(TIMERA3_BASE, TIMER_B,
        (TIMER_CFG_SPLIT_PAIR | TIMER_CFG_A_PWM | TIMER_CFG_B_PWM), 1);
```

```
    MAP_TimerEnable(TIMERA2_BASE,TIMER_B);
    MAP_TimerEnable(TIMERA3_BASE,TIMER_A);
    MAP_TimerEnable(TIMERA3_BASE,TIMER_B);
}
```

在该函数中的 SetupTimerPWMMode()把 Timer2 的 Timer B 与 PWM_5(即 GPIO_9)相关联起来，把 Timer3 的 Timer B 与 PWM_6(即 GPIO_10)相关联起来，把 Timer3 的 Timer A 与 PWM_7(即 GPIO_11)相关联起来。问题来了，为什么这样就能关联起来了呢？打开 CC3200 的《Technical Reference Manual》，即常说的参考手册，可以看到一个定时器与引脚映射图，如图 2.1-88 所示。

Table 9-1. Available CCP Pins and PWM Outputs/Signals Pins (continued)

Timer	Up/Down Counter	Even CCP Pin	Odd CCP Pin	PWM Outputs/Signals
16/32-Bit Timer 1	Timer A	GT_CCP02	-	PWM_OUT2
	Timer B	-	GT_CCP03	PWM_OUT3
16/32-Bit Timer 2	Timer A	GT_CCP04	-	
	Timer B	-	GT_CCP05	PWM_OUT5
16/32-Bit Timer 3	Timer A	GT_CCP06	-	PWM_OUT6
	Timer B	-	GT_CCP07	PWM_OUT7

图 2.1-88　定时器与引脚映射图

在该图中可以清楚地看到，PWM_5 正是对应着 Timer2 的 Timer B，PWM_6 正是对应着 Timer3 的 Timer A，PWM_7 正是对应着 Timer3 的 Timer B。

返回到 main 函数中，实现 LED 呼吸的部分代码，如代码清单 2.1-11 所示。

---代码清单 2.1-11---

```
while(1)
{
    //
    //改变定时器的占空比
    //
    for(iLoopCnt = 0; iLoopCnt < 255; iLoopCnt++)
    {
        UpdateDutyCycle(TIMERA2_BASE, TIMER_B, iLoopCnt);
        UpdateDutyCycle(TIMERA3_BASE, TIMER_B, iLoopCnt);
        UpdateDutyCycle(TIMERA3_BASE, TIMER_A, iLoopCnt);
        MAP_UtilsDelay(800000);
    }

}
```

该代码主要就是不断地改变输出端的占空比，从而实现 LED 的“呼吸”。编译代码时打开 UniFlash，把 Bin 文件下载到板子上(参考 GPIO 小节)，再把拨码开关 D5、D6、D7 拨到“ON”，按下复位，可以看到如图 2.1-89 所示的 LED“呼吸”效果。

图 2.1-89 LED“呼吸”效果

2.1.7 WiFi-UDP 网络通信

UDP 是 User Datagram Protocol 的简称，中文名是用户数据报协议。在网络中 UDP 与 TCP 协议一样，用于处理数据包。与 TCP 不一样的是，UDP 是一种无连接的协议，只能是尽可能地传输到目的地，所以 UDP 也是具有一定的不可靠性。

那么为什么还会存在 UDP 呢？因为在早期的网络开发中，人们发现一些简单的网络通信不需要经过 TCP 复杂的建立关系，而且过多的建立 TCP 连接会造成很大的网络负担，而 UDP 协议可以相对快速地处理这些简单通信，如表 2.1-68 所示为 UDP 组成结构。

表 2.1-68 UDP 组成结构

16 位源端口	16 位目的端口号
16 位 UDP 长度	16 位 UDP 校验和
数据	

CC3200 支持多种基于 WiFi 的网络通信，UDP 也不例外。

打开 Udp_Socket_Demo，如代码清单 2.1-12 所示为 main 函数。

--代码清单 2.1-12--

```
void main()
{
    long lRetVal = -1;
    BoardInit();
    UDMAInit();
```

```
PinMuxConfig();
InitTerm();
DisplayBanner(APPLICATION_NAME);
InitializeAppVariables();
lRetVal = ConfigureSimpleLinkToDefaultState();
if(lRetVal < 0)
{
    if (DEVICE_NOT_IN_STATION_MODE == lRetVal)
        UART_PRINT("Failed to configure the device in its default state \n\r");

    LOOP_FOREVER();
}
UART_PRINT("Device is configured in default state \n\r");
lRetVal = sl_Start(0, 0, 0);
if (lRetVal < 0 || lRetVal != ROLE_STA)
{
    UART_PRINT("Failed to start the device \n\r");
    LOOP_FOREVER();
}
UART_PRINT("Device started as STATION \n\r");
UART_PRINT("Connecting to AP: %s ...\r\n",SSID_NAME);
lRetVal = WlanConnect();
if(lRetVal < 0)
{
    UART_PRINT("Failed to establish connection w/ an AP \n\r");
    LOOP_FOREVER();
}
UART_PRINT("Connected to AP: %s \n\r",SSID_NAME);
UART_PRINT("Device IP: %d.%d.%d.%d\n\r\n\r",
            SL_IPV4_BYTE(g_ulIpAddr,3),
            SL_IPV4_BYTE(g_ulIpAddr,2),
            SL_IPV4_BYTE(g_ulIpAddr,1),
            SL_IPV4_BYTE(g_ulIpAddr,0));
while (1)
{
    lRetVal = BsdUdpClient(PORT_NUM);
    if(lRetVal < 0)
    {
        ERR_PRINT(lRetVal);
```

```
                LOOP_FOREVER();
            }
        _SlNonOsMainLoopTask();
        }
    }
```

在 main 函数中有 InitializeAppVariables，该函数主要在于实现把宏定义中的 UDP 服务器的 IP 及端口号取出，进入建立 UDP 的就绪状态。

ConfigureSimpleLinkToDefaultState()函数主要是实现 CC3200 的接入网络部分，把 CC3200 设置为 STA 模式，并且把 CC3200 接入到在 common.h 中定义好的路由器上，如代码清单 2.1-13 所示为 common.h 中定义好的路由器 SSID、密钥及加密方式等。

---代码清单 2.1-13---

```
//
//路由器参数配置
//
#define SSID_NAME              "fengke2.4G"          /* AP 的 SSID */
#define SECURITY_TYPE          SL_SEC_TYPE_WPA /*  加密类型  (OPEN or WEP or WPA*/
#define SECURITY_KEY           "fengke305"           /*AP 的密码  */
#define SSID_LEN_MAX           32
#define BSSID_LEN_MAX          6
```

最重要的函数是如代码清单 2.1-14 所示的 BsdUdpClient()，通过该函数建立 UDP。

---代码清单 2.1-14---

```
int BsdUdpClient(unsigned short usPort)
{
    short              sTestBufLen;
    short              sTestBufLen_1;
    SlSockAddrIn_t     sAddr;
    int                iAddrSize;
    int                iSockID;
    int                iStatus;
    unsigned long      lLoopCount = 0;
    char g_cBsdBuf[BUF_SIZE] = "https：//www.fengke.club/";
    char g_cBsdBuf_1[BUF_SIZE_1];
    sTestBufLen    = BUF_SIZE;
    sTestBufLen_1    = BUF_SIZE_1;
    sAddr.sin_family = SL_AF_INET;
    sAddr.sin_port = sl_Htons((unsigned short)usPort);
```

```
    sAddr.sin_addr.s_addr = sl_Htonl((unsigned int)g_ulDestinationIp);
    iAddrSize = sizeof(SlSockAddrIn_t);
    iSockID = sl_Socket(SL_AF_INET,SL_SOCK_DGRAM, 0);
    if( iSockID < 0 )
    {
        ASSERT_ON_ERROR(SOCKET_CREATE_ERROR);
    }
    while (lLoopCount < g_ulPacketCount)
    {
#if UDP_SEND ==1
        iStatus = sl_SendTo(iSockID, g_cBsdBuf, sTestBufLen,0
                                    (SlSockAddr_t *)&sAddr, iAddrSize);
        if( iStatus <= 0 )
        {
            sl_Close(iSockID);
            ASSERT_ON_ERROR(SEND_ERROR);
        }
        lLoopCount++;
        UART_PRINT("Sent %s packets successfully\n\r",g_cBsdBuf);
// UART_PRINT("Sent %u packets successfully\n\r",g_ulPacketCount);
#endif
#if UDP_RECV ==1
        iStatus = sl_RecvFrom(iSockID, g_cBsdBuf_1, sTestBufLen_1, 0,\
                                    ( SlSockAddr_t *)&sAddr, (SlSocklen_t*)&iAddrSize );
        memcpy(g_cBsdBuf_2,g_cBsdBuf_1,BUF_SIZE_1*sizeof(char));
        if( iStatus < 0 )
        {
                sl_Close(iSockID);
                ASSERT_ON_ERROR(RECV_ERROR);
}
        lLoopCount++;
        UART_PRINT("Recv %s packets successfully\n\r",g_cBsdBuf_1);
// UART_PRINT("Recv %u packets successfully\n\r",g_ulPacketCount);
#endif
    }
    sl_Close(iSockID);
    return SUCCESS;
}
```

该函数先通过函数 sl_SendTo()向网络中发送疯壳的官网，然后通过函数 sl_RecvFrom()进入等待接收。

打开网络调试助手，然后点击“打开”，将协议类型设置为“UDP”，点击“打开”。把网络调试助手的“本地主机地址”和“本地主机端口”，填写到程序中定义 IP 及端口号处，如代码清单 2.1-15 所示(注意 IP 要为 16 进制)，如图 2.1-90 所示为网络调试助手打开时的画面。

-----代码清单 2.1-15-----

```
#define IP_ADDR         0xC0A80509      // 192.168.5.9 //服务器 IP 地址
#define PORT_NUM        8011            // 服务器端口号
#define BUF_SIZE        24              // 发送缓冲区大小
#define BUF_SIZE_1      100             // 接收缓冲区大小
```

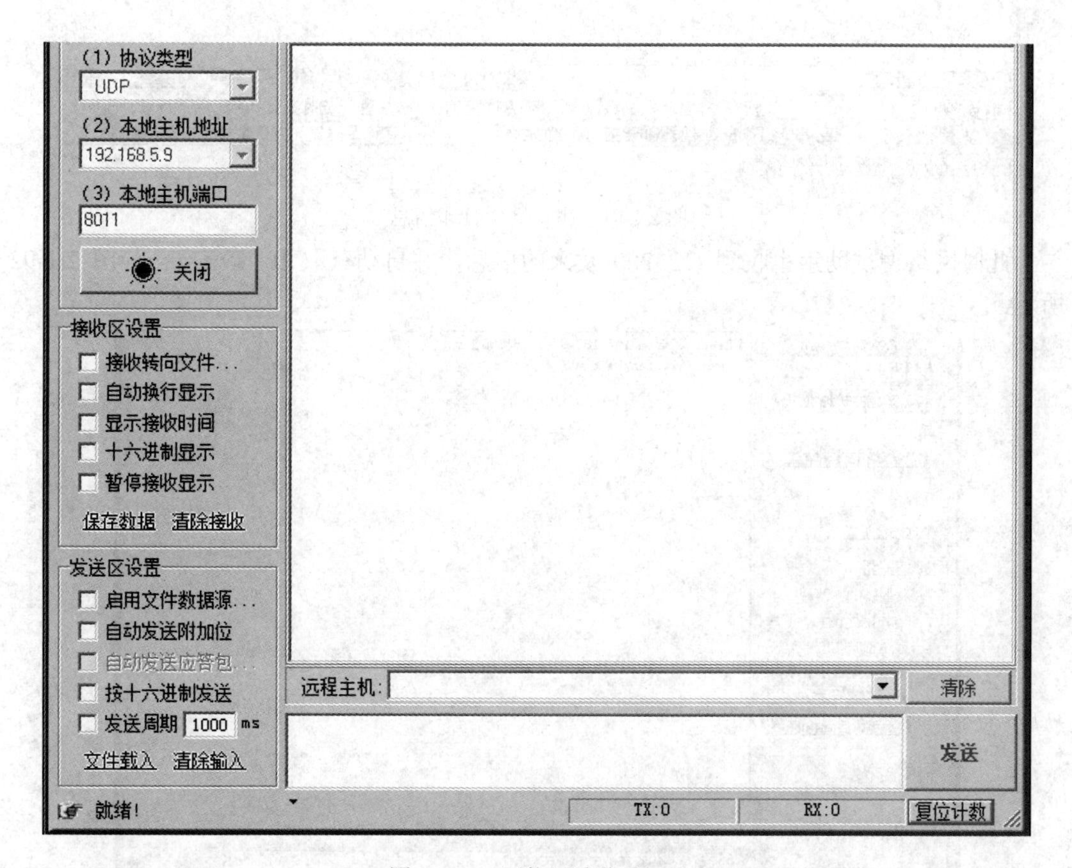

图 2.1-90 网络调试助手打开

编译代码，打开 UniFlash，下载 bin 文件到板子上(下载方法参考 GPIO 小节)。下载完成后打开 UARTA0 的“RXD”，并将“CH340G_VCC”(即拨码开关)拨到“ON”。

打开串口调试助手，选择相应的串口号，并且把波特率设置为 115 200 b/s，点击“打开”。按下板子上的复位键，可看到串口助手打印如图 2.1-91 所示的信息。由此可见，CC3200 已经连接上了指定的路由器，并通过 UDP 发送了一段消息。

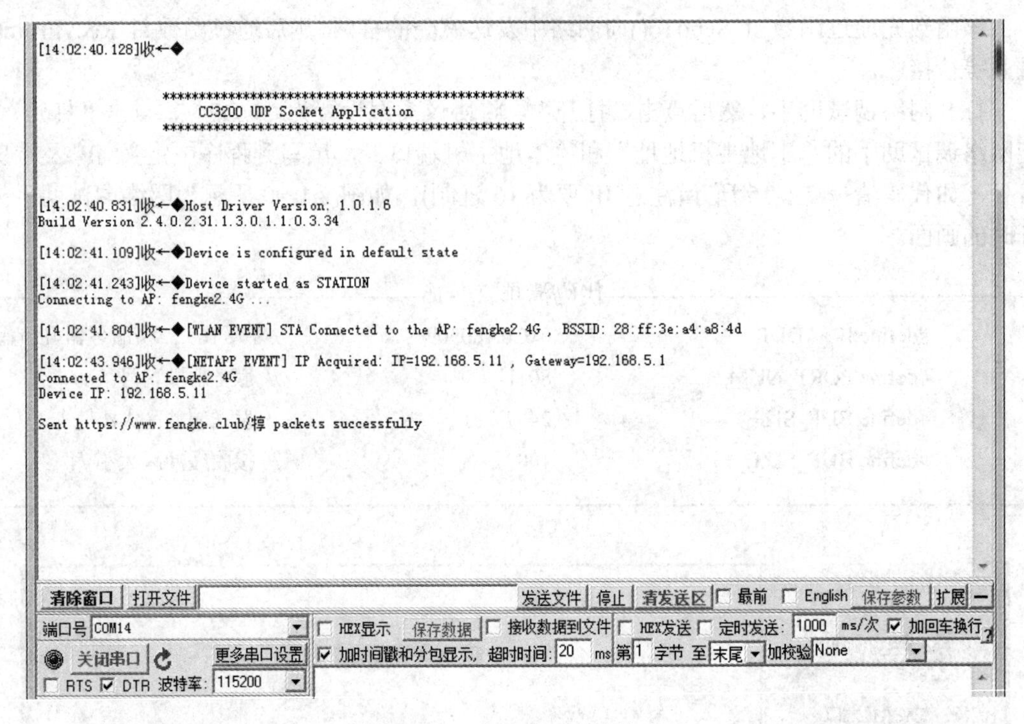

图 2.1-91　串口助手打印信息

此时网络调试助手也收到 CC3200 发来的信息，并自动获取 IP 等信息，如图 2.1-92 所示。

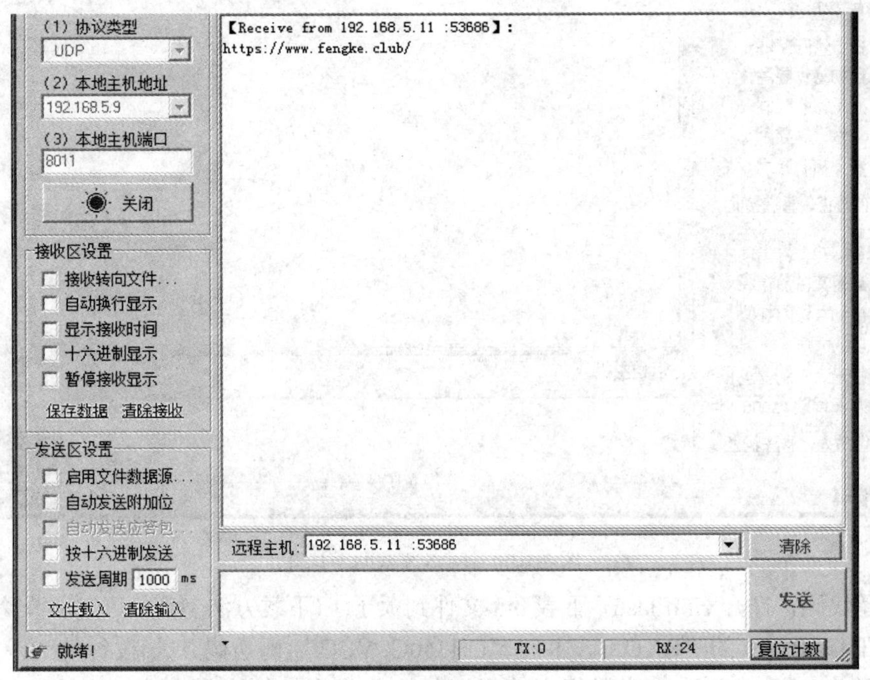

图 2.1-92　网络调试助手收到信息

在网络调试助手中输入一串信息，点击“发送”，如图 2.1-93 所示。此时，串口调试助手也把 CC3200 收到的信息打印出来，并发送一串新的信息，如图 2.1-94 所示。

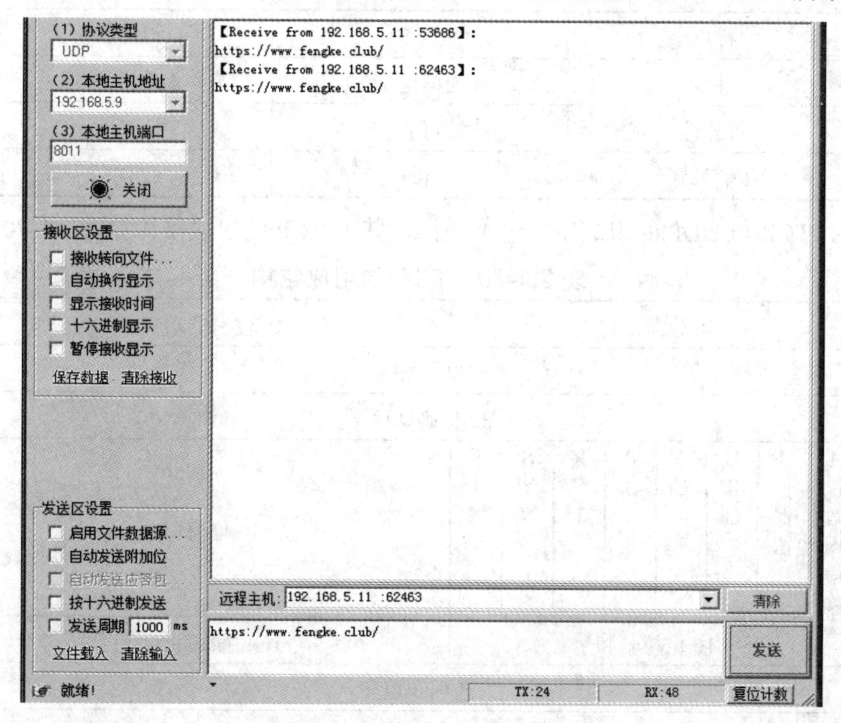

图 2.1-93　网络调试助手发送的信息

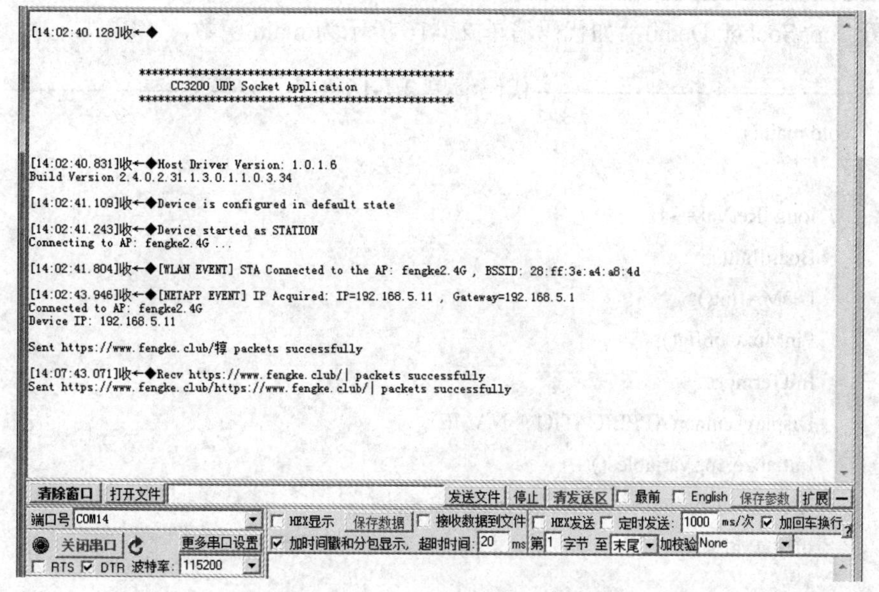

图 2.1-94　串口调试助手收到的信息

2.1.8　WiFi-TCP 网络通信

传输控制协议 (Transmission Control Protocol，TCP)是一种面向连接的、可靠的、基于字节流的传输层通信协议。TCP 与 UDP 的主要区别如表 2.1-69 所示。

表 2.1-69　TCP 与 UDP 的区别

特点	TCP	UDP
连接性	面向连接	面向非连接
可靠性	可靠	不可靠
传输效率	慢	快

此外，TCP 与 UDP 的组成结构也不一样，其中 TCP 的组成结构如表 2.1-70 所示。

表 2.1-70　TCP 的组成结构

<table>
<tr><td colspan="8">16 位源端口</td><td>16 位目的端口</td></tr>
<tr><td colspan="9">32 位序号</td></tr>
<tr><td colspan="9">32 位确认序号</td></tr>
<tr><td>4位数据偏移</td><td>4位保留</td><td>URG</td><td>ACK</td><td>PSH</td><td>RST</td><td>SYN</td><td>FIN</td><td>16 位窗口</td></tr>
<tr><td colspan="8">16 位校验和</td><td>16 位紧急指针</td></tr>
<tr><td colspan="9">选项和填充</td></tr>
<tr><td colspan="9">数据</td></tr>
</table>

打开 Tcp_Socket_Demo，如代码清单 2.1-16 所示为 main 函数。

--代码清单 2.1-16--

```
void main()
{
    long lRetVal = -1;
    BoardInit();
    UDMAInit();
    PinMuxConfig();
    InitTerm();
    DisplayBanner(APPLICATION_NAME);
    InitializeAppVariables();
    lRetVal = ConfigureSimpleLinkToDefaultState();
    if(lRetVal < 0)
    {
        if (DEVICE_NOT_IN_STATION_MODE == lRetVal)
        UART_PRINT("Failed to configure the device in its default state \n\r");
        LOOP_FOREVER();
    }
    UART_PRINT("Device is configured in default state \n\r");
```

```
        lRetVal = sl_Start(0, 0, 0);
        if (lRetVal < 0)
        {
            UART_PRINT("Failed to start the device \n\r");
            LOOP_FOREVER();
        }
        UART_PRINT("Device started as STATION \n\r");
        UART_PRINT("Connecting to AP： %s ...\r\n",SSID_NAME);
        lRetVal = WlanConnect();
        if(lRetVal < 0)
        {
            UART_PRINT("Connection to AP failed \n\r");
            LOOP_FOREVER();
        }
        UART_PRINT("Connected to AP： %s \n\r",SSID_NAME);
        UART_PRINT("Device IP： %d.%d.%d.%d\n\r\n\r",
                        SL_IPV4_BYTE(g_ulIpAddr,3),
                        SL_IPV4_BYTE(g_ulIpAddr,2),
                        SL_IPV4_BYTE(g_ulIpAddr,1),
                        SL_IPV4_BYTE(g_ulIpAddr,0));
        while (1)
        {
            lRetVal = BsdTcpClient(PORT_NUM);
            if(lRetVal < 0)
            {
                UART_PRINT("TCP Client failed\n\r");
                LOOP_FOREVER();
            }
            _SlNonOsMainLoopTask();
        }
    }
```

与 WiFi-UDP 小节类似，通过 ConfigureSimpleLinkToDefaultState()配置 CC3200 为 STA 模式，然后再通过 WlanConnect()接入到 Common.h 中定义的路由器，如代码清单 2.1-17 所示。

----------代码清单 2.1-17----------

```
    //
    //配置路由器参数
    //
```

```
#define SSID_NAME              "fengke2.4G"          /* AP 的 SSID */
#define SECURITY_TYPE          SL_SEC_TYPE_WPA /*  加密类型  (OPEN or WEP or WPA*/
#define SECURITY_KEY           "fengke305"           /* AP 的密码  */
#define SSID_LEN_MAX           32
#define BSSID_LEN_MAX          6
```

最后，通过 BsdTcpClient()函数向 TCP 服务器发送信息及接收服务器端发来的信息。

打开网络调试助手，然后点击“打开”，设置协议类型为“TCP Server”，点击“打开”。把网络调试助手的“本地主机地址”和“本地主机端口”填写到程序中定义 IP 及端口号处，如代码清单 2.1-18 所示(注意 IP 要为 16 进制)。图 2.1-95 所示为网络调试助手打开时的界面。

代码清单 2.1-18

```
#define IP_ADDR          0xC0A80509          //192.168.5.9 //服务器 IP 地址
#define PORT_NUM         5001                //服务器端口号
```

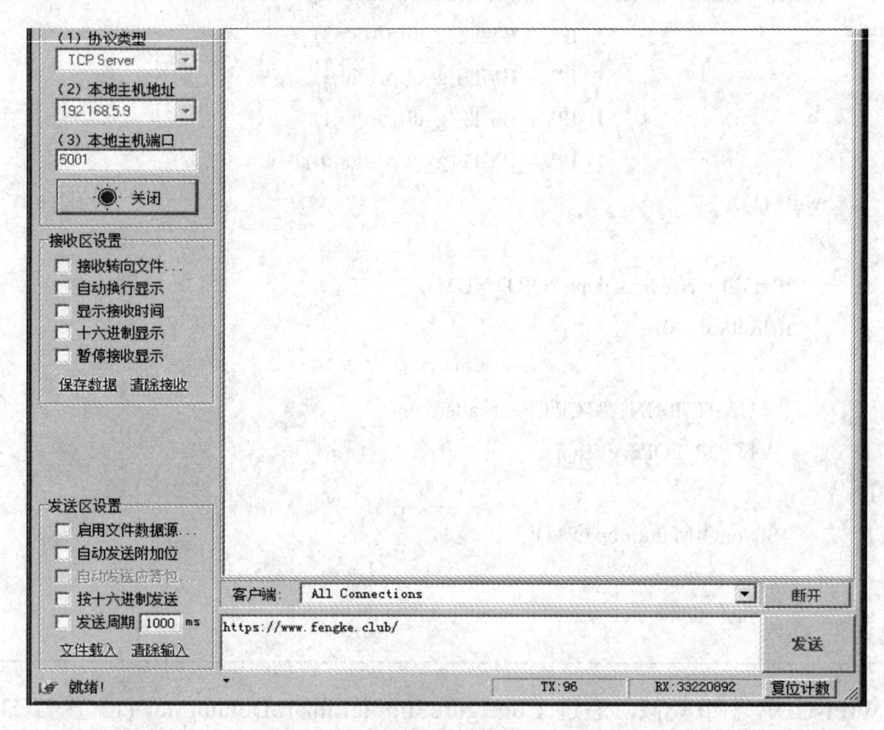

图 2.1-95　网络调试助手打开界面

编译代码，打开 UniFlash，下载 bin 文件到板子上(下载方法参考 GPIO 小节)。下载完成后打开 UARTA0 的“RXD”，并将“CH340G_VCC”(即拨码开关)拨到“ON”。

打开串口调试助手，选择相应的串口号，并且把波特率设置为 115 200 b/s，点击“打开”。按下板子上的复位键，可看到串口助手打印如图 2.1-96 所示的信息。由此可见，

CC3200 已经连接到指定的路由器上，并通过 TCP 发送了一段消息。

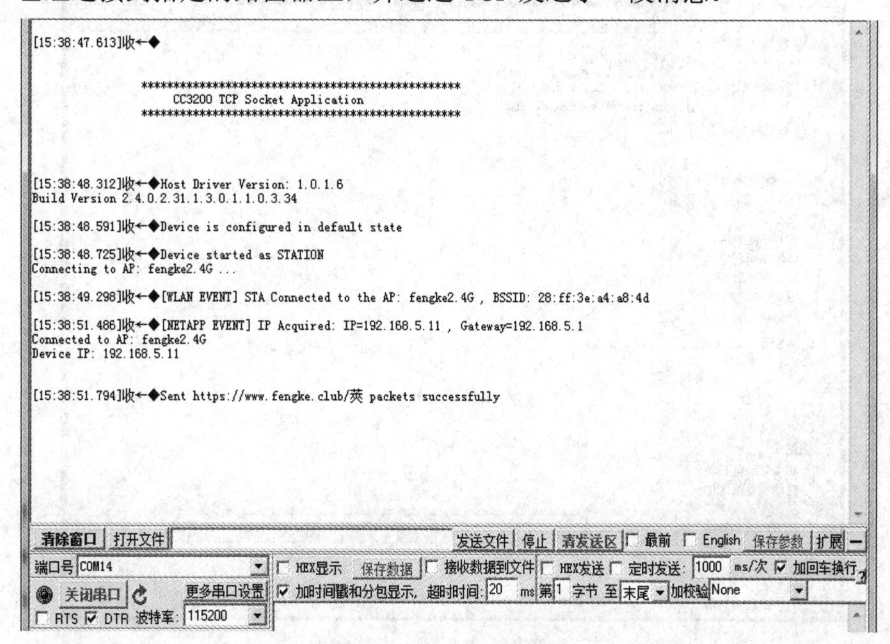

图 2.1-96　串口助手打印信息

此刻网络调试助手也收到 CC3200 发来的信息，并自动获取到 IP 等信息，如图 2.1-97 所示。

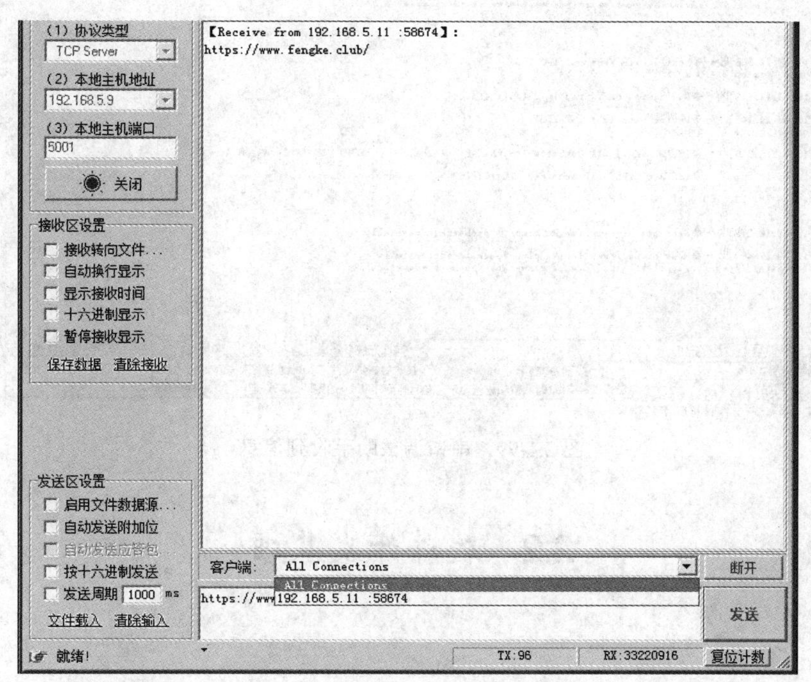

图 2.1-97　网络调试助手收到信息

在网络调试助手中输入一串信息，点击“发送”，如图 2.1-98 所示。此时，串口调试助手也把 CC3200 收到的信息打印出来，并且发送一串新的信息，如图 2.1-99 所示。

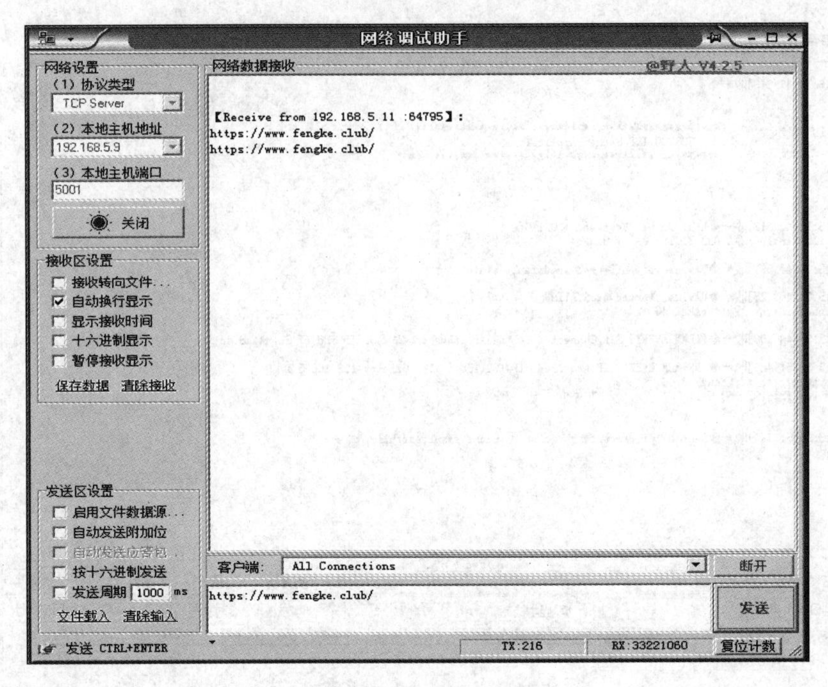

图 2.1-98　网络调试助手发送信息

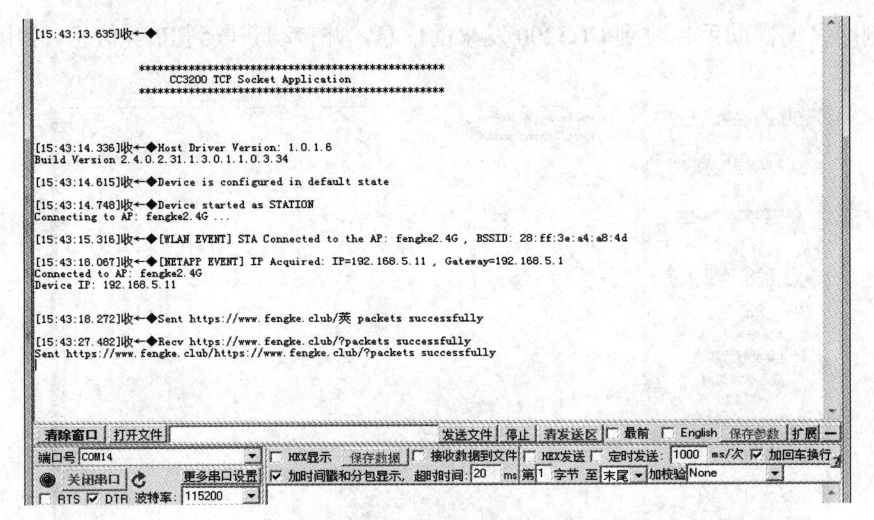

图 2.1-99　串口调试助手收到信息

2.2　软件开发基础

2.2.1　Java 简介

1. Java 的概念

Java 是一种跨平台的、高级的、面向对象的程序设计语言，本书仅对程序中使用的一些复杂方法所实现的功能加以介绍，不会对 Java 语法部分做详细的讲解。如果学习者有兴趣，可以先学习一下 Java 的基础语法。

2. JVM(Java Virtual Machine，Java 虚拟机)

JVM(Java Virtual Machine，Java 虚拟机)是 Java 程序跨平台的关键，不同的平台有不同的 JVM，而 Java 字节码不包含任何与平台相关的信息，不直接与平台交互，而是通过 JVM 间接地与平台交互。应用程序在执行时 JVM 加载字节码，将字节码解释成特定平台的机器码，让平台执行。

任何一个应用程序都必须转化为机器码，才能与计算机进行交互。如果机器码的来源依赖于具体的平台，那么这个应用程序就不能跨平台。而在 Java 应用程序运行时机器码由 Java 体系的一部分 JVM 提供，不受平台的限制，故而实现了跨平台。

3. Java 程序运行过程

程序员编写的源码经编译器编译转化为字节码，生成的字节码被加载到 JVM，由 JVM 解释成机器码，并在计算机上运行，如图 2.2-1 所示。

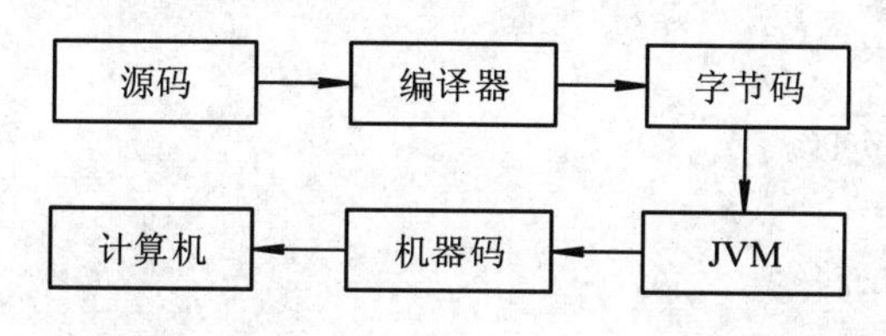

图 2.2-1　编译过程

4. Java 特性

Java 的主要特性有：

(1) 简单：Java 语言是从 C++ 发展起来的，取消了 C++ 中复杂而难以掌握的部分，如指针。

(2) 面向对象：Java 语言的基础是 Java 将一切问题都看作对象与对象之间的交互，将对象抽象成方法与属性的集合。

(3) 分布性：包含操作分布性与数据分布性两方面。操作分布性是指由多个主机共同完成一项功能，而数据分布性则是指分布在多台主机上的数据被当作一个完成的整体处理。

(4) 跨平台：Java 语言编写的应用程序不受平台限制，可以由一种平台迁移到另一种平台。

(5) 解释型：使用 Java 语言编写的源码被转化为字节码，而字节码只有被 JVM 解释成机器码才能被计算机执行。

(6) 安全性：Java 语言的底层设计可以有效地避免非法操作。

(7) 健壮性：Java 提供了许多机制来防止运行时出现的严重错误，如编译时类型检查、异常处理。

(8) 多线程：Java 支持多线程，允许进程内部多个线程同时工作。

5. Java 中的一些基本概念

(1) 类(class)：代表了一些具有某些共同特征的对象的抽象。

(2) 属性(特征)的定义格式：访问权限　类型　属性名。

(3) 方法(行为)的定义格式：访问权限　返回类型　方法名(参数列表)　{}。

(4) 创建对象的格式：类名　对象名 = new　类名()。

(5) 调用属性：对象名.属性名。

(6) 调用方法：对象名.方法名(参数)。

(7) 包(package)：代表类的存放路径。

(8) 引入(import)：有一些类的功能需要用到其他类，就需要使用 import 将其他类引入进来。

(9) 项目(project)：可以理解为很多类的一个集合，共同对外提供一个或多个完整的功能。

示例代码段见代码清单 2.2-1 所示。

---代码清单 2.2-1---

```
//包
package pra01;
//引入文件
import Java.util.Map;
//类
public class teacher {
    //属性
    public String tname;
    //方法
    public void teach(String sname){
        System.out.println(tname + "老师给" + sname + "学生讲课");
    }
}
//类
public class text {
    //入口
    public static void main(String[] args){
        //创建对象
        teacher tc = new teacher();
        //调用属性
        tc.tname = "Jack";
        //调用方法
        tc.teach("Tony");
    }
```

编写第一个 Java 程序时，首先打开 Eclipse(如果出现欢迎页面，则关掉此页面)，单击右上角 File - new - Java Project，进入新建项目对话框，填写项目名称，选择运行环境，然后点击“完成”，这样一个 Java 项目就创建好了，如图 2.2-2 所示。

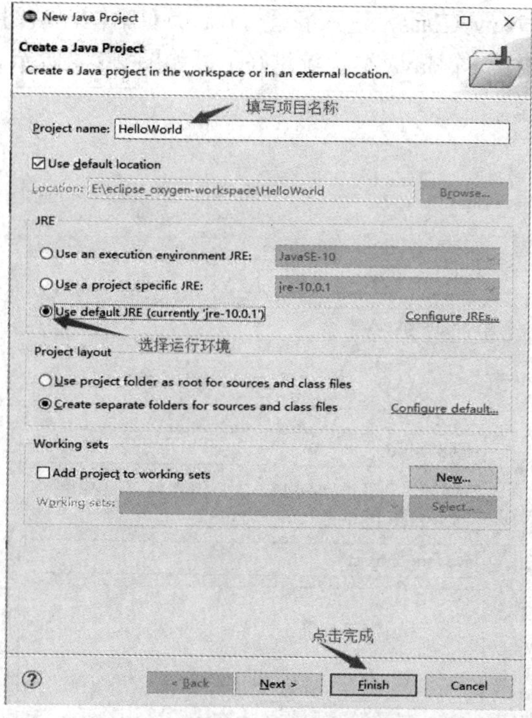

图 2.2-2 建立工程

这是创建好的项目目录结构，上面的 JRE System Library 里存放的是程序运行所必需依赖的环境(即所安装的 JRE)，不必去管它。下面的 src 目录就是我们真正编写自己代码的地方，如图 2.2-3 所示。

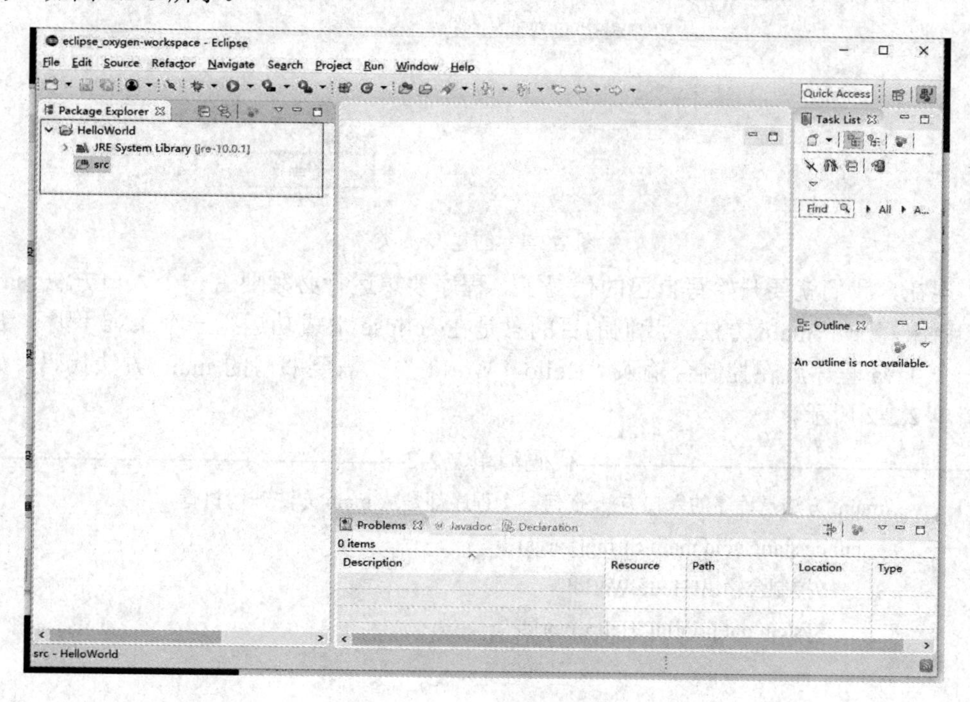

图 2.2-3 项目目录结构

鼠标右键单击 src−New−Class，进入新建 Java 类对话框，填写好包名(也可不填)和类名，点击“完成”，这样一个 Java 类就新建好了，如图 2.2-4 所示。

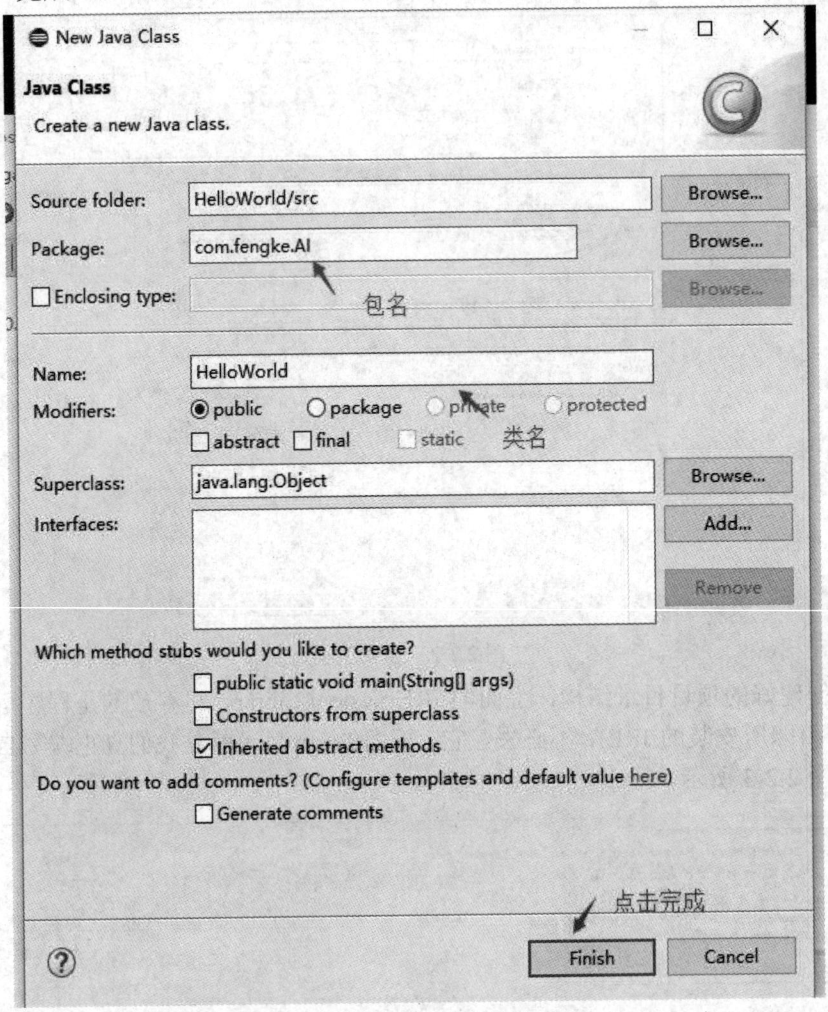

图 2.2-4　创建 Java 类

现在，我们就要开始写自己的代码了。程序要想运行必须要有一个入口方法 main，我们就来写一个 main 方法。我们的目的只是在 eclipse 上成功运行一个 Java 程序，那么第一个 Java 程序就在控制台输入“Hello， World!”。需要书写的 main 方法代码，如代码清单 2.2-2 所示。

---代码清单 2.2-2---

```
//main 方法是程序的入口方法.任何一个程序都是从 main 方法开始执行
    public static void main(String[] args) {
        //控制台输出"Hello.World!"
        System.out.println("Hello.World!");
    }
```

运行结果，如图 2.2-5 所示。

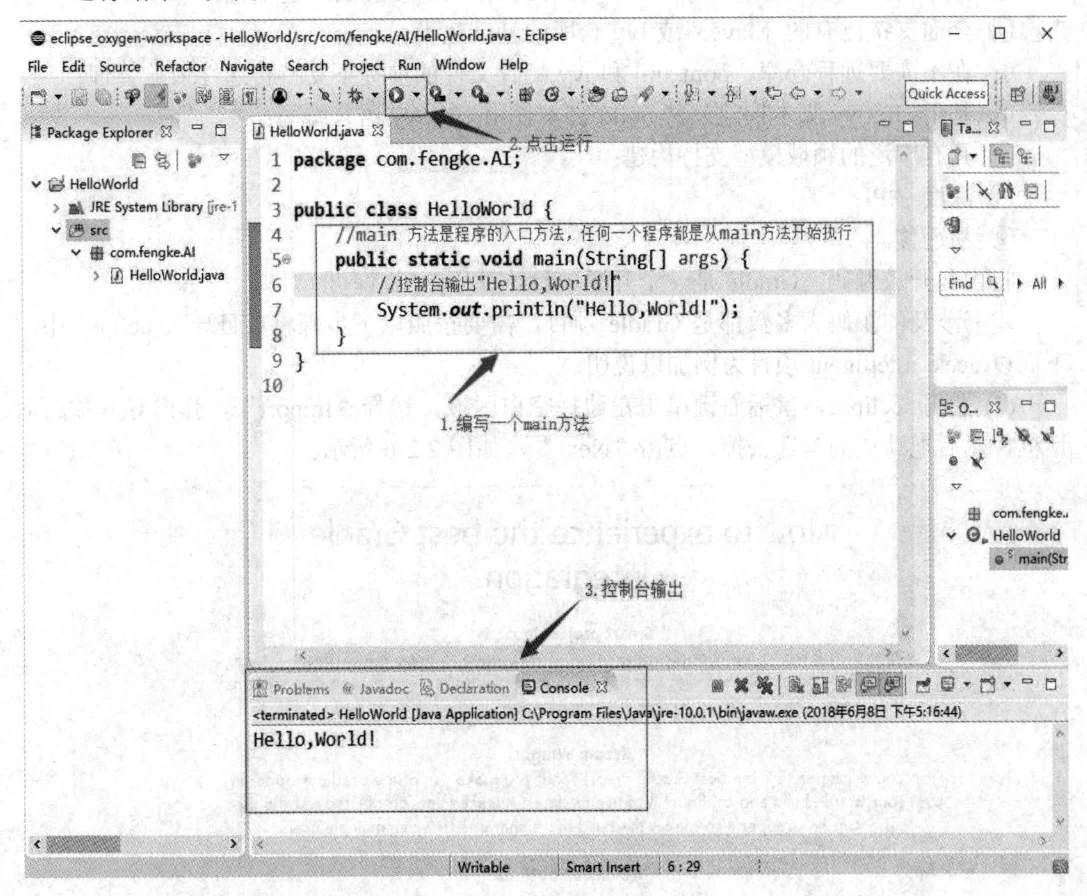

图 2.2-5　运行“Hello，World”

在这里，我们完成了在 eclipse 上新建一个简单的 Java 项目并运行的例子，后面的例子中会需要更加复杂的 Java 知识。如果读者想要更加深入地完成后面的学习，可以先学习一下 Java 的基础语法。

Gradle 是一个基于 Apache Ant 和 Apache Maven Java 的项目管理工具，JDK 提供给我们的一些原生的基础类库，其功能简单、有限。如果我们使用这些基础类库去开发一些功能复杂的应用，将会非常费时、费力，不过好在我们可以通过依赖第三方开发的 jar 包来使用第三方开发好的功能。一个大型的项目可以引用到多个 jar 包，各个 jar 包之间又有可能存在着互相依赖。由于它们之间的关系错综复杂，所以我们使用了项目自动化构建工具 Gradle 来管理项目，它会自动帮助我们处理这些依赖关系，并节省大量时间。

Gradle 的项目自动化建构工具，是使用一种基于 Groovy 的特定领域语言(DSL)来声明项目设置，抛弃了基于 XML 的各种繁琐配置。以面向 Java 应用为主，当前其支持的语言限于 Java、Groovy 和 Scala，计划未来将支持更多的语言。

Gradle 的主要功能如下：

① 按约定声明构建和建设；

② 强大地支持多工程的构建；

③ 强大的依赖管理(基于 Apache Ivy)，提供最大的便利去构建工程；

④ 全面支持已有的 Maven 或 Ivy 仓库的基础建设；

⑤ 在不需要远程仓库、pom.xml 和 ivy 配置文件的前提下支持传递性依赖管理；

⑥ 基于 Groovy 脚本构建，其 build 脚本使用 Groovy 语言编写；

⑦ 具有广泛的领域模型支持构建；

⑧ 深度 API；

⑨ 易迁移。

自由和开放源码，Gradle 是一个开源项目，基于 ASL 许可。

本书涉及的源码大多数都是 Gradle 项目，需要按照以下步骤将项目导入 eclipse 中。下面以 geek_intelligent 项目为例加以说明。

(1) 打开 eclipse，鼠标右键单击左边栏空白区域，选择“Import”，弹出导入项目对话框，然后把默认的勾选去掉，点击“Next”，如图 2.2-6 所示。

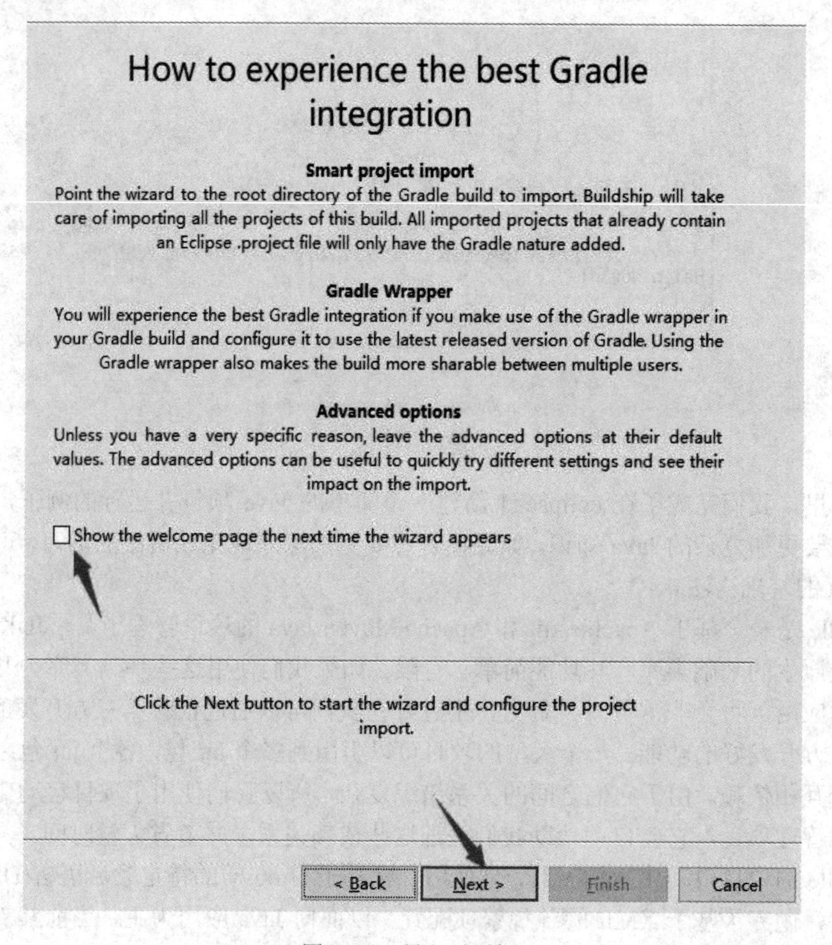

图 2.2-6　导入对话框

(2) 选择项目存在的文件夹，点击“Finish”，如图 2.2-7 所示。eclipse 右下角会提示正在导入，导入完成后我们会发现 eclipse 中多了一个项目，这是新项目的目录结构，如图 2.2-8 所示。

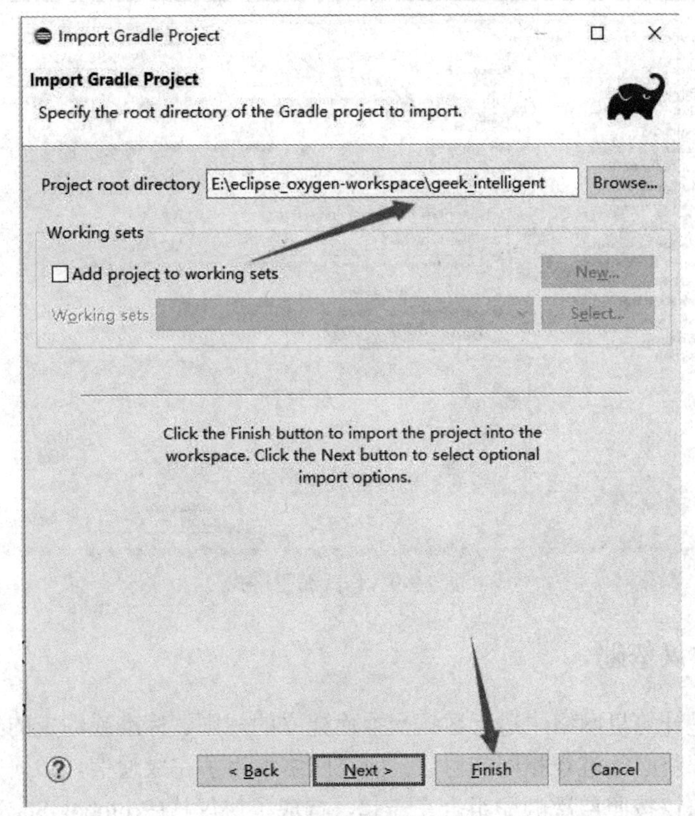

图 2.2-7 选择工程路径

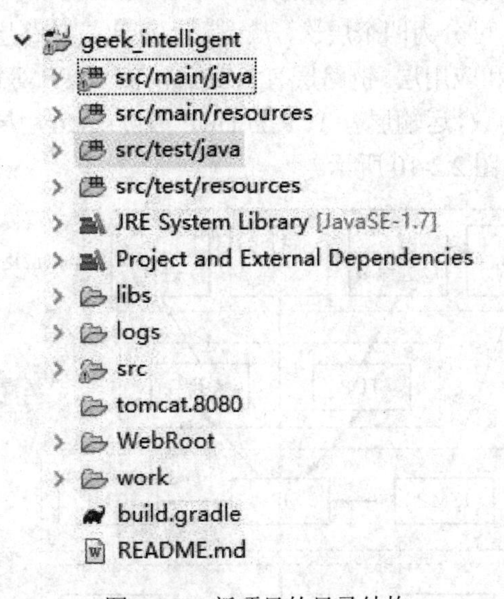

图 2.2-8 新项目的目录结构

(3) 如果在打开 Java 文件中发现里面的中文是乱码的话，就需要更改项目的编码集。鼠标右键单击项目→Properties，弹出项目属性对话框，点击“Resource”，“Text file encoding”，选择“Other”，下拉框选择“UTF-8”，点击“Apply and Close”，现在中文就能正常显示，如图 2.2-9 所示。

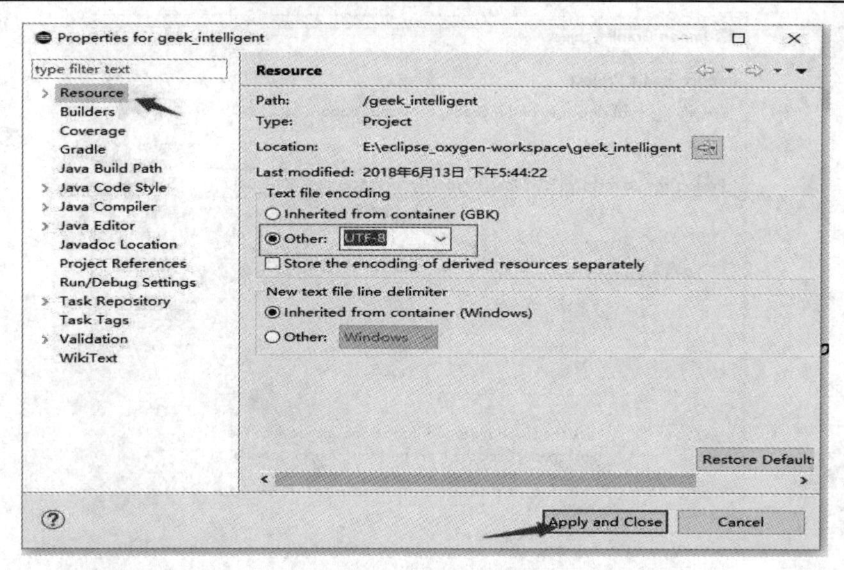

图 2.2-9　修改编码格式

2.2.2　网络协议基础

网络协议是计算机网络中进行数据交换而建立的规则、标准或约定的集合，计算机之间想要交换数据就必须遵守相同的协议。而在网络中为了完成通信，必须使用多层上的多种协议。这些协议按照层次顺序组合在一起，构成了协议栈(Protocol Stack)，也称为协议族(Protocol Suite)。目前国际互联网遵循的是 TCP/IP 协议组。

TCP/IP 是个协议组，可分为四个层次，从下到上依次是链路层(网络接口层)、网络层(互联网层)、运输层(传输层)和应用层。链路层有 ARP、RARP、PPP 等协议，网络层有 IP、ICMP、ARP、RARP、BOOTP 等协议，运输层有 TCP 与 UDP 等协议，应用层有 FTP、HTTP、TELNET、SMTP、DNS 等协议，如图 2.2-10 所示。

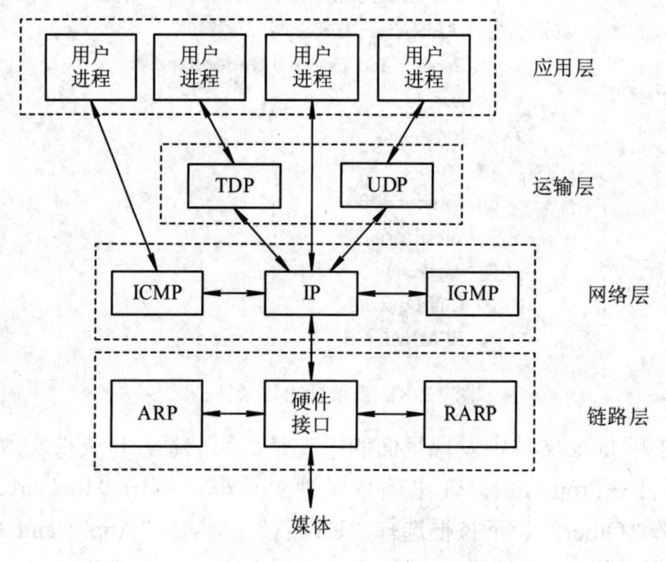

图 2.2-10　TCP/IP 协议组

下面重点介绍我们最常接触到的几种通信协议：HTTP、TCP 与 UDP 协议。

1. HTTP 协议

HTTP(HyperText Transfer Protocol，超文本传输协议)是一种建立在请求/响应模型上的通信协议。首先，由客户建立一条与服务器的 TCP 连接，并发送一个请求到服务器，请求中包含请求方法、URI、协议版本及相关的 MIME 样式消息等内容。服务器响应一个状态行，包含消息的协议版本、一个成功和失败码，以及相关的 MIME 样式消息等内容。

HTTP/1.0 为每一次 HTTP 的请求/响应建立一条新的 TCP 链接，因此一个包含 HTML 内容和图片的页面将需要建立多次的、短期的 TCP 连接。一次 TCP 链接的建立，将需要 3 次握手。

另外，为了获得适当的传输速度，则需要 TCP 花费额外的回路连接时间(RTT)。每一次连接的建立需要这种经常性的开销，而其并不带有实际有用的数据，只是保证连接的可靠性，因此 HTTP/1.1 提出了可持续连接的实现方法。HTTP/1.1 将只建立一次 TCP 的连接而重复地使用其传输一系列的请求/响应消息，因此减少了连接建立的次数和经常性的连接开销。

虽然 HTTP 本身是一个协议，但其最终还是基于 TCP 的。不过，目前有人正在研究基于 TCP+UDP 混合的 HTTP 协议。

在网络通信中，网络组件的寻址对信息的路由选择和传输来说是相当关键的。相同网络中的两台机器间的消息传输有各自的技术协定。LAN 是通过提供 6 字节的唯一标识符(“MAC”地址)在机器间发送消息的。SNA 网络中的每台机器都有一个逻辑单元及与其相应的网络地址。DECNET、AppleTalk 和 Novell IPX 均有一个用来分配编号到各个本地网和工作站的配置。

HTTP 是超文本传输协议，是客户端浏览器或其他程序与 Web 服务器之间的应用层通信协议。在 Internet 上的 Web 服务器上存放的都是超文本信息，客户机需要通过 HTTP 协议传输所要访问的超文本信息。HTTP 包含命令和传输信息，不仅可用于 Web 访问，也可用于其他因特网/内联网应用系统之间的通信，从而实现各类应用资源超媒体访问的集成。

2. TCP 与 UDP 协议

TCP 与 UDP 协议是网络通信中最常见的协议，两者的区别如下：

1) 面向连接的 TCP

“面向连接”就是在正式通信前必须要与对方建立起连接。比如，你给别人打电话，必须等线路接通了，对方拿起话筒才能相互通话。

TCP(Transmission Control Protocol，传输控制协议)是基于连接的协议。也就是说，在正式收发数据前必须与对方建立可靠的连接。一个 TCP 链接必须要经过三次“对话”才能建立起来，其中的过程非常复杂，这里仅做简单、形象的介绍，读者只要理解这个过程即可。这三次对话的简单过程为：① 主机 A 向主机 B 发出连接请求数据包，如“我想给你发数据，可以吗？”，这是第一次对话；② 主机 B 向主机 A 发送同意连接和要求同步(同步就是两台主机一个在发送，一个在接收，二者协调工作)的数据包，如“可以，你什么时候发？”，这是第二次对话；③ 主机 A 再次发出一个数据包，确认主机 B 的要求同步，即“我现在就发，你接着吧！”，这是第三次对话。

上述三次“对话”的目的是使数据包的发送和接收同步，经过三次“对话”之后主机 A 才向主机 B 正式发送数据。

TCP 协议能为应用程序提供可靠的通信连接，使一台计算机发出的字节流无差错地发往网络上的其他计算机，对可靠性要求高的数据通信系统往往使用 TCP 协议传输数据。

我们来做一个实验，用计算机 A(安装 Windows 2000 Server 操作系统)从“网上邻居”上的一台计算机 B 拷贝大小分别为 8 644 608 B 的文件，通过状态栏右下角网卡的发送和接收指标就会发现。虽然数据流是由计算机 B 流向计算机 A 的，但是计算机 A 仍发送了 3456 个数据包。这些数据包是怎样产生的呢？因为文件传输时使用了 TCP 协议，更确切地说是使用了面向连接的 TCP 协议，计算机 A 接收数据包时要向计算机 B 回发数据包，也产生了一些通信量。

如果事先用网络监视器监视网络流量，就会发现由此产生的数据流量分别是 9 478 819 B，比文件大小多出 10.96%。原因不仅在于数据包和帧本身占用了一些空间，还在于 TCP 协议面向连接的特性导致了一些额外的通信量产生。

2) 面向非连接的 UDP 协议

“面向非连接”就是在正式通信前不必与对方先建立连接，不管对方状态就直接发送。这与现在所用的手机短信非常相似：你在发短信的时候，只需要输入对方手机号就 OK 了。

用户数据报协议(User Data Protocol，UDP)是与 TCP 相对应的协议，是面向非连接的协议。它不与对方建立连接，而是直接就把数据包发送过去。

UDP 适用于一次只传送少量数据、对可靠性要求不高的应用环境。比如，我们经常使用“ping”命令来测试两台主机之间 TCP/IP 通信是否正常。其实“ping”命令的原理就是向对方主机发送 UDP 数据包，然后对方主机确认收到数据包，如果数据包能将到达的消息及时反馈回来，那么网络就是通畅的。例如，在默认状态下一次“ping”操作发送 4 个数据包。大家可以看到，发送的数据包数量是 4 个包，收到的也是 4 个包(因为对方主机收到后会发回一个确认收到的数据包)。这充分说明了 UDP 协议是面向非连接的协议，没有建立连接的过程。正因为 UDP 协议没有连接的过程，所以它的通信效率高；但也正因为如此，它的可靠性不如 TCP 协议高。QQ 就使用 UDP 发消息，因此有时会出现收不到消息的情况。

表 2.2-1　TCP 协议和 UDP 协议的差别

项目	TCP	UDP
是否连接	面向连接	面向非连接
传输可靠性	可靠	不可靠
应用场合	传输大量的数据，对可靠性要求较高的场合	传送少量数据、对可靠性要求不高的场合
速度	慢	快

TCP 协议和 UDP 协议各有所长、各有所短，适用于不同要求的通信环境。

2.2.3　Netty 基础

Netty 是一个基于 NIO(non-blocking I/O，非阻塞式 I/O)的客户、服务器端编程框架，使用 Netty 可以确保快速、简单地开发出一个网络应用，如实现了某种协议的客户端和服务端应用。Netty 相当于简化和流水线化了的网络应用编程开发过程，如基于 TCP 和 UDP 的 socket 服务开发。

Netty 是用 Java 编写的一个组件，帮我们完成搭建一个基于 TCP 或者 UDP 等协议的网络服务器的大部分功能，只需要关注自定义的数据处理部分代码，其余部分由 Netty 帮助完成。下面以建立大小写转换服务器为例介绍 Netty。

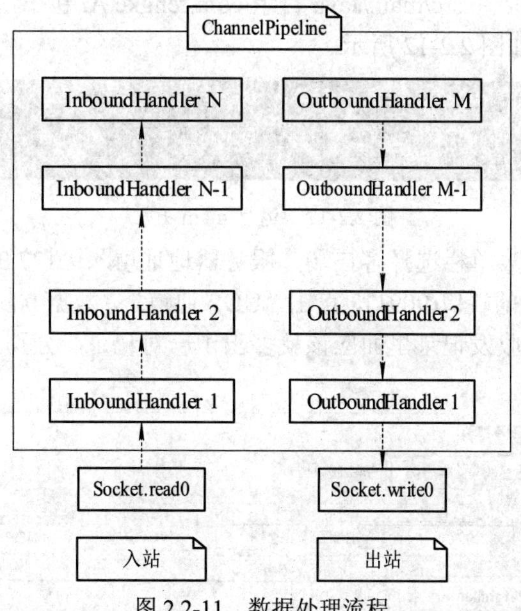

图 2.2-11　数据处理流程

1. Netty 工作流程(服务端)

我们需要使用 Netty 编写一个网络服务器。何为网络服务器呢？大致就是接受请求数据—处理请求数据—处理响应数据—返回响应数据的一个过程，其中接受请求数据和返回响应数据的工作 Netty 已经帮我们做好了，只需要做的就是按照 Netty 规定的流程来处理请求数据。Netty 处理请求的类称为 Handler(处理器)，包括进站处理器(InBoundHandler)和出站处理器(OutBoundHandle)两种。数据处理流程如图 2.2-11 所示。

现在，我们就使用 Netty 来建立一个实现字母转换为大写的服务器的例子。在这个例子中我们使用了 UDP 和 TCP 两种传输协议，来分别实现功能。

UDP 服务核心代码如代码清单 2.2-3 所示。

--代码清单 2.2-3--

```
protected void messageReceived(ChannelHandlerContext ctx, DatagramPacket msg) throws
    Exception {
        String req = msg.content().toString(CharsetUtil.UTF_8);
        String resp = req.toUpperCase();
        System.out.println(msg.sender());//msg.sendor() 获取发送方的 IP+端口
        ctx.channel().writeAndFlush(new
    DatagramPacket(Unpooled.copiedBuffer(resp.CharsetUtil.UTF_8).msg.sender()));
    }
```

UDP 是以 DatagramPacket(数据报)来传输数据的，数据报中除了实际传输的数据内容外，还含有发送者的信息(IP、端口等)和接收者的信息等，而我们回传数据的接收者信息就是使用的原包发送者信息。

2. UDP 服务实验现象

导入 testNetty 项目，在 src/main/Java 目录 com.fengke.Ai 包下，找到 UpcaseUDPServer 类，运行 main 方法，如图 2.2-12 所示。

```
"C:\Program Files\Java\jdk1.7.0_17\bin\java" ...
使用协议：UDP 运行端口：9091
```

图 2.2-12　运行 main 方法

打开 socket，上边菜单栏选择客户端，服务器地址填入“127.0.0.1(本机 IP 地址)”，端口填写程序里面设置的端口(9091)，点击“UDP 通道”，数据 0 随便填写一段小写字母，点击右边的“发送”，收发记录里面应该就多出了一对记录，分别是发送的数据和接收的数据，如图 2.2-13 所示。

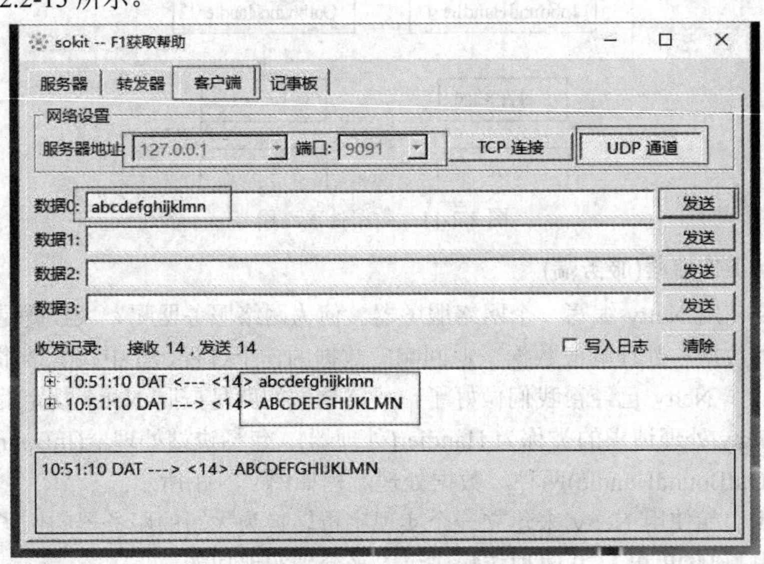

图 2.2-13　运行结果

3. TCP 服务核心代码

为了让大家更加深入地了解 Netty 原理，TCP 传输的 DEMO 使用了以下两个处理器(handler)：

1) Byte2Str

(1) Decode 方法：将接收的字节数组转换为字符串。

(2) Encode 方法：将回传的字符串转换为字节数组。

2) Str2Upcase

(1) Decode 方法：将接收到的字符串转换为大写。

(2) Encode 方法：直接回传接收到的字符串。

具体的数据流动如图 2.2-14 所示。

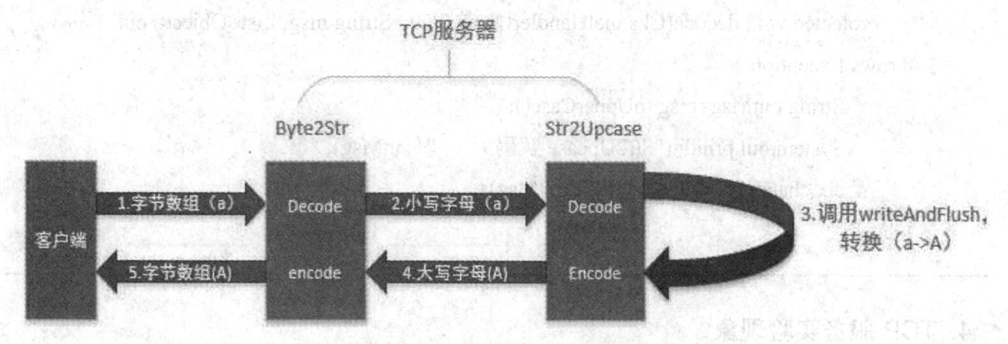

图 2.2-14　数据流动示意图

具体如代码清单 2.2-4 所示。

--代码清单 2.2-4--

```
@Override
    protected void encode(ChannelHandlerContext ctx, String msg, ByteBuf out) throws
Exception {
    System.out.println("Byte2Str 编码后：  "+msg.getBytes("UTF-8"));
    out.writeBytes(msg.getBytes("UTF-8"));
}
@Override
    protected void decode(ChannelHandlerContext ctx, ByteBuf in, List<Object> out)
throws Exception {
    int length = in.readableBytes();
    byte[] contByte = new byte[length];
    String contStr="";
    in.readBytes(contByte);
    contStr = new String(contByte);
    System.out.println("Byte2Str 解码后：  "+contStr);
    out.add(contStr);
```

String 转换为大写的代码如代码清单 2.2-5 所示。

--代码清单 2.2-5--

```
public class Str2Upcase extends MessageToMessageCodec<String, String> {
    @Override
    protected void encode(ChannelHandlerContext ctx, String msg, List<Object> out)
throws Exception {
        System.out.println("Str2Upcase 编码后：  "+msg);
        out.add(msg);
    }
```

```
    @Override
    protected void decode(ChannelHandlerContext ctx, String msg, List<Object> out)
throws Exception {
        String outMsg=msg.toUpperCase();
        System.out.println("Str2Upcase 解码后：  "+outMsg);
        ctx.channel().writeAndFlush(outMsg);
    }
```

---

4. TCP 服务实验现象

在 src/main/Java 目录 com.fengke.Ai 包下，找到 UpcaseTCPServer 类，运行 main 方法，如图 2.2-15 所示。

```
"C:\Program Files\Java\jdk1.7.0_17\bin\java" ...
使用协议：TCP 运行端口：9090
```

图 2.2-15　运行 main 方法

再次打开 sokit，菜单栏选择客户端，服务器地址入“127.0.0.1(本机 IP 地址)”，端口填写程序里面设置的端口(9090)，点击“TCP 通道”，数据 0 随便填写一段小写字母，点击右边的“发送”，收发记录里面应该就多出了一对记录，分别是发送的数据和接收的数据，如图 2.2-16 所示。

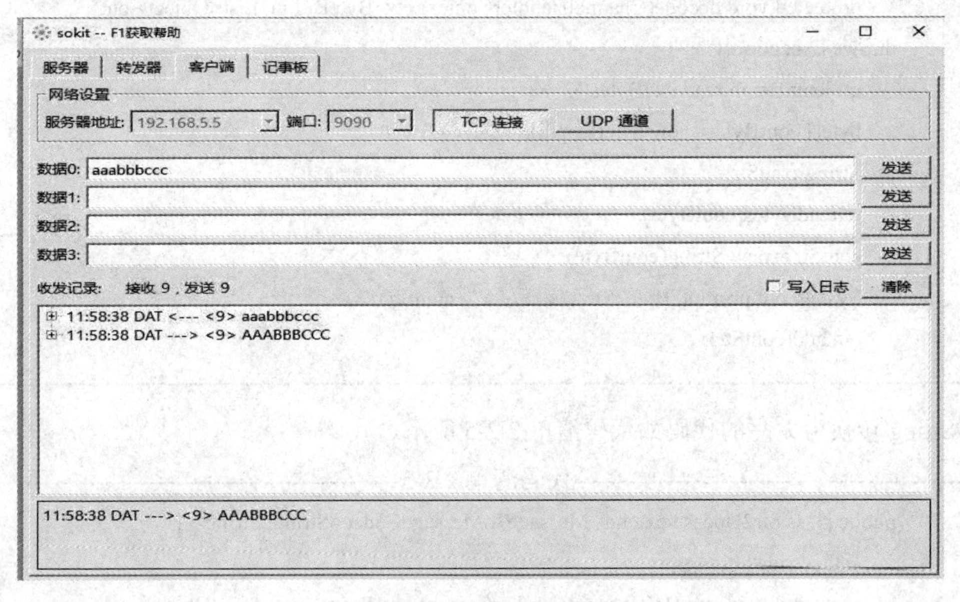

图 2.2-16　运行结果

2.2.4　HttpClient 基础

说到 HTTP，大家可能并不陌生，打开浏览器，随便进入一个网站，在地址栏上总会有

“http://”或者“https://”字样，这就是我们访问网页经常用到的通信协议——HTTP 协议(HTTPS 为内容加密的 HTTP 协议)。顾名思义，httpClient 就是在 Java 程序中使用 HTTP 协议进行网络访问的客户端，越来越多的 Java 应用程序需要直接通过 HTTP 协议来访问网络资源。虽然在 JDK 的 Java.net 包中已经提供了访问 HTTP 协议的基本功能，但是对于大部分应用程序来说，JDK 库本身提供的功能还不够丰富和灵活。HttpClient 是 Apache Jakarta Common 下的子项目，用来提供最新的、高效的、功能丰富的、支持 HTTP 协议的客户端编程工具包，并且能支持 HTTP 协议最新的版本和建议。HttpClient 已经应用在很多的项目中，比如 Apache Jakarta 上很著名的两个开源项目(Cactus 和 HTMLUnit)都使用了 HttpClient。

本书实例所使用的第三方 AI 算法服务器为百度云提供，使用 HTTP 接口进行通信。如果想实现后续的实验现象，我们需要创建一个百度云 AI 应用。创建流程如下：

(1) 进入百度 AI 语音识别页面“http://ai.baidu.com/tech/speech”，点击“立即使用”，然后登录(没有百度账号的读者可以点击右下角免费注册一个)，点击“创建应用”，如图 2.2-17 所示。

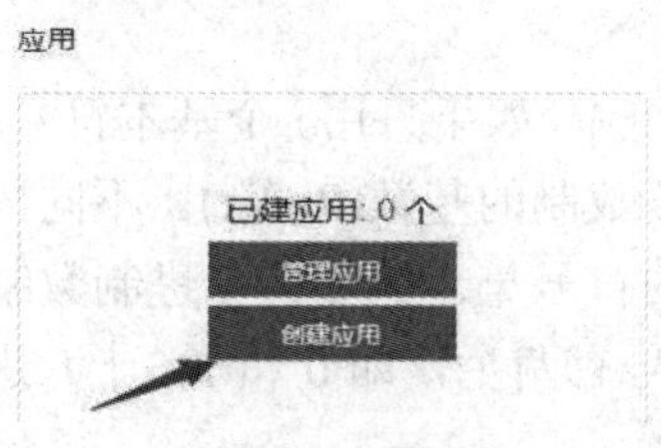

图 2.2-17　创建应用

(2) 填写应用信息及需要使用的功能，语音识别功能百度已经为我们默认勾选上了，再把人脸识别的功能也勾选上，以备后面使用，如图 2.2-18 所示。

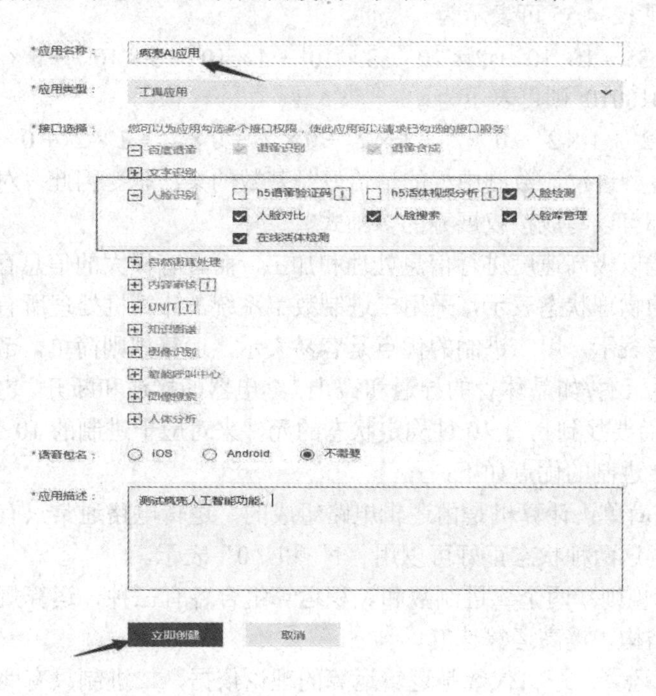

图 2.2-18　选择功能

(3) 创建完成后，点击“返回应用列表”，就可以看到 AppID、 API Key、Secret Key，先把这些信息保存一份到电脑中，如图 2.2-19 所示。

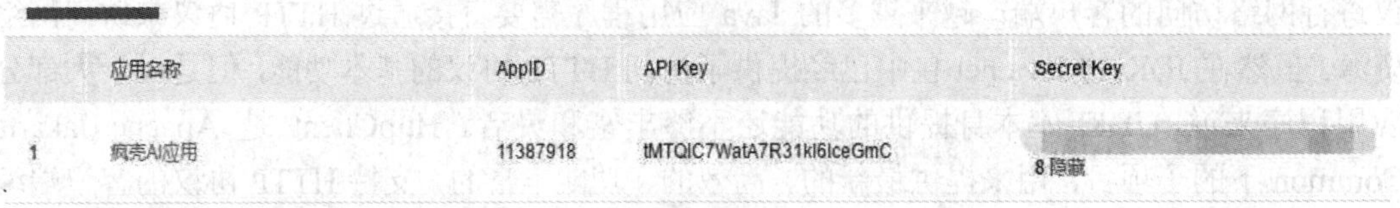

	应用名称	AppID	API Key	Secret Key
1	疯壳AI应用	11387918	tMTQIC7WatA7R31kl6IceGmC	8 隐藏

图 2.2-19　创建完成

2.2.5　数据的存储形式

数据在计算机中以二进制形式进行存储，我们需要先了解一下什么是“进制”。

进制也就是进位制，是人们规定的一种进位方法。对于任何一种进制，X 进制就表示某一位置上的数运算时是逢 X 进一位，即十进制是逢十进一、十六进制是逢十六进一、二进制就是逢二进一。

在采用进位计数的数字系统中，如果只用 r 个基本符号表示数值，则称为 r 进制(Radix-r Number System)，其中 r 称为该数制的基数(Radix)。不同数制的共同特点如下：

(1) 每一种数制都有笃定的符号集。例如：十进制数制的基本符号有十个，即 0，1，2…，9；二进制数制的基本符号有两个，即 0 和 1；十六进制的基本符号有 16 个，即 0，1，2…，9，a，b，c，d，e，f。

(2) 每一种数制都使用位置表示法，即处于不同位置的数符所代表的值不同，与其所在位的权值有关。

例如：十进制 1234.55 可表示为：

$$1234.55 = 1 \times 10^3 + 2 \times 10^2 + 3 \times 10^1 + 4 \times 10^0 + 5 \times 10^{-1} + 5 \times 10^{-2}$$

而二进制 01010010 则可表示为：

$$0 \times 2^7 + 1 \times 2^6 + 0 \times 2^5 + 1 \times 2^4 + 0 \times 2^3 + 0 \times 2^2 + 1 \times 2^1 + 0 \times 2^0$$

可以看出，各种进位计数制中权的值恰好是基数的某次幂。因此，对任何一种进位计数制表示的数，都可以写成按权展开的多项式。

电子计算机能以极高速度进行信息处理和加工，而且有极大的信息存储能力。数据在计算机中以器件的物理状态表示，采用二进制数字系统，计算机处理所有的字符或符号也要用二进制编码来表示。用二进制的优点是容易表示，运算规则简单，节省设备。通常具有两种稳定状态的元件(如晶体管的导通和截止、继电器的接通和断开、电脉冲电平的高低等)容易被找到，而要找到具有 10 种稳定状态的元件来对应十进制的 10 个数就困难了。

计算机采用二进制的优点如下：

(1) 技术实现简单：计算机是由逻辑电路组成的，逻辑电路通常只有两个状态，即开关的接通与断开，这两种状态正好可以用“1”和“0”表示。

(2) 简化运算规则：两个二进制数和、积运算组合各有三种，运算规则简单，有利于简化计算机内部结构，提高运算速度。

(3) 适合逻辑运算：逻辑代数是逻辑运算的理论依据，二进制只有两个数码，正好与逻辑代数中的“真”和“假”相吻合。

(4) 易于进行转换：二进制与十进制数易于互相转换。

(5) 用二进制表示数据具有抗干扰能力强、可靠性高等优点。因为每位数据只有高和低两个状态，当受到一定程度的干扰时仍能可靠地分辨出其是高还是低。

人类一般的思维方式是以十进制来表示的，而计算机则是二进制，但是对于编程人员来说，都是需要直接与计算机打交道的。如果给我们一大串的二进制数，比如说一个4字节的int型的数据(0000 1010 1111 0101 1000 1111 1011 1111)，我想任何一个人看到这样一大串的0、1都无法快速理解，所以必须要有一种更加简洁、灵活的方式来呈现这对数据了。

那么，我们有没有一种更折中的方式来协调编程人员与计算机呢，当然有了，最常用的就是八进制和十六进制了。

常用的进制有二进制、十进制、八进制和十六进制。八进制、十六进制、二进制—十进制都是按权展开的多项式相加，得到十进制的结果。比如：

二进制1010.1到十进制：

$$1 \times 2^3 + 0 \times 2^2 + 1 \times 2^1 + 0 \times 2^0 + 1 \times 2^{-1} = 10.5$$

八进制13.1到十进制：

$$1 \times 8^1 + 3 \times 8^0 + 1 \times 8^{-1} = 11.125$$

十六进制13.1到十进制：

$$1 \times 16^1 + 3 \times 16^0 + 1 \times 16^{-1} = 19.0625$$

由于1位(bit)所能代表的信息只有两种(0和1)，其包含的信息太少，所以计算机处理数据都是以字节(byte)为最小单位来进行的，1 byte = 8 bit，比如0001 0001就是一个字节的数据，我们可以把计算机中的所有数据都看成是一个字节数组。为了方便直观看到字节数组的内容，通常可以把字节数组转换成十六进制的字符串，或者是4字节int数组。

一个十六进制数可以表示4 bit，所以一个字节可以使用两个十六进制数来表示，通常会在两个十六进制数之前加上“0X”前缀来标识，比如0X00、0Xff等。

我们可以得到下面的转换公式：

String[8n] <--> Byte[4n] <--> int[n]

对于一个4n长度的byte数组，我们可以替换成2n长度的十六进制字符串或者n长度的int数组来表示。

2.2.6 加解密算法基础

本小节介绍使用TEA加密算法对传输的数据进行加密，此算法是由英国剑桥大学计算机实验室提出的一种对称分组加密算法。它采用的是扩散和混乱方法，对64位的明文数据块可用128位密钥分组进行加密，产生64位的密文数据块，其循环轮数可根据加密强度需要设定。

在文件加密过程中加法运算和减法运算都是可逆的操作。算法轮流使用亦或运算和加法运算提供非线性特性，双移位操作使密钥和数据的所有比特重复混合，最多16轮循环就能使数据或密钥的单个比特的变化扩展到接近32比特。因此，当循环轮数达到16轮以上时，该算法具有很强的抗差分攻击能力，128比特密钥长度可以抗击穷举搜索攻击，该算法设计者推荐算法迭代次数为 32 轮。

TEA 加密算法本身非常简练，无论采用软件方式，还是硬件方式，实现起来都非常容易。

TEA 加/解密核心代码如下：

(1) 加密算法：一次加密 8 字节数据，使用 16 字节密钥，运算 16 次，如代码清单 2.2-6 所示。

--代码清单 2.2-6--

```
public static byte[] _encrypt(byte[] content, int offset, int[] key, int times) {
    int[] tempInt = ByteUtils.byteToInt(content, offset);
    int y = tempInt[0], z = tempInt[1], sum = 0, i;
    int delta = 0x9e3779b9;
    int a = key[0], b = key[1], c = key[2], d = key[3];
    for (i = 0; i < times; i++) {
        sum += delta;
        y += ((z << 4) + a) ^ (z + sum) ^ ((z >>> 5) + b);
        z += ((y << 4) + c) ^ (y + sum) ^ ((y >>> 5) + d);
    }
    tempInt[0] = y;
    tempInt[1] = z;
    return ByteUtils.intToByte(tempInt, 0);
}
```

----

(2) 解密算法：一次解密 8 字节数据，使用 16 字节密钥，运算 16 次，如代码清单 2.2-7 所示。

--代码清单 2.2-7--

```
public static byte[] _decrypt(byte[] encryptContent, int offset, int[] key, int times) {
    int[] tempInt = ByteUtils.byteToInt(encryptContent, offset);
    int y = tempInt[0], z = tempInt[1], sum = 0, i;
    int delta = 0x9e3779b9;
    int a = key[0], b = key[1], c = key[2], d = key[3];
    if (times == 32)
        sum = 0xC6EF3720;
    else if (times == 16)
        sum = 0xE3779B90;
    else
        sum = delta * times;

    for (i = 0; i < times; i++) {
```

```
        z -= ((y << 4) + c) ^ (y + sum) ^ ((y >>> 5) + d);
        y -= ((z << 4) + a) ^ (z + sum) ^ ((z >>> 5) + b);
        sum -= delta;
    }
    tempInt[0] = y;
    tempInt[1] = z;
    return ByteUtils.intToByte(tempInt, 0);
}
```

上面介绍了对于8字节数据的一次加密与解密，然而在实际情况中我们需要加密的直接长度是不固定的，而TEA加密算法一次只能加/解密8字节长度的数据。假设明文数据(加密前的数据)字节长度是N，这时需要把原数据按照8字节依次切割，我们不能保证N是8的整数倍，需要对明文进行数据填充，使之长度为8的整数倍，需要填充的字节长度是8-N%8(%为求余符号，可知填充的字节数为1～7)，在这里我们需要做一下规定，填充的1～7个字节需要放在明文的最前面，填充的第一个字节(1个字节可以表示–128～127)表示填充的字节数。

现在看来，对于不定长数据的TEA进行加/解密运算。不定长数据解密，先填充字节，使之长度为8的整数倍，然后批量进行TEA加密运算，如代码清单2.2-8所示。

代码清单2.2-8

```
public static byte[] _encryptBatch(byte[] temp, int[] key) {
    /**
* 由于加密的字节数不确定是8的倍数，所以我们需要对加密内容进行填充；
* 填充字节数为1～8，第一个字节(1字节int)表示填充的字节数，并放；
* 置于字节数组的最前面，解密时会将填充的字节数按字节数组的第一个字节；
* (1字节int)去除掉，即可得到原明文
*/
    int n = 8 - temp.length % 8;
    byte[] encryptStr = new byte[temp.length + n];
    encryptStr[0] = (byte) n;
    System.arraycopy(temp, 0, encryptStr, n, temp.length);
    byte[] result = new byte[encryptStr.length];
    for (int offset = 0; offset < result.length; offset += 8) {
        byte[] tempEncrpt = _encrypt(encryptStr, offset, key, 16);// 32
        System.arraycopy(tempEncrpt, 0, result, offset, 8);
    }
    return result;
}
```

不定长数据解密，在批量进行 TEA 解密运算后需要按照数据第一字节表示的数字丢弃掉前 N 个字节的数据，即可得到加密前的明文，如代码清单 2.2-9 所示。

--代码清单 2.2-9--

```
public static byte[] _decryptBatch(byte[] secretInfo, int[] key) {
    byte[] decryptStr = null;
    byte[] tempDecrypt = new byte[secretInfo.length];
    for (int offset = 0; offset < secretInfo.length; offset += 8) {
        decryptStr = _decrypt(secretInfo, offset, key, 16);// 32
        System.arraycopy(decryptStr, 0, tempDecrypt, offset, 8);
    }
    int n = tempDecrypt[0];
  //此处把加密时填充的字节去掉
    return Arrays.copyOfRange(tempDecrypt, n, decryptStr.length);
}
```

打开 FaceVerify 项目，进入 com.fengke.Ai 包下 Ebcrypt 类，我们可以随意改变 key 的值(需要保证为 16 字节)和原数据的值，运行 main 方法，代码清单如 2.2-10 所示。

--代码清单 2.2-10--

```
public static void main(String[] args) {
    /**
* TEA 加密算法是一种比较常用的简单加密算法，算法会使用给的密钥(key-16 字节数据)对一个 8 字节数据进行多次加密运算，加密的次数由我们自己控制，解密方法类似，用密钥对密文进行相同次数的解密即可得到原文比较推荐的是 32 或 64 次运算，由于我们的单片机算力有限，我们采用的是 16 次加密
*/
    //定义密钥 key, 我们采用 4 个长度的 4 字节 int 来描述 key
    int[] key = {312, 432, 32, 2189};
    //这里可以随意定义任意多个 byte(十六进制表示)
    byte[] origin_data = ByteUtils.fromHexString("025e683a8e5425e2c452fd8fed");
    //进行 16 轮 TEA 加密
    byte[] encrypt_data = _encryptBatch(origin_data,key);
    //进行 16 轮 TEA 解密
    byte[] decrypt_data = Decrypt._decryptBatch(encrypt_data,key);
    System.out.println("原数据：" + ByteUtils.toHexString(origin_data));
    System.out.println("加密后数据：" + ByteUtils.toHexString(encrypt_data));
    System.out.println("解密后数据：" + ByteUtils.toHexString(decrypt_data));
}
```

我们可以看到运行结果，经过一轮加/解密运算，解密后的数据就是原数据，如图 2.2-20 所示。

```
原数据：025e683a8e5425e2c452fd8fed
加密后数据：126a2bcc02082338e2b1e6257483d271
解密后数据：025e683a8e5425e2c452fd8fed
```

图 2.2-20 运行结果

前面我们已经成功地使用了 TEA 加/解密算法，对任意长度的数据进行了加/解密，并且成功地得到了想要的结果，接下来需要了解的就是 ECDH 算法，那么 ECDH 算法又是用来做什么的呢？需要注意的是，设备和服务器在使用 TEA 算法进行加/解密时需要使用同一个密钥 key，出于数据安全考虑，这个 key 不能以明文的形式在网络上传播，所以我们需要用到 ECDH。

ECDH 算法本身不是一种加密算法，而是用来在网络上协商交换加密密钥的，具体的交换流程如下：

交换双方可以在不共享任何秘密的情况下协商出一个密钥。ECC 是建立在基于椭圆曲线的离散对数问题上的密码体制。假设给定椭圆曲线上的一个点 P，一个整数 k，求解 Q=kP 很容易；给定一个点 P、Q，知道 Q=kP，求整数 k 却是一个难题。ECDH 即建立在此数学难题之上。密钥磋商过程如下：

假设密钥交换双方为 Alice 和 Bob，有共享曲线参数(椭圆曲线 E、阶 N、基点 G)。

(1) Alice 生成随机整数 a，计算 A=a*G。(定义 A 为 Alice 的公钥，a 为私钥)

(2) Bob 生成随机整数 b，计算 B=b*G。(定义 B 为 Bob 的公钥，b 为私钥)

(3) Alice 将 A 传递给 Bob。A 的传递可以公开，即攻击者可以获取 A。

由于椭圆曲线的离散对数问题是难题，所以攻击者不可以通过 A、G 计算出 a。

(4) Bob 将 B 传递给 Alice。同理，B 的传递可以公开。

(5) Bob 收到 Alice 传递的 A，计算 Q =b*A。

(6) Alice 收到 Bob 传递的 B，计算 Q'=a*B。

Alice、Bob 双方即得 Q=b*A=b*(a*G)=(b*a)*G=(a*b)*G=a*(b*G)=a*B=Q' (交换律和结合律)，即双方得到一致的密钥 Q。而攻击者虽然得到了 A、B，却无法通过 A、B 计算出密钥 Q。

另外，对于同一个基点 G，理论上可以随机生成无数对公私钥。任意两对公私钥进行协商，都能得到相同的密钥。

打开 FaceVerify 项目下 com.fengke.Ai 包 ECDHUtil 类，运行 main 方法，我们在这里随机生成了 5 组公私钥(由于生成的公私钥过长，我们只截取了后 32 字节进行输出)，并且随意选择其中的两组进行密钥协商，最后将协商出来的密钥截取了前 16 个直接作为 TEA 加/解密算法的密钥，如代码清单 2.2-11 所示。

---代码清单 2.2-11---

```
public static void main(String[] args) {
    int i =1;
    List<Map<String, byte[]>> keyList= new ArrayList<Map<String, byte[]>>();
```

```
        //生成 5 组
        while(i<=5){
            Map<String, byte[]> keyMap=genKeyPair();
            for (Map.Entry<String, byte[]> entry:keyMap.entrySet()) {
                System.out.println(entry.getKey()+"("+i+"):"+ByteUtils.toHexString(entry.getValue()));
            }
            keyList.add(keyMap);
            i++;
        }
        //将任意一对公钥和私钥交换，计算出来的密钥都是相等的
        int m=1; int n=3;
        System.out.println("使用"+m+"，"+n+"两组公私钥进行协商：");
        System.out.println("加密串 1：" + ByteUtils.toHexString(genAuthKey(keyList.get(m)
                        .get("PRK"), keyList.get(n).get("PUK"))));
        System.out.println("加密串 2："+ByteUtils.toHexString(genAuthKey(keyList.get(n).get("PRK"),
    keyList.get(m).get("PUK"))));
    }
```

运行结果，如图 2.2-21 所示。

```
PUK(1):308201213081de06072a8648ce3d02013081d2020101302906072a8648ce3d0101021e7fffffffffffffffffffffff7fffffffffff8000000000007fffffffffff3040041e7fffffffffffffffffffffff7fffffffffff8000000000007ffffff
PRK(1):30820229020100308ide06072a8648ce3d02013081d2020101302906072a8648ce3d0101021e7fffffffffffffffffffffff7fffffffffff8000000000007fffffffffff3040041e7fffffffffffffffffffffff7fffffffffff8000000000007
PUK(2):308201213081de06072a8648ce3d02013081d2020101302906072a8648ce3d0101021e7fffffffffffffffffffffff7fffffffffff8000000000007fffffffffff3040041e7fffffffffffffffffffffff7fffffffffff8000000000007ffffff
PRK(2):308202290201003081de06072a8648ce3d02013081d2020101302906072a8648ce3d0101021e7fffffffffffffffffffffff7fffffffffff8000000000007fffffffffff3040041e7fffffffffffffffffffffff7fffffffffff8000000000007
PUK(3):308201213081de06072a8648ce3d02013081d2020101302906072a8648ce3d0101021e7fffffffffffffffffffffff7fffffffffff8000000000007fffffffffff3040041e7fffffffffffffffffffffff7fffffffffff8000000000007ffffff
PRK(3):308202290201003081de06072a8648ce3d02013081d2020101302906072a8648ce3d0101021e7fffffffffffffffffffffff7fffffffffff8000000000007fffffffffff3040041e7fffffffffffffffffffffff7fffffffffff8000000000007
PUK(4):308201213081de06072a8648ce3d02013081d2020101302906072a8648ce3d0101021e7fffffffffffffffffffffff7fffffffffff8000000000007fffffffffff3040041e7fffffffffffffffffffffff7fffffffffff8000000000007ffffff
PRK(4):308202290201003081de06072a8648ce3d02013081d2020101302906072a8648ce3d0101021e7fffffffffffffffffffffff7fffffffffff8000000000007fffffffffff3040041e7fffffffffffffffffffffff7fffffffffff8000000000007
PUK(5):308201213081de06072a8648ce3d02013081d2020101302906072a8648ce3d0101021e7fffffffffffffffffffffff7fffffffffff8000000000007fffffffffff3040041e7fffffffffffffffffffffff7fffffffffff8000000000007ffffff
PRK(5):308202290201003081de06072a8648ce3d02013081d2020101302906072a8648ce3d0101021e7fffffffffffffffffffffff7fffffffffff8000000000007fffffffffff3040041e7fffffffffffffffffffffff7fffffffffff8000000000007
使用1，3两组公私钥进行协商：
加密串1：ab1ddd3648b6ea34911e6f41f9b75bb5
加密串2：ab1ddd3648b6ea34911e6f41f9b75bb5
```

图 2.2-21　运行结果

第 3 章　AI 语音识别系统开发实战

3.1　语音识别系统架构

经过一系列的基础知识铺垫，到这里便开始结合前期所学的知识，把一块一块“砖”垒成“高楼大厦”。AI 语音识别系统的架构如图 3.1-1 所示。

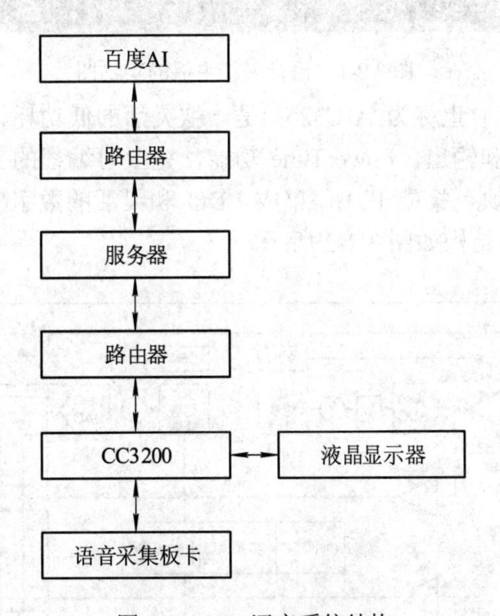

图 3.1-1　AI 语音系统结构

语音采集板卡采集到环境语音，通过 I^2S 接口传送到 CC3200，再通过 WiFi 把采集到的语音信号发送给服务器，通过服务器使用百度 AI 语音识别的开源 API 接口，把语音信号传送到百度 AI 的服务器上，识别成功后百度 AI 返回识别后的字符串传给服务器，再由服务器通过 WiFi 把识别到的字符串回传给 CC3200，CC3200 把收到的字符串通过 12864 液晶屏显示出来。

3.2　语音识别硬件设计

语音采集板卡主要运用的是 TI 官方的方案 TLV320AIC3254 音频编解码器+TPA2012D2RTJ 功率放大器。图 3.2-1 为语音采集主板的实物图。

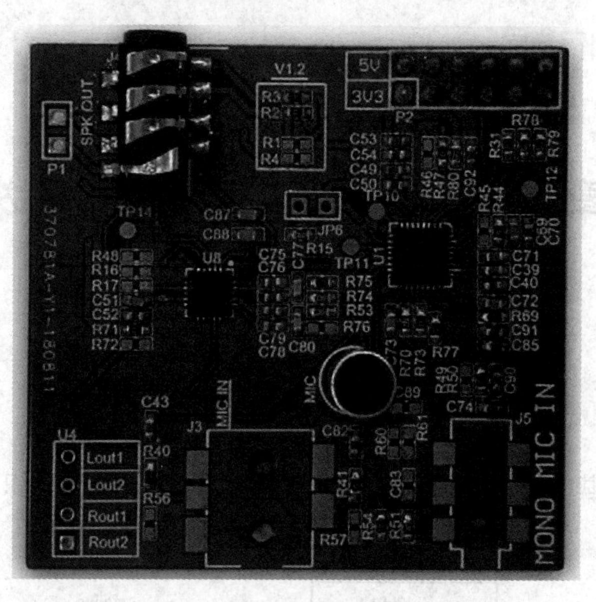

图 3.2-1　语音采集主板的实物图

TLV320AIC3254(有时也称为 AIC3254)是一款灵活的低功耗、低电压立体声音频编解码器，具有可编程输入和输出，PowerTune 功能，完全可编程的 miniDSP，固定的预定义和可参数化信号处理模块，集成 PLL，集成 LDO 和灵活的数字接口，支持 I^{2}C 和 SPI。TLV320AIC3254 的内部结构如图 3.2-2 所示。

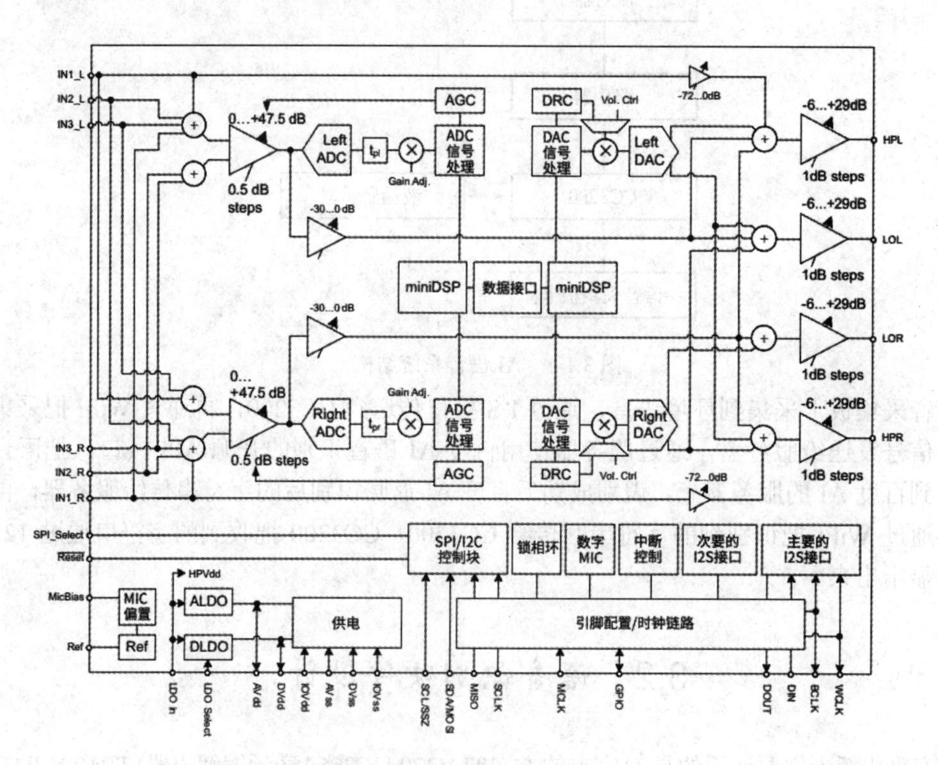

图 3.2-2　TLV320AIC3254 的内部结构图

图 3.2-3 为语音采集主板 TLV320AIC3254 的外围电路。

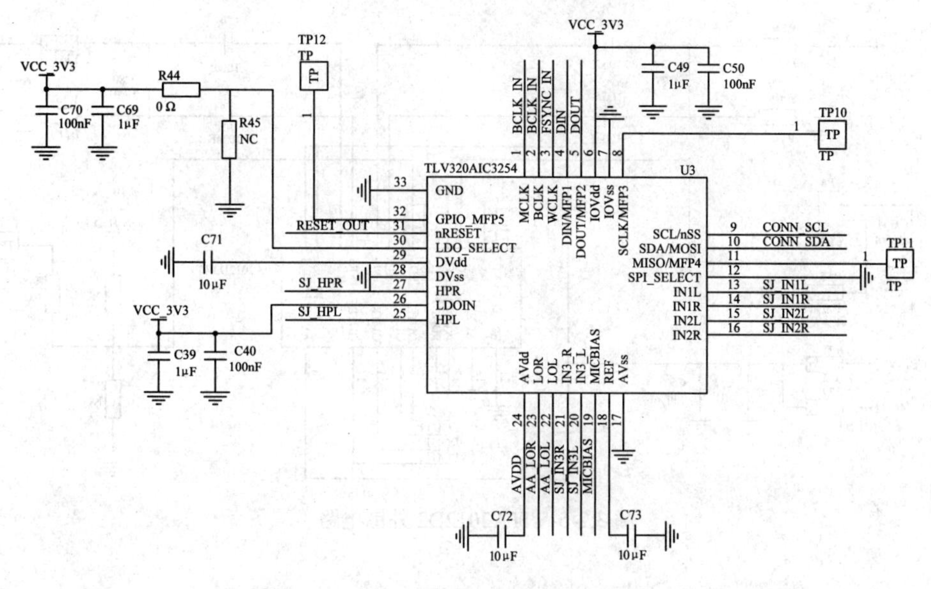

图 3.2-3　TLV320AIC3254 的外围电路

TPA2012D2 是一款立体声的 D 类音频放大器(D 类放大器)，为每个通道提供独立的关闭控制。使用 G0 和 G1 增益选择引脚可以将增益选择为 6 dB、12 dB、18 dB 或 24 dB，在语音采集板卡上主要是实现把采集回来的声音通过耳机播放出来的效果，其功能框图如图 3.2-4 所示。

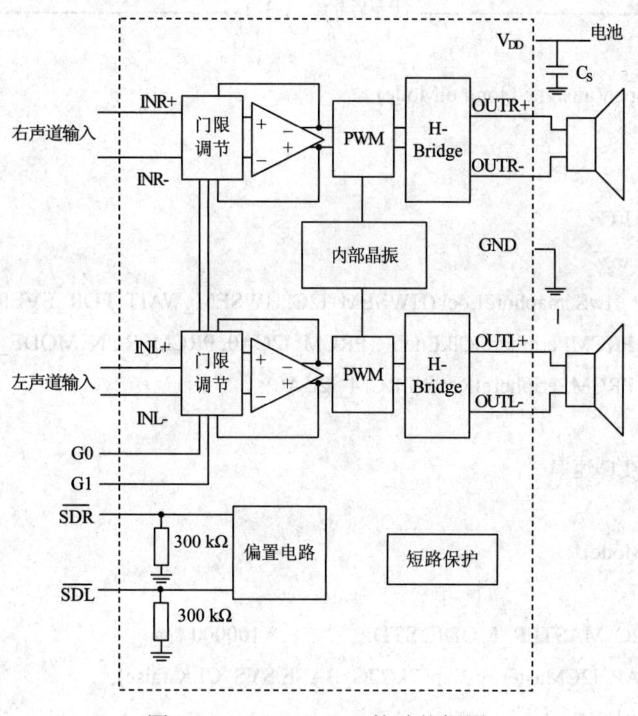

图 3.2-4　TPA2012D2 的功能框图

图 3.2-5 为语音采集主板的 TPA2012D2 外围电路。

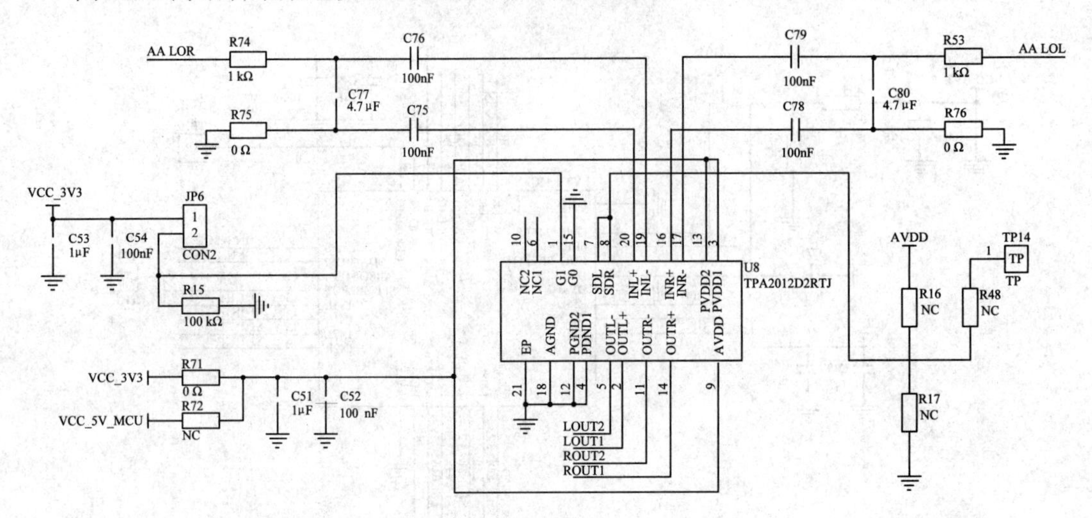

图 3.2-5　TPA2012D2 外围电路

3.3　语音识别硬件代码详解

TLV320AIC3254 支持 I^{2}C 和 SPI 接口，这里用到 I^{2}C，用 IAR 打开 AI_ASR 里面的工程。代码清单 3.3-1 所示为 CC3200 初始化 I^{2}C 部分代码。

---代码清单 3.3-1---

```
Int
I2C_IF_Open(unsigned long ulMode)
{
    //
    //使能 I2C
    //
    //MAP_HwSemaphoreLock(HWSEM_I2C, HWSEM_WAIT_FOR_EVER);
    MAP_PRCMPeripheralClkEnable(PRCM_I2CA0, PRCM_RUN_MODE_CLK);
    MAP_PRCMPeripheralReset(PRCM_I2CA0);
    //
    //配置 I2C 速率
    //
switch(ulMode)
{
    case I2C_MASTER_MODE_STD:             /* 100000 */
        MAP_I2CMasterInitExpClk(I2C_BASE,SYS_CLK,false);
        break;
    case I2C_MASTER_MODE_FST:             /* 400000 */
```

```
        MAP_I2CMasterInitExpClk(I2C_BASE,SYS_CLK,true);
        break;
    default:
        MAP_I2CMasterInitExpClk(I2C_BASE,SYS_CLK,true);
        break;
    }
    //
    / 禁用多主模式
    //
    //MAP_I2CMasterDisable(I2C_BASE);
    return SUCCESS;
}
```

对 TLV320AIC3254 初始化函数，如代码清单 3.3-2 所示。

代码清单 3.3-2

```
//
// 配置音频声卡参数
//
AudioCodecReset(AUDIO_CODEC_TI_3254, NULL);
#if defined (USE_ONBOARD_MIC)//板载麦克风
AudioCodecConfig(AUDIO_CODEC_TI_3254, AUDIO_CODEC_16_BIT, 16000,
      AUDIO_CODEC_STEREO, AUDIO_CODEC_SPEAKER_ALL,
      AUDIO_CODEC_MIC_ALL);
//音量调整  0～100
AudioCodecSpeakerVolCtrl(AUDIO_CODEC_TI_3254, AUDIO_CODEC_SPEAKER_ALL, 95);
AudioCodecMicVolCtrl(AUDIO_CODEC_TI_3254, AUDIO_CODEC_MIC_ALL, 95);
```

通过该函数可以设置设备的 ID、采样位数、采样速率、音频通道、音频输出及音频输入。

本次实验使用 UDP 连接的方式进行通信。使用 CC3200 配置为 UDP 模式的代码，如代码清单 3.3-3 所示。

代码清单 3.3-3

```
long CreateUdpServer(tUDPSocket *pSock)
{
    int uiPort = AUDIO_PORT;
    long lRetVal = -1;
    pSock->iSockDesc = socket(AF_INET, SOCK_DGRAM, 0);
    pSock->Server.sin_family = AF_INET;
```

```
    pSock->Server.sin_addr.s_addr = htonl(INADDR_ANY);
    pSock->Server.sin_port = htons(uiPort);
    pSock->iServerLength = sizeof(pSock->Server);
    pSock->Client.sin_family = AF_INET;
    pSock->Client.sin_addr.s_addr = htonl(INVALID_CLIENT_ADDRESS);
    pSock->Client.sin_port = htons(uiPort);
    pSock->iClientLength = sizeof(pSock->Client);
    lRetVal = bind(pSock->iSockDesc,(struct sockaddr*)&(pSock->Server),
        pSock->iServerLength);
    ASSERT_ON_ERROR(lRetVal);
    return SUCCESS;
}
```

打开 common.h，连接的路由器名称及密码如代码清单 3.3-4 所示，特别注意的是要修改加密方式 OPEN、WEP 或者 WPA。

--代码清单 3.3-4--

```
//
// 配置路由器参数
//
#define SSID_NAME            "fengke2.4G"       /* AP 的 SSID */
#define SECURITY_TYPE        SL_SEC_TYPE_WPA /* 加密类型 (OPEN or WEP or WPA*/
#define SECURITY_KEY         "fengke305"        /* AP 的密码 */
#define SSID_LEN_MAX         32
#define BSSID_LEN_MAX        6
```

连接服务器的 IP 地址及端口如图 3.3-1 所示。在 network.c 找到 HOST_IP_ADDR，可在宏定义中修改 IP 地址，通过改变 usPort 的值修改端口。

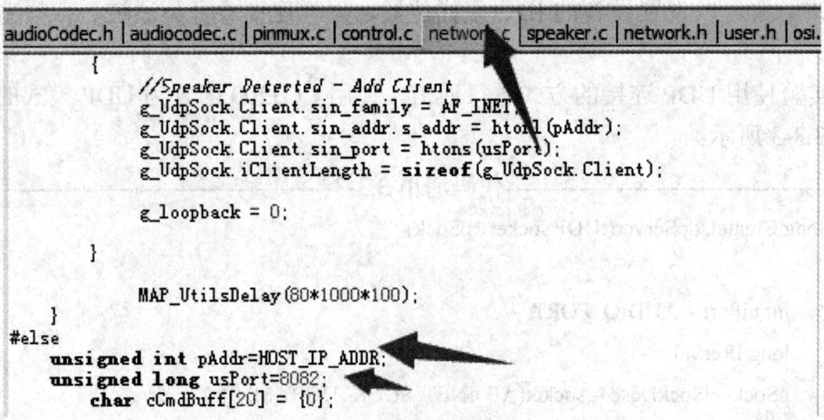

```
audioCodec.h | audiocodec.c | pinmux.c | control.c | network.c | speaker.c | network.h | user.h | osi.
        {
            //Speaker Detected - Add Client
            g_UdpSock.Client.sin_family = AF_INET;
            g_UdpSock.Client.sin_addr.s_addr = htonl(pAddr);
            g_UdpSock.Client.sin_port = htons(usPort);
            g_UdpSock.iClientLength = sizeof(g_UdpSock.Client);

            g_loopback = 0;

        }

            MAP_UtilsDelay(80*1000*100);
    }
#else
    unsigned int pAddr=HOST_IP_ADDR;
    unsigned long usPort=8082;
        char cCmdBuff[20] = {0};
```

图 3.3-1　服务器的 IP 地址及端口

IP地址用十六进制来表示，如“192”对应十六进制的“0xc0”、“168”对应十六进制的“0xa8”、“05”对应十六进制的“0x05”、“05”对应十六进制的“0x05”，合起来就是0xc0a80505(192.168.5.5)。

(1) Network任务：主要是实现网络连接，在本次实验中用的是UDP通信，所以该任务主要是实现CC3200连接上路由器，建立UDP。任务如代码清单3.3-5所示。

--代码清单3.3-5--

```
void Network( void *pvParameters )
{
    long lRetVal = -1;
    UART_PRINT("Network 1 \r\n");
    //初始化全局变量
    InitializeAppVariables();
    UART_PRINT("Network 2 \r\n");
    //连接网络
    lRetVal = ConnectToNetwork();
    if(lRetVal < 0)
    {
        UART_PRINT("Failed to establish connection w/ an AP \r\n");
        LOOP_FOREVER();
    }
    else
    {
        UART_PRINT("Establish connection w/ an AP \r\n");
    }
    UART_PRINT("Network 3 \r\n");
    //创建 UDP Socket
    lRetVal = CreateUdpServer(&g_UdpSock);
    if(lRetVal < 0)
    {
        UART_PRINT("Failed to Create UDP Server \r\n");
        LOOP_FOREVER();
    }
    UART_PRINT("Network 4 \r\n");
    #ifdef MULTICAST
    //添加到多播组
    lRetVal = ReceiveMulticastPacket();
    if(lRetVal < 0)
    {
        UART_PRINT("Failed to Create UDP Server \r\n");
```

```
        LOOP_FOREVER();
    }
    //删除网络任务
    osi_TaskDelete(&g_NetworkTask);
    #else
        mDNS_Task();
    #endif
}
```

在 ConnectToNetwork()函数内有一个函数 WlanConnect()，通过该函数可以连接上 Common.h 的宏定义中的路由器。WlanConnect()函数如代码清单 3.3-6 所示。

--------------------------------------代码清单 3.3-6--------------------------------------

```
static long WlanConnect()
{
    SlSecParams_t secParams = {0};
    long lRetVal = 0;
    secParams.Key = (signed char*)SECURITY_KEY;
    secParams.KeyLen = strlen(SECURITY_KEY);
    secParams.Type = SECURITY_TYPE;
    lRetVal = sl_WlanConnect((signed char*)SSID_NAME, strlen(SSID_NAME), \0, &secParams, 0);
    ASSERT_ON_ERROR(lRetVal);
    /* 等待分配 IP 地址 */
    while((!IS_CONNECTED(g_ulStatus)) || (!IS_IP_ACQUIRED(g_ulStatus)))
    {
        #ifndef SL_PLATFORM_MULTI_THREADED
                _SlNonOsMainLoopTask();
        #endif
    }
    return SUCCESS;
}
```

CreateUdpServer()函数则是建立 Udp 服务器，该函数如代码清单 3.3-7 所示。

--------------------------------------代码清单 3.3-7--------------------------------------

```
long CreateUdpServer(tUDPSocket *pSock)
{
    int uiPort = AUDIO_PORT;
    long lRetVal = -1;
    pSock->iSockDesc = socket(AF_INET, SOCK_DGRAM, 0);
```

```
    pSock->Server.sin_family = AF_INET;
    pSock->Server.sin_addr.s_addr = htonl(INADDR_ANY);
    pSock->Server.sin_port = htons(uiPort);
    pSock->iServerLength = sizeof(pSock->Server);
    pSock->Client.sin_family = AF_INET;
    pSock->Client.sin_addr.s_addr = htonl(INVALID_CLIENT_ADDRESS);
    pSock->Client.sin_port = htons(uiPort);
    pSock->iClientLength = sizeof(pSock->Client);
    lRetVal = bind(pSock->iSockDesc,(struct sockaddr*)&(pSock->Server),\
        pSock->iServerLength);
    ASSERT_ON_ERROR(lRetVal);
    return SUCCESS;
}
```

---

(2) Microphone 任务：主要是实现音频板卡语音的采集，以及把语音信号通过 Udp 发送出去的事项。通过该任务下的 GetBufferSize(pRecordBuffer)函数便可以把音频板卡驻极体上的声音信号采集回来，存储在 pRecordBuffer 这个缓冲区中。GetBufferSize()函数如代码清单 3.3-8 所示。

---代码清单 3.3-8---

```
unsigned int
GetBufferSize(tCircularBuffer *pCircularBuffer)
{
    unsigned int uiBufferFilled = 0;
    if(pCircularBuffer->pucReadPtr <= pCircularBuffer->pucWritePtr)
    {
    uiBufferFilled = (pCircularBuffer->pucWritePtr -\
        pCircularBuffer->pucReadPtr);
    }
    else
    {
    uiBufferFilled = ((pCircularBuffer->pucWritePtr -\
            pCircularBuffer->pucBufferStartPtr) +\
            (pCircularBuffer->pucBufferEndPtr -\
            pCircularBuffer->pucReadPtr));
    }
    return uiBufferFilled;
}
```

通过该任务下的 sendto()函数可以把采集到的语音信号发送到服务器端。

(3) Speaker 任务：可以把由服务器端识别出来的字符串接收回来，并显示在 12864 液晶屏幕上。Speaker 任务如代码清单 3.3-9 所示。

--代码清单 3.3-9--

```
void Speaker( void *pvParameters )
{
    SlSockAddrIn_t   sAddr;
    SlSockAddrIn_t   sLocalAddr;
    int              iCounter;
    int              iAddrSize;
    int              iSockID;
    int              iStatus;
    long             lLoopCount = 0;
    short            sTestBufLen;
    long             lCount = 0;
    long iRetVal = -1;
    sTestBufLen   = BUF_SIZE;
    memset(g_cBsdBuf,'\0',sizeof(g_cBsdBuf));
    while (1)
    {
        UART_PRINT("R.");
        if(msg_receive_start_flag==1)
        {
            // 接收手机上的音频数据
            /*iStatus = sl_RecvFrom(iSockID, g_cBsdBuf, sTestBufLen, 0,
                  ( SlSockAddr_t *)&sAddr, (SlSocklen_t*)&iAddrSize );*/
            UART_PRINT("MM1...");
            iStatus = sl_RecvFrom(g_UdpSock.iSockDesc, g_cBsdBuf, sTestBufLen, 0,
                              (struct sockaddr *)& (g_UdpSock.Client), (SlSocklen_t*)
                             &(g_UdpSock.iClientLength));
            UART_PRINT("NN1...");
            if( iStatus < 0 )
            {
                UART_PRINT("Speaker2 err line=%d \r\n",__LINE__);
            }
            else if(iStatus>0)
            {
                UART_PRINT("R.");
                unsigned short index=0;
```

```
            while((g_cBsdBuf[index++]!='\0'))         //计算收到数据的实际长度
            {
                Report("%c",g_cBsdBuf[index]);
                receive_data_len++;
                if(index>=(sTestBufLen-1))
                {
                    break;
                }
            }
            //显示接收数据
            unsigned short display_hang = receive_data_len/16;          //显示行数
            unsigned short last_hang_num = receive_data_len%16;         //最后一行字节数
            unsigned char dispaly_data_buf[16];
            for(unsigned short i=0;i<display_hang;i++)
            {
                if(display_hang_index>7)
                {
                    clear_screen();
                    display_hang_index=1;
                }
                memcpy(dispaly_data_buf,g_cBsdBuf+(i*16),16);
                display_GB2312_string(display_hang_index,1,dispaly_data_buf);
                display_hang_index+=2;
            }
            //显示最后一行
            if(display_hang_index>7)
            {
                clear_screen();
                display_hang_index=1;
            }
            memset(dispaly_data_buf,'\0',sizeof(dispaly_data_buf));
            memcpy(dispaly_data_buf,g_cBsdBuf+(display_hang*16),last_hang_num);
            display_GB2312_string(display_hang_index,1,dispaly_data_buf);
            display_hang_index+=2;
            //恢复
            memset(g_cBsdBuf,'\0',sizeof(g_cBsdBuf));
            receive_data_len=0;
        }
        //MAP_UtilsDelay(10000);
    }
```

```
            osi_Sleep(100);
        }
    }
```

通过 sl_RecvFrom 便可接收到解析好的语音字符串，然后通过 12864 液晶屏显示出来。

3.4　语音识别服务器开发

3.4.1　HttpClient 语音识别

我们知道，声音实际上是一种波。常见的 mp3、wmv 等格式都是压缩格式，必须转成非压缩的纯波形文件来处理。比如，Windows PCM 文件里面只存储的是音波形的一个点，pcm 格式音频文件无法直接播放，我们需要给其加上一个描述音频参数(比如采样率、声道数等)的头部信息，才能在播放器上播放，加了头部信息的 pcm 文件也就是我们常看到的 wav 格式文件。

本节将讲解利用 HttpClient 使用.pcm 文件调取百度语音接口进行语音识别。下面是进行语音识别的核心方法，rate 表示采样率，channel 表示声道数，我们传入所需参数即可，如代码清单 3.4-1 所示。

代码清单 3.4-1

```
public static JSONObject speechRecognition(byte[] speach) throws Exception {
    Map<String, Object> param = new HashMap<>();
    //音频格式
    param.put("format", "pcm");
    //采样率
    param.put("rate", 16000);
    param.put("channel", 1);
    param.put("cuid", "geek_server");
    param.put("token", AccessToken.getToken());
    param.put("speech", new String(Base64.encode(speach)));
    param.put("len", speach.length);
    JSONObject resultJson = JSONObject
    fromObject(HttpClientUtil.postJson("http://vop.baidu.com/server_api",
            JSONObject.fromObject(param).toString(),
          Charsets.UTF_8, new BasicHeader("Content-Type", "application/json;
            charset=utf-8")));
    return resultJson;
}
```

具体过程如下：

(1) 导入 SpeechRecognition 项目，在 src/main/java 目录的 com.fengke.Ai 包下找到 testHttpClient 类，将 AccessToken 中的 client_id 和 client_secret(61，62 行)分别替换成自己的百度应用 API Key 和 Secret Key。

(2) 将 main 方法中的文件路径改为自己需要识别的语音文件路径和运行程序。如果接口返回结构 error_code 为 0，代表识别成功，控制台输出示例。

{"corpus_no":"6585055296866966357","err_msg":"success.","err_no":0,"result":
["手把手教你玩转 ai 语音识别，"],"sn":"184143891301533202663"}

如想进一步了解百度语音识别的接口，可进入以下网站查阅文档：

http://ai.baidu.com/docs/#/ASR-API/top

3.4.2　Netty 接收语音文件

我们在前面已经体验过了如何使用 httpClient 发送本地音频文件调取接口进行语音识别，但是在实际运行过程中语音文件并不是事先就被保存在服务器上，需要使用声音采集设备不断实时地采集音频数据，并发送到服务器，最终由服务器将音频数据识别后向采集设备回传文字信息。本实例将实现服务器端接收实时音频数据，并将其存储为本地音频文件。

本实例接收的音频数据是实时采集的，在接收数据时无法确定数据量的大小，所以会在计算机中开辟一个 300 KB 大小的内存空间，用于临时存放音频数据。此空间一旦被存满，就会把数据全部取出，并写入硬盘中的文件，其中涉及一个很重要的缓存类 Cache，如代码清单 3.4-2 所示。

--代码清单 3.4-2--

```
//缓存类
private static class Cache {
    //上次存入时间
    private static long lastTime = System.currentTimeMillis();
    //缓存大小 300 KB
    private static final int CACHE_SIZE = 300 * 1024;
    //实际存放数据的字节数组
    private static final byte[] cache = new byte[CACHE_SIZE];
    //当前游标
    private static int index = 0;
    //语音结束信号
    private static byte[] dataEndReqPack = new
        byte[]{(byte)0x00,(byte)0x00,(byte)0x00,(byte)0x00};
    //服务器结束响应
    private static byte[] dataEndAck = new byte[]{(byte)0xff,(byte)0xff,(byte)0xff,(byte)0xff};
    public static synchronized ResultInfo<byte[]> full(byte[] content) {
```

```
        long now = System.currentTimeMillis();
        //如果此次接收到数据的时间与上次接收到数据的时间相隔超过 3 s，先把缓冲区重置
        if(now-lastTime>3000){
            index = 0; //新的语音信息，把游标重置
        }
        // 如果是结束报文，清空，返回结束确认包
        if (Arrays.equals(content, dataEndReqPack)) {
            // TODO 临时保存
            // addFile(Arrays.copyOf(cache, index));
            index = 0; //将游标重置
            return new ResultInfo<>(-1, null, dataEndAck);      // -1 收到结束信号
        }
        // cache 添加后剩余空间(大于 0 表示未满，小于或等于 0 表示满了)
        int freeSize = CACHE_SIZE - index - content.length;
        if (freeSize > 0) {//如果全部插入进去还有空闲，就全部插入
            System.arraycopy(content, 0, cache, index, content.length);
            index += content.length;
            return new ResultInfo<>(1, null);              //1 表示缓存未满
        }
        //此时 freeSize 为负数，取反后，代表了多出的内容长度
        freeSize = -freeSize;
        int readSize = content.length - freeSize;
        //在 index 后面追加语音内容，直至 Cache 包存满
        System.arraycopy(content, 0, cache, index, readSize);
        //返回一个完整缓存内容，“0”表示缓存已满
        ResultInfo<byte[]> result = new ResultInfo<byte[]>(0, null,
        Arrays.copyOf(cache,              CACHE_SIZE));
        //假如一次填充数据大于 600 KB，会进入这个 if 逻辑
        if (freeSize > CACHE_SIZE) {
            index = 0;        //将游标重置
            return result;
        }
        index = freeSize;
       System.arraycopy(content, readSize, cache, 0, index);       //把多余的部分填入下一个缓存
        return result;
    }
}
```

Cache 里面有一个很重要的参数 index，即为游标。我们想象一下，缓存空间的大小为 300 KB(300 × 1024 B)，是一个固定大小的内存空间。我们可将之想象成一个带有刻度的水杯，里面缓存的数据就是水杯里面装着的水，index 就相当于试管的当前刻度。缓存数据的过程，就相当于有一个水龙头会连续、不时地向下放水。每一次放水就相当于接收到一个单片机的语音数据，我们用水杯接着它，而等到水杯接满后我们就喝掉它(拿去调用百度语音识别接口)，然后空杯放在那继续接，水杯每次接到一点水，刻度就会上升一点，但是前提条件是接到的水不能溢出来，所以我们每次接水前都需要先计算一下，已知水杯里面已经有多少水了，我们也知道这一次需要接的水是多少。如果加起来大于了水杯的最大容积，那么水就可能溢出，所以我们分三步操作。第一步先将水杯倒满，关闭水龙头；第二步将水杯里面的水喝掉，现在水杯又空了；第三步，再打开水龙头，将这次未接完的剩余部分的水再装进去。

除此之外，还有两种特殊情况需要考虑：第一，如果某一次放出来的水，你发现它是浑浊的，可以意识到水管里头没水了，我们要做的就是将水杯里的水倒掉，留下一个干净的空杯子等待下一次水流(接收到结束报文，代表此次语音信息已经全部被接收完)；第二，如果某一次接水的时候，我们发现杯子里面已经有了一部分水，而且还是几天以前留下的，已经变质了，那我们得先把这变质的水倒掉，再接新的水(代表上次的传输有异常中断过程，既没有收到结束报文，也没有在 3 秒内再继续接收到新的数据，需要清空)。

实验过程及现象如下：

(1) 导入 TranceVoice 项目，在 src/main/java 目录下找到 UdpHandler 类，将 saveFile 方法里的 voiceDir 参数(代码第 95 行)修改为自己计算机里的一个目录。

(2) 在 src/main/java 目录下找到 UDPServer 类，运行 main 方法。当控制台出现如图 3.4-1 所示的字样，说明程序成功运行。

```
"C:\Program Files\Java\jdk1.7.0_17\bin\java" ...
准备运行端口：9092
```

图 3.4-1　程序运行

(3) 查看自己计算机的内网 IP 地址，将音频采集设备传输的 IP 和端口修改为本机的内网 IP 和运行的端口，并开始采集和发送数据。

(4) 如果一切正常，控制台会打印出存储的音频文件的文件名，也可以在对应的存储目录下找到这些文件(文件格式是 .pcm 文件)，我们可以将使用的 pcm2wav.exe(进入疯壳官网下载)转换为 .wav 格式文件，并在各类播放器上播放，如图 3.4-2 所示。

```
准备运行端口：9092
存储文件：aee286e7-62e6-4464-b853-c5c73d581ac6.pcm
存储文件：058b1e21-f56f-47b1-936c-9032df2e2126.pcm
存储文件：548dc6ea-8628-49a2-a178-2e4f948fa7ee.pcm
存储文件：341965c6-f879-47b5-8d86-f21c8bd202cf.pcm
```

图 3.4-2　运行结果

对于 AI 语音识别系统，我们先来具体分析一下后台服务器需要实现的功能。在前面，我们已经有了使用 Netty 搭建 UDP 服务器和使用 httpClient 来调取百度语音识别接口的经验。现在，我们需要做的就是把这两个例子结合起来，使 UDP 服务器去获取单片机传过来的语音字节码。由于单片机传递的数据每一段都很小，不能直接拿去让百度进行识别，所以需要一个缓存机制。我们定义了一个大小为 300 KB 的缓存空间，所有接收到的语音数据都先被放入这个空间。一旦缓存填满，我们就把缓存中的所有语音数据取出(长度为 300 KB)，经 BASE64 编码后使用 httpClient 调取百度接口进行识别，将识别结果编码后返回给单片机，同时清空缓存，等待后续的语音数据继续填充，如此循环往复，如图 3.4-3 所示。

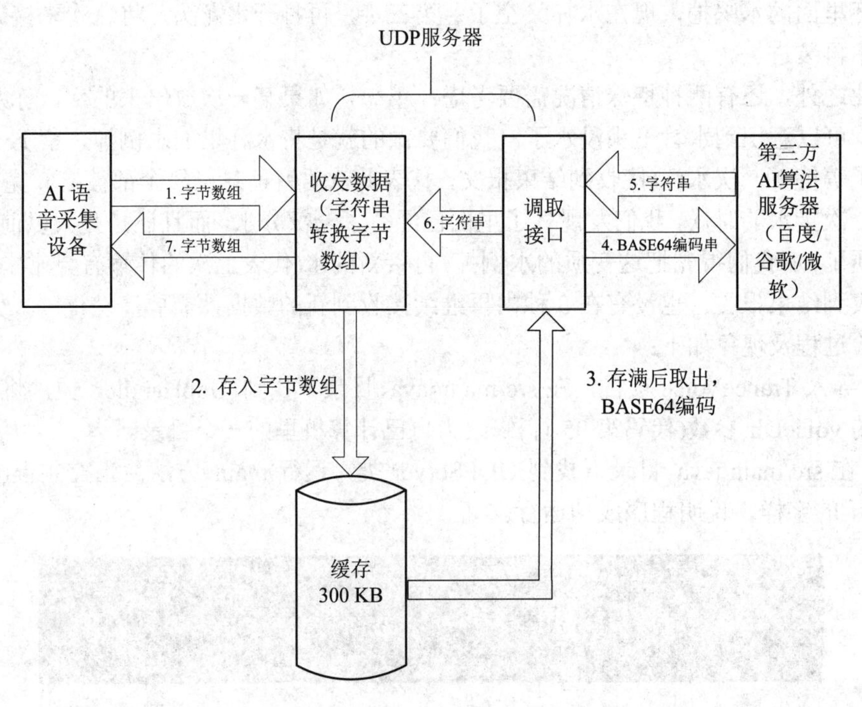

图 3.4-4　语音识别系统的后台服务器结构流程图

第 4 章 AI 人脸识别系统开发实战

4.1 AI 人脸识别系统架构

开始 AI 人脸识别学习之前，先了解 AI 人脸识别系统的架构，如图 4.1-1 所示。

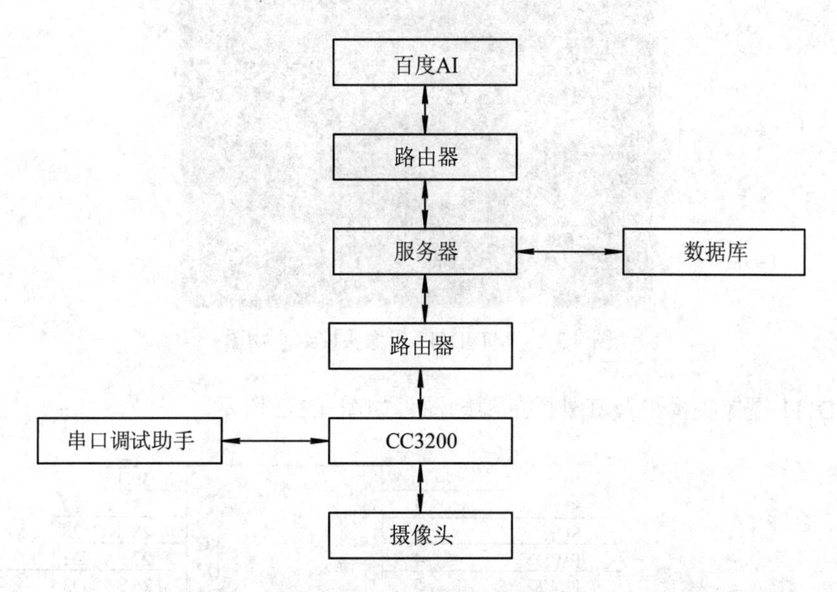

图 4.1-1 AI 人脸识别系统架构

AI 人脸识别系统由 7 大块组成，分别由摄像头、CC3200、串口调试助手、路由器、服务器、数据库及百度 AI 组成。串口调试助手向 CC3200 发送指令，CC3200 执行相关指令并返回执行信息。例如，设备注册时串口调试助手向 CC3200 发送设备注册指令，CC3200 接收到指令，返回接收成功指令到串口调试助手，并且把用 Authkey 进行 TEA 加密的注册数据包通过 WiFi 传输到服务器，服务器将接收到的指令验证后通过该设备进行第一次注册，并且返回一个使用 Authkey 进行 TEA 加密的响应数据包到 CC3200。CC3200 使用 Authkey 进行 TEA 解密后验证随机数，随机数被验证通过后得到服务器给予该设备的唯一 DIN 码及 Skey 加密钥，CC3200 再把包含有 DIN 且使用 Skey 进行 TEA 加密的注册确认包传送到服务器，服务器解密验证通过后返回响应包，并且把注册设备的 PN 码、注册状态等更新到数据库。CC3200 与服务器间的通信协议为 TLV 结构的协议，即报文类型+长度+值(内容)，具体参见附录 1。

4.2 人脸识别硬件设计

人脸图像采集硬件部分主要由 CC3200 和 MT9D111 摄像头组成，其中摄像头主要是作为人脸采集部分，CC3200 则作为主控制核心。图 4.2-1 所示为 MT9D111 摄像头模组的实物图。

图 4.2-1　MT9D111 摄像头模组实物图

MT9D111 摄像头模组及其外围的原理图，如图 4.2-2 所示。

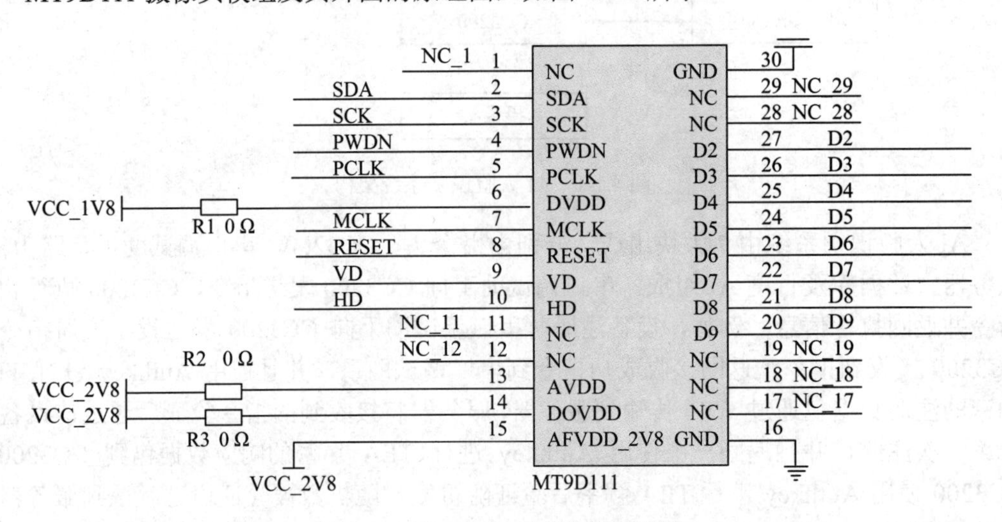

图 4.2-2　MT9D111 及其外围原理图

其中，SDA 为 I^2C 数据、SCK 为 I^2C 时钟、PWDN 为摄像头工作状态选择、PCLK 为像素点的时钟、MLKIN 为主时钟、RESET 为复位引脚、VD 为列同步信号、HD 为行同步信号、D0-D7 为摄像头的并行数据口。

4.3　人脸识别硬件代码详解

用 IAR 打开 AI_OCR 里面的工程，在该工程的 main 函数中可见代码清单 4.3-1。该程序段为 MT9D111 摄像头初始化部分，初始化函数为 camera_init()，初始化成功返回 0 (SUCCESS)，并且通过串口 1 打印"camera_init SUCCESS!!!"，并把标志位 g_camera_init_ok 函数置为 1，用作摄像头初始化成功的一个标志位。

---代码清单 4.3-1---

```
UART_PRINT("camera_init start... \r\n", __LINE__);
if(SUCCESS == camera_init())
{
    g_camera_init_ok = 1;
    UART_PRINT("camera_init SUCCESS!!! \r\n");
}
else
{
    g_camera_init_ok = 0;
    UART_PRINT("camera_init FAILURE!!! \r\n");
}
UART_PRINT("camera_init finish... \r\n", __LINE__);
```

摄像头底层驱动部分主要包含在 mt9d111.c 和 camera_app.c 中。获取摄像头 JPEG 图像数据的函数，如代码清单 4.3-2 所示。

---代码清单 4.3-2---

```
frame_lenght = 0;
pFrameBuffer = camera_get_one_frame(&frame_lenght);
head_lenght = 0;
pHeadBuffer = camera_get_jpg_head(&head_lenght);
```

其中 camera_get_jpg_head()函数为摄像头采集到的 JPEG 图像的头部信息，长度为 head_length，存储在指针 pHeadBuffer 指向的空间中；而 camera_get_one_frame()函数为摄像头采集到的 JPEG 图像的信息，长度为 frame_length，存储在指针 pFrameBuffer 指向的空间中。

打开 common.h，连接的路由器名称及密码，如代码清单 4.3-3 所示。如需修改时，需要注意对路由器名称、密码长度及加密类型都要进行修改。

---代码清单 4.3-3---

```
//
//配置路由器参数
//
#define SSID_NAME           "fengke2.4G"      /* AP 的 SSID */
#define SECURITY_TYPE       SL_SEC_TYPE_WPA /*  加密类型(OPEN or WEP or WPA*/
#define SECURITY_KEY        "fengke305"           /* AP 的密码  */
#define SSID_LEN_MAX        32
#define BSSID_LEN_MAX       6
```

在 AI 人脸识别系统中需要有上层服务器，CC3200 通过 TCP 与上层服务器建立连接关系，并通过这一链路来实现数据包的传递，从而实现人脸识别的功能。在 mian.c 文件中通过两个全局变量来定义服务器的 IP 及端口。图 4.3-1 所示为连接服务器的 IP 及端口，用户可在此更改切换连接到服务器。

```
//*****************************************************************************
//                  GLOBAL VARIABLES -- Start
//*****************************************************************************
unsigned long  g_ulStatus = 0;//SimpleLink Status
unsigned long  g_ulPingPacketsRecv = 0; //Number of Ping Packets received
unsigned long  g_ulGatewayIP = 0; //Network Gateway IP address
unsigned char  g_ucConnectionSSID[SSID_LEN_MAX+1]; //Connection SSID
unsigned char  g_ucConnectionBSSID[BSSID_LEN_MAX]; //Connection BSSID
unsigned long  g_ulStaIp = 0;
unsigned long  g_ulDestinationIp =0xc0a80505;//0xc0a80505--192.168.5.5
unsigned short PORT_NUM = 8081;//
```

图 4.3-1　连接服务器的 IP 及端口

IP 地址用十六进制来表示，如“192”对应 16 进制的“0xc0”、“168”对应 16 进制的“0xa8”、“05”对应 16 进制的“0x05”、“05”对应 16 进制的“0x05”，合起来就是 0xc0a80505(192.168.5.5)。

(1) UartTask 任务：为了方便调试与二次开发，AI 人脸识别系统使用串口指令的方式来开启相关标志位，从而实现对应的功能。表 4.3-1 所示为 AI 人脸识别系统的串口指令。

表 4.3-1　AI 人脸识别系统的串口指令

串口指令	相关标志位	功　能
fk+set+mode+1#	stationModeChangeFlag	STA 模式
fk+connectWlan#	receiveOneFinishFlag	连接指定的路由器
fk+connectServ#	connectToServerFlag	与服务器建立连接
fk+airegister#	hackHandsPckSendEn	注册数据包
fk+ailogin#	Login_Flag	登录
fk+aiFaceReg#	Face_Reg	人脸注册

续表

串口指令	相关标志位	功　能
fk+aiFaceImg0#	Face_Img0	录入正脸图像
fk+aiFaceImg1#	Face_Img1	录入左侧脸图像
fk+aiFaceImg2#	Face_Img2	录入右侧脸图像
fk+aiFaceImg3#	Face_Img3	录入闭眼图像
fk+aiFaceImg4#	Face_Img4	录入张嘴图像
fk+aiFaceImg5#	Face_Img5	录入微笑图像
fk+aiFaceImg6#	Face_Img6	录入眨眼图像
fk+aiFaceEnd#	Face_End	结束人脸注册
fk+aiFDelete#	Face_Delete	人脸删除
fk+aiFidentifi#	Face_identifi	人脸识别
fk+aiFcertifi#	Face_certifi	人脸认证

为了方便调试，最好提前把这些指令添加到串口调试助手中，使用时直接点击“发送”即可。图 4.3-2 所示为把指令添加到 SSCOM 串口调试助手后的界面。

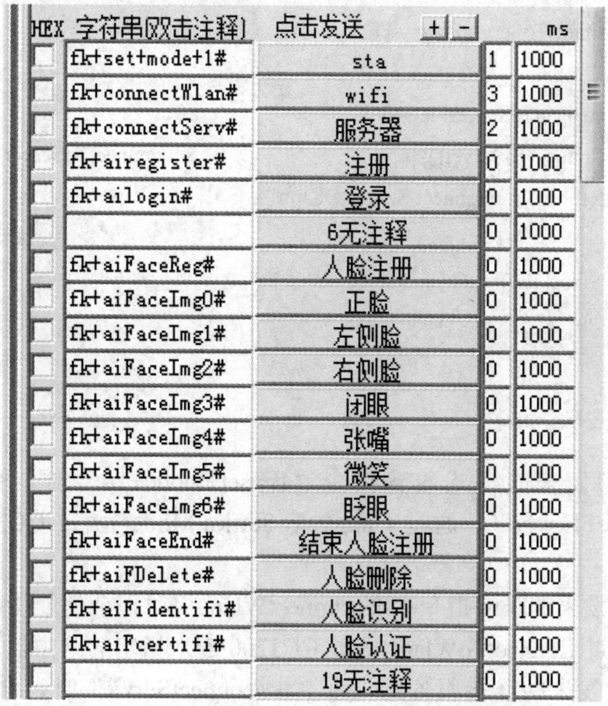

图 4.3-2　添加指令到 SSCOM 串口调试助手

UartTask 任务主要是实现接收串口指令，对接收到的指令匹配，并置位相关标志位。

(2) WlanModeChangeTask 任务：主要是为了实现 CC3200 网络连接部分，打开

WlanModeChangeTask 任务，如代码清单 4.3-4 所示。

----------代码清单 4.3-4----------

```
void WlanModeChangeTask(void *pvParameters)
{
    while(1)
    {
        if(stationModeChangeFlag==1)                //设置为 sta  模式
        {
            stationModeChangeFlag=0;
            ChangeToStationMode();
            Report("\n\rSta OK\n\r");
        }
        if(connectToWlanFlag==1)
        {
            connectToWlanFlag=0;
            ConnectToWlan();                        //ConnectToWlan
            Report("\n\rConnect Wlan OK\n\r");
        }
        if(connectToServerFlag==1)
        {
            connectToServerFlag=0;
            ConnectToServer();                      //connectToServer
            Report("\n\rConnect Server OK\n\r");
        }
        osi_Sleep(100);
    }
}
```

当接收到串口发来的模式改变指令“fk+set+mode+1#”时，会使模式改变开关 stationModeChangeFlag 置 1，通过 ChangeToStationMode()函数 CC3200 被配置为 STA 模式。

当接收到串口发来的联网指令“fk+connectWlan#”时，会使连接网络开关 connectToWlanFlag 置 1，通过 ConnectToWlan()函数 CC3200 连入指定的路由器。

当接收到串口发来的连接服务器指令“fk+connectServ#”时，会使连接服务器开关 connectToServerFlag 置 1，通过 ConnectToServer() CC3200 与指定 IP 的端口建立连接。

(3) SendDataTask 任务：主要是实现检测到相关指令的标志位被置位后发送相关的数据包到服务器端，SendDataTask 任务的核心部分如图 4.3-3 所示。

```
// 发送握手包  注册数据包      //发送握手包
if((shackHandsPckSendEn == 1)&&(shackHandsPckSendState == 0))
{
 if((shackHandsPckSendEn == 0)&&(shackHandsPckSendState == 1))    //注册数据包通过
{
}
  if(Login_Flag==1)    //注册数据包确认通过，发送登录包
{
if(Udate_Skey==2)//需要更新skey
{
if(Udete_Skey_ack==1)//更新确认包
{

 if(Face_Reg==1)//人脸注册包
{

if(Face_Img0==1)//发送第一帧图像
{
    //发送图片类型0x00~0x06
if(Face_Img1==1)//发送第二帧图像
{
                //发送图片类型0x00~0x06
if(Face_Img2==1)//发送第三帧图像
{

                //发送图片类型0x00~0x06
if(Face_Img3==1)//发送第四帧图像
{
                //发送图片类型0x00~0x06
if(Face_Img4==1)//发送第五帧图像
{
                //发送图片类型0x00~0x06
if(Face_Img5==1)//发送第六帧图像
{
if(Face_Img6==1)//发送第七帧图像
{

if(Face_End==1)   //完成一组图片（7张）的发送 结束人脸注册
{
 if(Face_Delete==1)//收到删除人脸请求
{

if(Face_identifi==1)  //收到人脸识别请求
{
 if(Face_certifi==1)  //收到人脸认证请求
{
}
if((heart_flag == 1)&&((heartBeatPackSendEn++)>30))//心跳包
{
}
```

图 4.3-3　SendDataTask 任务

具体的数据包内容可参考附录 1。

(4) ReceiveDataTask 任务：主要是对接收到的服务器回传数据进行处理，图 4.3-4 所示为该任务的代码截图。每当服务器接收到 CC3200 发来的数据包时，会反馈一个响应数据包，CC3200 通过发送数据包时置位的标志位，来判断接收到的为哪一个包的响应数据包，并对响应数据进行处理，具体可参考附录 1。

```
if((receiveBuf[0]==0x01)&&(receiveBuf[1]==0x01)&&(receiveBuf[2]==0x00)&&(receiveBuf[3]==0x01)&&(receiveBuf[8]==0x00))//握手回
{ Report("---握手回应! \n\r");
{    Report("---注册确认包回应! \n\r");
}
if((receiveBuf[0]==0x01)&&(receiveBuf[1]==0x01)&&(receiveBuf[2]==0x00)&&(receiveBuf[3]==0x05)&&(receiveBuf[8]==0x00))//登录包
{     Report("---登录包回应! \n\r");
if((receiveBuf[0]==0x01)&&(receiveBuf[1]==0x01)&&(receiveBuf[2]==0x00)&&(receiveBuf[3]==0x03))//更新秘钥包  心跳
{
if((receiveBuf[0]==0x01)&&(receiveBuf[1]==0x01)&&(receiveBuf[2]==0x00)&&(receiveBuf[3]==0x04))//更新秘钥确认响应
{

if((receiveBuf[0]==0x01)&&(receiveBuf[1]==0x02)&&(receiveBuf[2]==0x01)&&(receiveBuf[3]==0x01))//人脸注册数据响应
{
if(Face_Img0==2)//图片发送数据响应
    {
if(Face_Img1==2)//图片发送数据响应
    {
if(Face_Img2==2)//图片发送数据响应
    {
if(Face_Img3==2)//图片发送数据响应
    {
if(Face_Img4==2)//图片发送数据响应
    {
if(Face_Img5==2)//图片发送数据响应
    {
if(Face_Img6==2)//图片发送数据响应
    {
 if(Face_End==2)//图片发送完成 结束注册
 {
 }
//face_delete
if((receiveBuf[0]==0x01)&&(receiveBuf[1]==0x02)&&(receiveBuf[2]==0x01)&&(receiveBuf[3]==0x02))//人脸删除响应
{

//人脸识别返回
if((receiveBuf[0]==0x01)&&(receiveBuf[1]==0x02)&&(receiveBuf[2]==0x01)&&(receiveBuf[3]==0x03))//人脸识别返回
{
}
//人脸认证返回
if((receiveBuf[0]==0x01)&&(receiveBuf[1]==0x02)&&(receiveBuf[2]==0x01)&&(receiveBuf[3]==0x04))//人脸认证返回
{
```

图 4.3-4　ReceiveDataTask 任务

4.4　人脸识别服务器开发

4.4.1　HttpClient 人脸识别

本节将讲解利用 HttpClient，使用图片文件调取百度人脸识别接口进行人脸识别。说到人脸识别，需要先了解几个简单的知识点。

1. 人脸库结构

(1) 人脸库：一个百度 appid 对应一个人脸库。

(2) 用户组(group)：每个人脸库下可以创建多个用户组，用户组数量没有限制。

(3) 用户(user)：每个用户组下可添加无限个 user 和无限张人脸(注：为了保证查询速

度，单个 group 中的人脸容量上限建议为 80 万)。

(4) 人脸：每个用户所能注册的最大人脸数量没有限制。

```
|- 人脸库(appid)
   |- 用户组一(group_id)
      |- 用户 01(uid)
         |- 人脸(faceid)
      |- 用户 02(uid)
         |- 人脸(faceid)
         |- 人脸(faceid)
         ...
      ...
   |- 用户组二(group_id)
   |- 用户组三(group_id)
   ...
```

2. 人脸注册

为了人脸搜索的准确性，单个用户在注册人脸时建议使用各个不同角度的人脸多次进行注册。下面是人脸注册的核心方法，我们只需要传入调取接口所需参数即可，如代码清单 4.4-1 所示。

--代码清单 4.4-1--

```
public class testHttpClient {
    //人脸注册
    public static JSONObject faceRegister(String user_id, String user_info, String group_id,
        byte[]images) throws Exception {
        Map<String, String> param = new HashMap<>();
        param.put("user_id", user_id);
        param.put("user_info", user_info);
        param.put("group_id", group_id);
        param.put("image", new String(Base64.encode(images)));
        param.put("image_type", "BASE64");
        JSONObject jsonResult = JSONObject.fromObject(HttpClientUtil.postKV(

        "https://aip.baidubce.com/rest/2.0/face/v3/faceset/user/add?access_token="
        + AccessToken.getToken(),
        param, Charsets.UTF_8, new BasicHeader("Content-Type",
        "application/x-www-form-urlencoded")));
        return jsonResult;
    }
```

----

3. 人脸搜索

人脸搜索是指在指定人脸集合(group)中找出与给定人脸最为相似的多个用户。为了实现人脸搜索功能，我们需要建立一个用户组，并在其中事先手动建立几个测试用户。

首先，进入百度控制台(登录网址：https://login.bce.baidu.com/)，找到人脸库及用户组test_group，点击进入人脸识别应用，如图 4.4-1 所示。

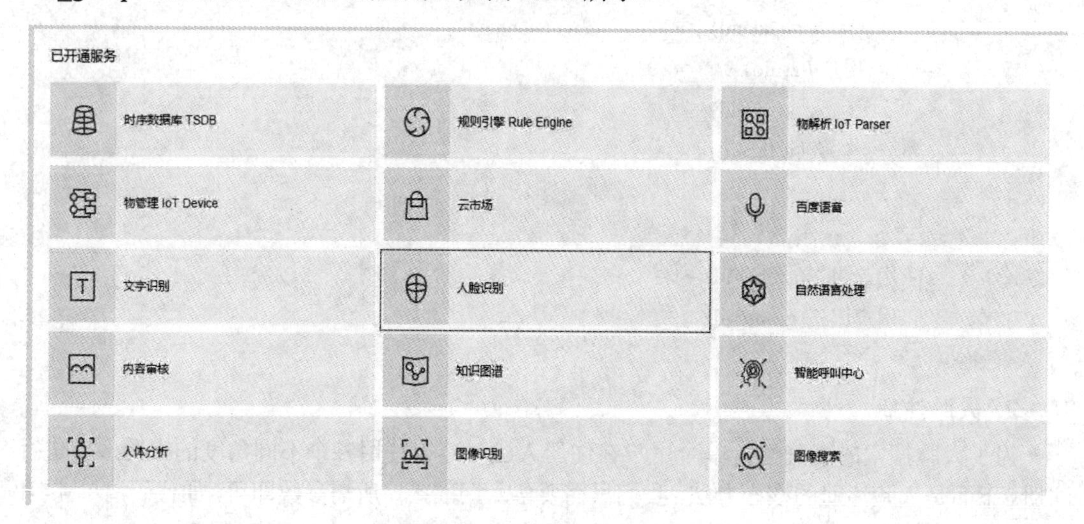

图 4.4-1　选择人脸识别应用

选择“人脸库管理”，如图 4.4-2 所示。

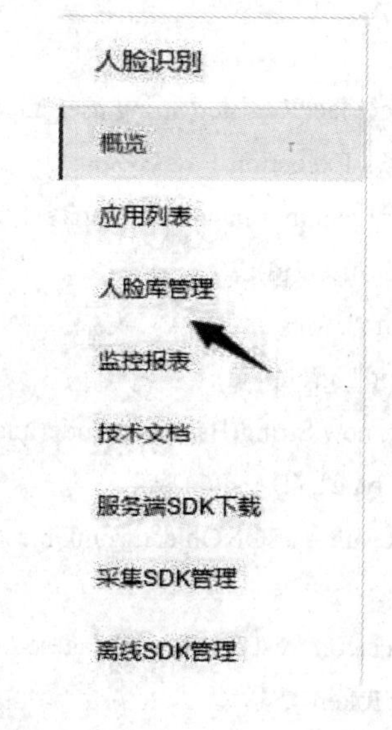

	人脸库名称
1	人脸识别

	用户组
1	test_group

图 4.4-2　人脸库管理

手动新建测试用户(TEST1、TEST2、TEST3)，用于与程序注册的用户进行混淆，如图 4.4-3 所示。

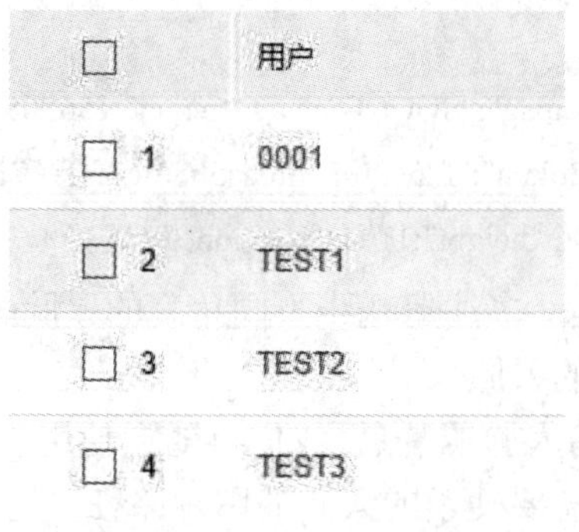

图 4.4-3　创建测试用户

下面是进行人脸搜索的核心方法，传入所需参数即可，如代码清单 4.4-2 所示。

--代码清单 4.4-2--

```
//人脸识别
    public static JSONObject faceIdentify(String group_id, byte[] images) throws Exception {
        Map param = new HashMap();
        param.put("group_id_list", group_id);
        param.put("image", new String(Base64.encode(images)));
        param.put("image_type", "BASE64");
        JSONObject jsonResult = JSONObject.fromObject(HttpClientUtil.postKV(

        "https://aip.baidubce.com/rest/2.0/face/v3/search?access_token=" +
        AccessToken.getToken(), param,
            Charsets.UTF_8, new BasicHeader("Content-Type",
            "application/x-www-form-urlencoded")));
        return jsonResult;
    }
```

具体的实验过程及现象如下：

(1) 导入 FaceVerify 项目，在 src/main/Java 目录 com.fengke.Ai 包下找到 testHttpClient 类，将 AccessToken 中的 client_id 和 client_secret(61，62 行)分别替换成自己的百度应用 API Key 和 Secret Key。

(2) 将 main 方法中的文件路径改为自己需要注册的人脸图片路径，将 103 行的注释打开，105 行的注释关闭，如图 4.4-4 所示。

```
//将下面一行的注释打开，表示进行人脸注册
System.    println("人脸注册返回结果: "            (user_id user_info group_id fileByte))
//将下面一行的注释打开，表示进行人脸搜索
//System.out.println("人脸搜索返回结果: "+faceIdentify(group_id,fileByte));
```

图 4.4-4　注册人脸图片路径

(3) 运行程序时如果接口返回结构 error_code 为 0，则代表人脸注册成功，我们可以在人脸库中找到刚刚上传的人脸图片。

人脸注册返回结果：

{"error_code":0, "error_msg":"SUCCESS", "log_id":1565052013584, "timestamp":1533111585, "cached":0, "result":{"face_token":"fd5c0fb50dfdaa5b86fc7f4f9671a7c0", "location":{"left":745.3024, "top":1522.5581, "width":1218, "height":1194, "rotation":0}}}

(4) 重复上述(2)、(3)过程，多注册几张不同角度的人脸(注意需要是同一人的不同角度的人脸，请勿上传不同人物的人脸)。

(5) 在注册完不同角度的人脸照片后，我们再随意使用一张照片进行人脸搜索，将 main 方法中的文件路径改为自己需要搜索的人脸的图片路径，将 105 行的注释打开，103 行的注释关闭，如图 4.4-5 所示。

```
//将下面一行的注释打开，表示进行人脸注册
//System.out.println("人脸注册返回结果："+faceRegister(user_id,user_info,group_id,fileByte));
//将下面一行的注释打开，表示进行人脸搜索
System.    .println("人脸搜索返回结果："+faceIdentify(group_id,fileByte));
```

图 4.4-5　搜索人脸图片路径

(6) 运行程序时如果接口返回结构 error_code 为 0，则代表接口返回正常，我们可以看到与提供的人脸最相似的用户是 0001，相似度为 98.02272(一般情况下，我们认为相似度在 80 以上即可确定是同一人)。

人脸搜索返回结果：

{"error_code":0, "error_msg":"SUCCESS", "log_id":9465798999555, "timestamp":1533111645, "cached":0, "result":{"face_token":"db102720db7b06099f950c3952ca4210", "user_list": [{"group_id": "test_group", "user_id":"0001", "user_info":"test_user", "score":98.02272}]}}

关于人脸识别的一些其他功能说明及详细的接口调取文档，可参考 http://ai.baidu.com/docs#/Face-Search-V3/top。

4.4.2　Netty 接收人脸图像文件

在前面已经体验过了使用计算机本地的图片进行人脸注册和人脸搜索，如果需要使用 AI 人脸采集设备进行人脸注册和人脸搜索等功能，则还需要学习如何写一个程序来接收设备传输的图片。

在这个例子中，我们将使用 Netty 搭建一个 TCP 服务器，实现将采集设备传输的图片存储到本地。

首先来分析服务端的图片传输逻辑。AI 人脸采集设备有可能会将一张图片分为多个包进行发送，规定设备用发送的第一个包的前 4 个字节表示图片的总长度，服务端会预留此图片所需要的内存空间，在当前包接收完但是尚未达到所需要的长度时，继续等待下一个包，直至预留的内存空间被填满，再将内存空间里面的内容保存到硬盘上。

RemainSize 表示该文件还剩余多少字节需要接收，fileIndex 表示文件字节数组当前的索引，isHalf 表示文件数据是否接收完，wholeFile 表示整个文件字节数组。当我们接收完

一整张图片后，一定要将这几个变量复原为初始值，以便下次接收图片时可循环使用。核心数据处理代码如代码清单 4.4-3 所示。

---代码清单 4.4-3---

```
@Override
    Protected void decode(ChannelHandlerContext ctx, ByteBuf in, List<Object> out) throwsException {
        System.out.println("单包长度："+in.readableBytes());
            if(isHalf){//假如数据未全部接收完
                int readableSize = in.readableBytes();            //表示此次接收到的数据长度
                if(readableSize<remainSize){
                    in.readBytes(wholeFile,fileIndex,readableSize);
                    remainSize = remainSize - readableSize;
                    fileIndex = fileIndex + readableSize;
                }else{
                    in.readBytes(wholeFile,fileIndex,remainSize);
                    remainSize = 0;
                    fileIndex = 0;
                    isHalf = false;
                    //存储文件
                    saveFile(wholeFile);
                    //返回响应
                    ctx.channel().writeAndFlush("success");
                }
                return;
            }
            int imgSize = in.readInt();                             //读取图片长度
            wholeFile = new byte[imgSize];
            int dataSize = in.readableBytes();                      //剩余可读取长度;
            //int dataSize = 0;
            System.out.println("图片长度："+imgSize+"   第一个包接收长度"+dataSize);
            if(dataSize<imgSize){//说明此包数据未传完，会在下个包继续传输数据
                remainSize = imgSize - dataSize;
                isHalf=true;
                in.readBytes(wholeFile,0,dataSize);
                fileIndex = fileIndex + dataSize;
            }else{
                in.readBytes(wholeFile,0,imgSize);
                //存储文件
                saveFile(wholeFile);
```

```
            //返回响应
            ctx.channel().writeAndFlush("success");
        }
    }
```

实验步骤如下：

(1) 导入 TranceImg 项目，在 src/main/java 目录下找到 Byte2File 类，将 saveFile 方法里的 voiceDir 参数(代码第 80 行)修改为自己计算机里的一个目录。

(2) 在 src/main/Java 目录下找到 TCPServer 类，运行 main 方法。当控制台出现如图 4.4-6 所示的字样时，说明程序成功运行。

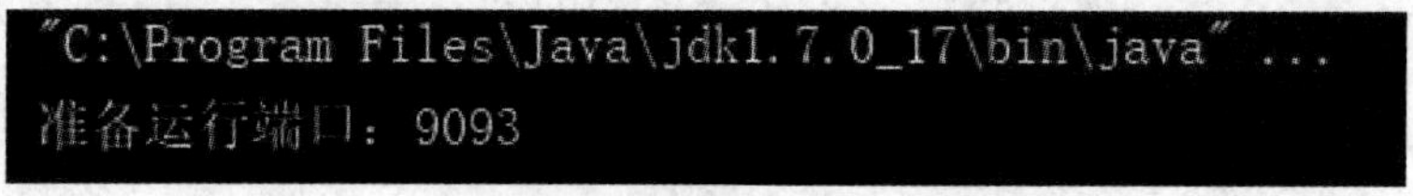

```
"C:\Program Files\Java\jdk1.7.0_17\bin\java" ...
准备运行端口：9093
```

图 4.4-6　修改 IP 及端口

(3) 查看自己计算机的内网 IP 地址，将图像采集设备传输的 IP 和端口修改为本机的内网 IP 和运行的端口，并采集和发送图像数据。

(4) 如果一切正常，控制台就会打印出存储的图像文件名，我们也可以在对应的存储目录下找到这些文件(文件格式是.jpeg)，可以直接查看，如图 4.4-7 所示。

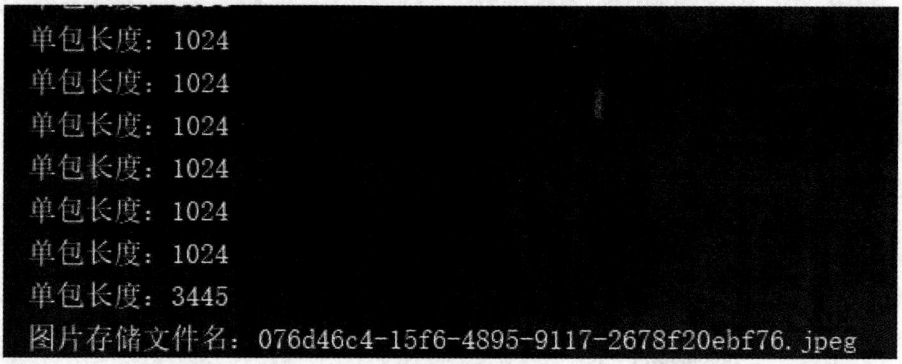

```
单包长度：1024
单包长度：1024
单包长度：1024
单包长度：1024
单包长度：1024
单包长度：1024
单包长度：3445
图片存储文件名：076d46c4-15f6-4895-9117-2678f20ebf76.jpeg
```

图 4.4-7　运行结果

对于 AI 人脸识别系统，我们建立了一套完整的通信协议来规范人脸采集设备与后台服务器之间的通信流程。对于一些确认通信安全的数据交互(如设备注册、登录等)，这里暂时不做讲解。首先，具体分析一下后台服务器需要实现的与人脸相关的功能，在前面我们已经有了使用 Netty 搭建 TCP 服务器传输图片和使用 httpClient 来调取百度人脸识别接口的经验。现在，需要做的是把这两个例子结合起来，使用 TCP 服务器去获取图像采集设备传过来的图像字节码。由于采集设备本身的存储空间有限，单张图片规定可以采用多包发送。当接收到一张完整的图片后，服务器会将其经 BASE64 编码后使用 httpClient 调取第三方接口进行注册或识别，并将识别结果编码后反馈给设备，如图 4.4-8 所示。

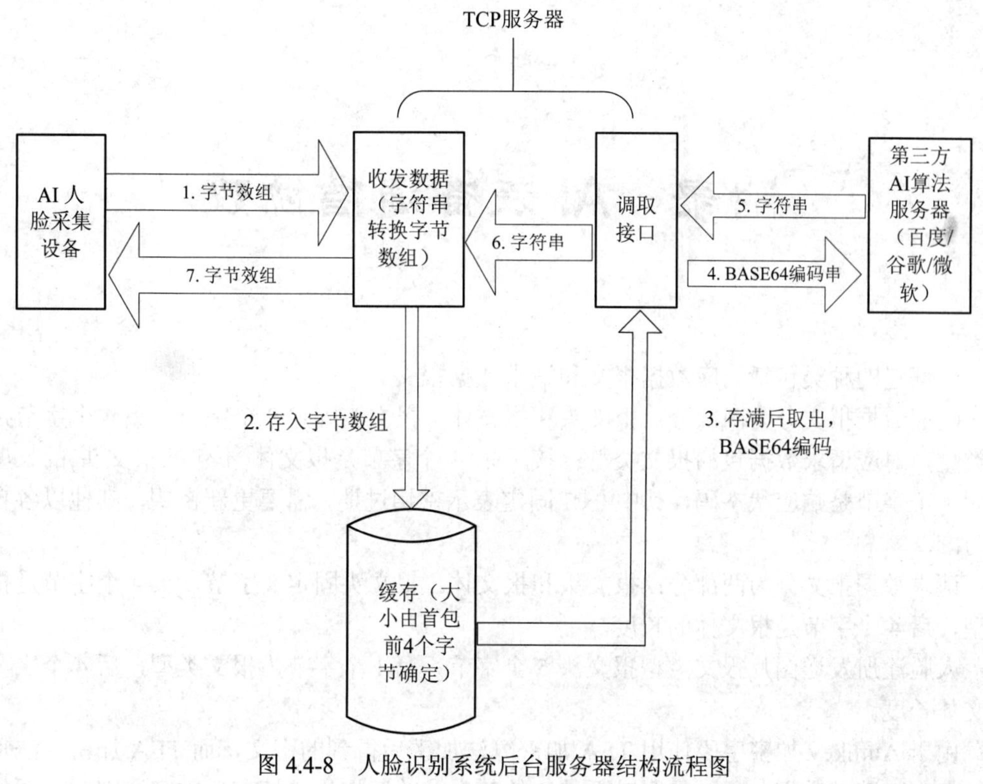

图 4.4-8　人脸识别系统后台服务器结构流程图

附录　AI设备通信协议

数据包的种类包括响应数据报文和请求数据报文。

响应数据报文分为两部分：报文头和报文体。报文头固定9个字节，头4个字节是报文类型，对应请求数据包的报文类型；接下来4个字节是报文体(不包括报文头)的长度；最后1个字节是响应状态码，其中0xff固定表示密钥过期，需要更新密钥，其他以各自描述为准。

请求数据报文分为两部分：报文头和报文体。报文头固定8字节，头4个字节是报文类型，后4个字节是报文体的长度。

人脸注册发送图片报文类型报文头5个字节，第1个字节为报文类型，后4个字节为报文体长度。

由于Authkey加密字段使用TEA加密算法加密后得到的密文，而TEA加密算法每次只能加密8字节数据，所以需要对不是8的整数倍的数据进行填充后加密，因此下面的加密后字段会比实际的明文字段多出几个字节，可参阅2.2.6加解密算法基础。

1. 通用数据包

1) 激活数据包

设备第一次跟服务器建立连接，建立连接后发送该数据包。数据包格式如下：

4字节 报文类型	4字节	293字节	Authkey加密字段(88字节)	
			16字节	66字节
0x01010001	报文长度	公钥	PN	私钥对PN签名

响应结果：如果该设备已经激活、报文无法解析、鉴权失败，将断开连接。解析并鉴权成功后，响应的数据包格式如下：

4字节 报文类型	4字节	1字节	4字节	Authkey加密字段(40字节)		
				4字节	16字节	16字节
0x01010001	报文长度	0x00	随机数	验证随机数	DIN服务器唯一标识 硬件id	Skey加密 秘钥

2) 激活确认包

激活确认包用于接收到激活数据包响应数据后反馈确认信息。数据包格式如下：

4 字节 报文类型	4 字节	4 字节	Skey 加密字段(24 字节)	
			16 字节	4 字节
0x01010002	报文长度	随机数	DIN	验证随机数

响应结果：如果解析包失败或鉴权失败，则断开连接。解析并鉴权成功，之后数据交互使用 Skey 加密。

4 字节报文类型	4 字节	1 字节
0x01010002	报文长度	0x00

3) 更新密钥数据包

更新密钥数据包用于密钥过期时更新密钥，也用于保持心跳。如果一段时间没有请求，则发送该包。数据包格式如下：

4 字节 报文类型	4 字节	4 字节	旧 Skey 加密字段(24 字节)	
			16 字节	4 字节
0x01010003	报文长度	随机数	DIN	验证随机数

响应结果：如果解析包失败或鉴权失败，则断开连接。解析成功，响应的数据包格式有以下两种：

4 字节 报文类型	4 字节	1 字节	4 字节， 过期才有 该部分	旧 Skey 加密字段，过期才有该部分 (24 字节)	
				4 字节	16 字节
0x01010003	报文长度	0x00 未过期，0xff 过期	随机数	验证随机数	新 skey 加密秘钥

4) 更新秘钥确认包

更新密钥确认包用于发送更新密钥数据包接收到返回数据后进行确认的数据包。如果未收到响应或超时，则可再次请求。如果请求成功，则表示密钥更新成功，旧的 Skey 将彻底无法使用，之后与服务器通信，将使用新的 skey。数据包格式如下：

4 字节 报文类型	4 字节	4 字节	新的 Skey 加密字段(24 字节)	
			16 字节	4 字节
0x01010004	报文长度	随机数	DIN	验证随机数

响应结果：如果解析包失败或鉴权失败，则断开连接。解析成功响应报文，之后的请求将使用新的 Skey。

4 字节报文类型	4 字节	1 字节
0x01010004	报文长度	0x00

5) 握手包

已激活的设备在与服务器建立连接后，先发送该包鉴权。数据包格式如下：

4 字节 报文类型	4 字节	16 字节	4 字节	新的 Skey 加密字段(24 字节)	
				16 字节	4 字节
0x01010005	报文长度	DIN	随机数	DIN	验证随机数

响应结果：如果解析包失败或鉴权失败，则断开连接。解析成功响应报文。如果响应结果 skey 过期，发送 3、4 的包，数据包格式如下：

4 字节报文类型	4 字节	1 字节
0x01010005	报文长度	0x00 skey 未过期，0xff 过期

2. 人脸识别业务数据包

1) 人脸注册数据包

人脸注册流程为先发送注册开始数据包收到确认后，依次发送各个不同的人脸数据包，最后发送注册结束包，收到确认后结束人脸注册。

(1) 注册开始数据包。数据包格式如下：

4 字节 报文类型	4 字节	4 字节	Skey 加密字段		
			16 字节	4 字节	不定长
0x01020101	报文长度	随机数	DIN	验证随机数	userInfo

响应数据：如果解析包失败或鉴权失败，则断开连接。解析成功，开始发送不同类型的人脸图片。数据包格式如下：

4 字节 报文类型	4 字节	1 字节	4 字节	Skey 加密字段	
				4 字节	4 字节
0x01020101	报文长度	0x00 表示成功，0xff 表示密钥过期，无后续字段	随机数	验证随机数	uid

(2) 脸部信息注册包。人脸类型代码：0x00 为正脸，0x01 为左侧脸，0x02 为右侧脸，0x03 为闭眼，0x04 为张嘴，0x05 为微笑，0x06 为眨眼。数据包格式如下：

1 字节	4 字节	不定长
人脸类型	图片长度	图片信息

响应数据包格式如下：

1 字节	4 字节	1 字节
人脸类型	报文长度	0x00 成功，其他失败

(3) 结束注册数据包。注册完成发送结束注册包格式如下：

1 字节	4 字节	1 字节
0xff	报文长度	0x17

响应数据包格式如下：

1 字节	4 字节	1 字节
0xff	报文长度	0x00

2) 人脸删除

人脸删除用于删除人脸信息。数据包格式如下：

4 字节报文类型	4 字节	4 字节	32 字节
0x01020102	报文长度	随机数	skey 加密串

加密字段格式如下：

16 字节	4 字节	4 字节
DIN	验证随机数	uid

响应数据：如果解析包失败或鉴权失败，则断开连接。解析成功后的数据包格式如下：

4 字节报文类型	4 字节	1 字节
0x01020102	报文长度	0x00 表示成功，0xff 表示密钥过期，无后续字段

3) 人脸识别

人脸识别用于已知一张脸，在人脸库中找到最相似的脸，user_top_num 表示返回相似度最高的前多少个人脸。数据包格式如下：

4 字节报文类型	4 字节	4 字节	不定长
0x01020103	报文长度	随机数	skey 加密串(暂不加密)

加密字段格式如下：

16 字节	4 字节	1 字节	不定长
DIN	验证随机数	user_top_num	Img

响应数据：如果解析包失败或鉴权失败，则断开连接。解析成功，识别包格式如下：

4 字节 报文类型	4 字节	1 字节	4 字节	Skey 加密字段		
				4 字节	4 字节	不定长
0x01020103	报文长度	0x00 表示成功，0xff 表示密钥过期，无后续字段	随机数	验证随机数	结果数量	循环体

单次循环体格式，人脸类型代码：0x00 为正脸，0x01 为左侧脸，0x02 为右侧脸，0x03 为闭眼，0x04 为张嘴，0x05 为微笑，0x06 为眨眼。

4 字节	4 字节	1 字节	8 字节	不定长
循环体长度	uid	人脸类型	double 类型，相似程度	userinfo

4) 人脸认证

人脸认证用于比较人脸与指定用户 id 之间的相似程度。数据包格式如下：

4 字节报文类型	4 字节	4 字节	不定长
0x01020104	报文长度	随机数	Skey 加密串(暂不加密)

加密字段格式，人脸类型代码：0x00 为正脸，0x01 为左侧脸，0x02 为右侧脸，0x03 为闭眼，0x04 为张嘴，0x05 为微笑，0x06 为眨眼。数据包格式如下：

16 字节	4 字节	4 字节	1 字节	不定长
DIN	验证随机数	uid	人脸类型	Img

响应数据：如果解析包失败或鉴权失败，断开连接。解析成功，返回数据包格式如下：

4 字节 报文类型	4 字节	1 字节	4 字节	Skey 加密(16 字节)	
				4 字节	8 字节
0x01020104	报文长度	0x00 表示成功，0xff 表示密钥过期，无后续字段	随机数	验证随机数	double 类型，相似程度

参 考 文 献

[1] 张小寒. 基于 TCP/IP 协议栈的嵌入式系统通信方案设计研究[J]. 现代制造技术与装备，2018(07)：59-62.

[2] 李忠廉. 基于 CC3200 的无线音视频关键技术研究与实现[D]. 南京邮电大学，2017.

[3] 赵成城，严帅，刘文怡，等. 基于 CC3200 的多终端 TCP 包的无线接收[J]. 现代电子技术，2017，40(23)：30-33.

[4] 魏莹. 基于 Netty 框架的智能终端与服务器通信的研究[D]. 西安电子科技大学，2017.

[5] 曾萍，张历，胡荣磊，等. WSN 中基于 ECC 的轻量级认证密钥协商协议[J]. 计算机工程与应用，2014，50(02)：65-69，80.

[6] 谢林栩. 基于 TEA 加密算法在网络传输中保护文件数据安全的应用[J]. 广西师范学院学报(自然科学版)，2010，27(02)：76-80.